昆虫たちの「沈黙の春」

デイヴ・グールソン
藤原多伽夫 訳

Silent Earth

Averting the insect apocalypse

NHK出版

装幀　山内迦津子
本文イラスト所蔵　山内浩史デザイン室

サイレント・アース

昆虫たちの「沈黙の春」

はちゃめちゃでイライラするけれど、すばらしい家族へ、
なかでもとりわけ、私の美しい妻、ララへ。

目次

第3部 昆虫が減少した原因

第4部 私たちはどこへ向かうのか？

第5部　私たちにできること

本文中の（　）は原注、〔　〕は訳注をあらわす。
＊および＊＊は傍注を参照。
本文中に挙げられた書名は、邦訳版のあるものは邦題を示し、邦訳のないものは原題と逐語訳もしくは音訳を示した。

動植物の名称は、対応する和名のあるものは和名を示し、対応する和名のないものは学名を示した。

はじめに　私の昆虫人生

生まれてからずっと昆虫に魅せられてきた。幼い頃の出来事でよく覚えているのは、五歳か六歳ぐらいのとき、学校の運動場の隅っこで黄色と黒の縞模様のイモムシたちが、アスファルトの割れ目から生えた雑草を食べていたのを見つけたことだ。イモムシたちを採集すると、パンくずだけが残った空のランチボックスに入れて、家に持ち帰った。両親の助けを借り、餌になりそうな葉っぱを見つけてしばらく飼ってみると、やがてイモムシはきれいな深紅と黒のガに変わった（ヨーロッパの読者ならベニモンヒトリだとわかるかもしれない）。まるでマジックだ、と私は思った。いまもそう思っている。私は昆虫に夢中になった。

それからというもの、私は子どもの頃の趣味でどうにか生計を立ててきた。ティーンエイジャーの頃には週末や休日になると必ず、虫捕り網を持ってチョウを追いかけ、甘い餌でガをおびき寄せ、ピットフォール・トラップ（落とし穴）を使って甲虫を捕まえていた。専門の通販業者から外国産のガの卵を取り寄せ、それが虹色のイモムシになって、最後には立派なガに成長するまで観察した。長い尾をもったインド産のオナガミズアオ、ぎろりとにらむような目玉模様が特徴のマダガスカル産のヤママユガ、チョコレート色をした東南アジア産の世界最大級のガ（ヨナグニサンの近縁種）などだ。オックスフォード大学に入学すると当然のように生物学を専攻し、その後の博士課程では、オックスフォードの東の丘にあるいくぶん親しみやすい大学、オックスフォード・ブルックス大学でチョウの生態学を研究した。その後、いくつかの研究職を得ることができた。その後、オックスフォード大学に戻って、シバンムシの驚くべき交尾行動を観察したのが一つ。オックスフォードにある政府の研究機関で、害虫のガの防除のために作物にウイルスを散布する手法を研究した。私は昆虫を殺したくはなかったので、害虫防除の仕事は嫌で嫌で仕方なかった。だから、サウサンプトン大学の生物学科から常勤の教職を打診されたときには、心底ほっとしたものだ。

うっかり者のテディベアのような見かけによらず、マルハナバチは賢い昆虫だ（photo Ⓒ akova / PIXTA）

その頃に始めたのが、私がいちばん愛らしいと思っている昆虫（一つに選ぶのはなかなか難しいのだが）、マルハナバチの研究だ。マルハナバチが訪れる花を決める仕組みに強く興味を引かれ、五年かけて研究した末に、マルハナバチは直前に訪れたハチの足の残り香を嗅ぐことで花粉のない花を避けていることを突き止めた。マルハナバチはうっかり者のテディベアのような見かけだが、実際は昆虫界の知の巨人であり、目印になる地形や花が咲いている場所の位置を記憶し、それを頼りに飛び回ることができるうえ、精妙な形の花の奥にあるごちそうを効率的に採取するし、コロニーでは複雑な社会が形成され、陰謀や女王殺しが絶えない。マルハナバチと比べてしまうと、子どもの頃に追いかけていたチョウは、美しいが愚かな生き物のように見えてくる。

昆虫を追いかけるなかで、世界中を旅する幸運にも恵まれた。南米パタゴニア地方の砂漠、ニュージーランドのフィヨルドランドにそびえる氷の峰々、ブータンの山岳地帯を覆った湿潤な森林。東南アジアのボルネオ島では川岸の泥からミネラル分を吸い取っているトリバネチョウの大群を観察し、タイの湿地では何千匹ものホタルがいっせいに尾部を光らせる光景を目の当たりにした。サセックスにある自宅の庭では、何時間もうつぶせになって、求愛したりライバルを撃退したりするバッタや、子の世話をするハサミムシ、アブラムシの蜜を子に与えるアリ、切り取った葉で巣をつくるハキリバチを観察してきた。

ハキリバチは切り取った葉を運んで巣をつくる（photo © sakura / PIXTA）

本当に楽しい日々を送ってきた。しかし同時に、こうした生き物たちが減少しているという現実もずっと気になっていた。学校の運動場でイモムシを初めて採集してから五〇年のあいだに、毎年チョウの数は少しずつ減ってきた。マルハナバチも、そして、世界を動かしてくれている無数の小さな生き物たちもほぼすべて、徐々に数を減らしている。人々を魅了する美しい生き物たちはいま、アリも、ミツバチも、一匹また一匹と日に日に減ってきているのだ。推定値はさまざまで正確ではないが、私が五歳だったとき以降、昆虫の数はどうやら七五%以上も減ったとみられている。北アメリカでオオカバマダラの個体数が急減しているという研究や、ドイツで森林や草原の昆虫が消滅しているとの研究、そして、イギリスでマルハナバチとハナアブの生息域が明らかに狭まってきているとの研究が次々に発表され、昆虫が減少している科学的な証拠は年々強まってきている。

一九六三年、私が生まれる二年前に、レイチェル・カーソンが著書『沈黙の春』で人間が地球をひどく傷つけていると警鐘を鳴らした。あれから状況が悪化しているのを目にしたら、カーソンは涙を流すことだろう。牧草地や湿地、荒れ地、熱帯雨林といった、昆虫に満ちた野生生物の生息環境がブルドーザーで切り開かれ、燃やされ、農地にされて、大規模に破壊されてきた。カーソンが大きく取り上げた農薬や化学肥料の問題はいっそう深刻になり、いまや世界中で毎年三〇〇万トンもの農薬が環境中に流出していると推定されている。こうした新たな農薬のなかには、カーソンの時代に存在していたあらゆる農薬より、昆虫にとって何千倍も毒性の強いものがある。土壌は劣化し、河川は泥に埋もれ、化学物質に汚染されてきた。そして、カーソンの時代には認識されていなかった気候変動が、すでに傷ついた地球にさらに脅威をもたらしている。これらすべての変化が人間の一生のうちに目の前で起こり、いまも加速し続けている。

昆虫の減少は、この小さな生き物を愛し、大切にしている私たちにとって、耐えられないほど悲しいことではあるが、それだけでなく人間の豊かな暮らしも脅かしている。作物の受粉、枯れ葉や糞・死骸の分解、健全な土壌の維持、害虫防除をはじめ、さまざまな理由で人間は昆虫を必要としているのだ。昆虫より大きい鳥や魚、カエルといった、多くの動物は昆虫を食べている。野生の花は昆虫がいないと受粉できない。昆虫が減っていくにつれて、私たちの世界は徐々に動きを止めてゆく。世界は昆虫なしでは成り立たない。レイチェル・カーソンが言うように「人間は自然の一部であり、自然に対して仕掛けた戦争は自分自身との戦争になる」のだ。

いま私は、ほかの人たちが昆虫を好きになって大切にしてくれるように、あるいはそこまでいかなくとも、彼らにとって大切なあらゆるものと同じように昆虫を尊重してもらえるように、多くの時間を割いている。だから私はこの本を書いた。私が昆虫を見る目で、あなたにも昆虫を見てもらいたい。美しく、意外な姿を見せ、時には桁外れに奇妙、時には不吉で心を乱す存在、でも常に驚きを与えてくれる、尊重に値する生き物だ。昆虫の奇妙な習性やライフサイクル（生活環）、行動のなかには、SF作家の想像力が退屈なほど平凡に思えるぐらい驚嘆するものもあるだろう。本書では、昆虫の世界や、その進化史、重要性、そして昆虫が直面する数々の脅威を取り上げるほか、章と章のあいだで、私のお気に入りの昆虫の生態を簡単に紹介している。

残された時間はなくなりつつあるが、危機を救う時間はまだある。昆虫たちはあなたの助けを必要としている。大半の昆虫はまだ絶滅したわけではなく、ある程度の空間を与えるだけですぐに繁殖できるから、すばやく回復できるのだ。昆虫は身の回りのあらゆる場所にすんでいる。庭や、公園、農地、足元の土の中、さらには都会の歩道の割れ目にもいるから、私たち全員が昆虫に目を配ることができるし、この大切な生き物たちが消えないように気をつけることができる。行く先に立ちはだかる数々の環境問題を目の前にして、どうしようもない気持ちになることもあるだろうが、私たち全員が簡単な対策をとるだけで昆虫を支えることができる。

私たちには抜本的な変革が必要だと、私は主張したい。庭や公園にもっと多くの昆虫を呼び寄せ、都市部のほか、都市間の道路脇、鉄道の切り通し、環状交差点（ラウンドアバウト）を、花が咲き乱れる無農薬の環境に変えて、昆虫がすめる生息環境のネットワークをつくるべきだ。問題だらけの食料供給システムを大胆に変革して、食品廃棄と肉の消費を減らせば、生産性の低い広大な土地を自然に返すことができる。殺風景な広い農地に農薬や肥料を大量に投入する単一栽培で商品作物を育てるのではなく、自然の力を借りて体によい食料を生産することに力を入れて、本当に持続可能な農業システムを開発しなければならない。こうした変化を起こすためにできる方法はいくつもある。地元で有機栽培された旬の野菜や果物を買って食べる、食物を自分で育てる、環境問題と真剣に向き合っている政治家に投票する、地球環境にもっと配慮することが喫緊の課題であるということを子どもたちに教える、といった方法だ。

　思い描いてみてほしい。都市や町に緑があふれ、至るところで野花が咲き乱れ、果樹が花や実をつけ、建物の屋根や壁が緑に覆われている未来を。バッタの鳴き声や鳥のさえずり、マルハナバチのブーンという羽音、カラフルなチョウの翅(はね)に囲まれて育った未来の子どもたちの姿を。都市の周囲には、生物多様性に富んだ小規模な果樹園や野菜畑がいくつもあり、そこでは多種多様な野生の昆虫が花粉を運び、地中にすむ無数の生物によって土壌の健全性や貯蔵された炭素が維持される。町から離れた場所では生態系を回復させる自然再生プロジェクトが新たに進んで、人々が自然の中で余暇を楽しめるようになる。ビーバーのダムでせき止められてできた湿地にはトンボやハナアブが飛び回り、花が咲く草原と森林のパッチワークには至るところに生命があふれている。こんな光景は夢物語にすぎないと思うかもしれないが、私たちみんなが人生を満喫し、体によい食べ物を十分に食べながら、生命あふれる生き生きとした緑の惑星を維持できるだけの余地はある。自然から切り離された存在ではなく、自然の一部として生きることを学べばいいだけだ。その第一歩として、昆虫に気を配ることから始めよう。その小さな生き物が、私たちみんなの世界を回しているのだから。

なぜ昆虫が大切なのか

大多数の人は昆虫のことをあまり好きではないと思う。それどころか実際のところ、多くの人が昆虫を嫌っているか、怖いと思っているか、あるいはその両方の感情を抱いているのではないか。昆虫は英語で「クリーピー・クロウリー（ぞっとするような這い回る虫）」や「バグ」と呼ばれることも多く、「バグ」は病原体に対しても使われる。私たちの多くはこれらの言葉を聞くと、汚物に群がって病気を広げ、不快ですばしっこくて汚らしい生き物を思い浮かべるものだ。私たちの大半が都市に住むようになって、昆虫をほとんど見ることなく成長するようになり、せいぜいイエバエや蚊、ゴキブリぐらいしか目にする機会がなくなっているから、昆虫を怖いと感じる反応は意外ではないかもしれない。私たちの大半は未知のもの、なじみのないものを怖がるものだ。だから、昆虫が人類の生存にとって欠かせない重要な存在であることをわかっている人は少ないし、昆虫が美しく、賢く、魅力的で、謎めいた驚くべき存在であることをわかっている人はさらに少ない。昆虫を愛するとまではいかなくても、少なくとも昆虫の役割すべてを尊重してくれるように人々を納得させることが、私の生涯のミッションだ。第１部では、幼い頃から誰もがこうした小さな生き物を大事にするように教えられるべき理由、そしてなぜ昆虫が大切なのかを説明していきたい。

1章　昆虫についての短い歴史

まずは始まりの物語から。昆虫は太古の昔から地球に存在してきた。昆虫の祖先は五億年ほど前に、海底にたまった原初の泥の中で進化した。それは鎧(よろい)のような外骨格と関節のある脚をもった奇妙な生き物で、現代の科学者たちは「節足動物」（文字どおり足に節がある動物）と呼んでいる。当時の化石はごくわずかしか見つかっていないが、カナディアンロッキーの有名な堆積層「バージェス頁岩(けつがん)」などから産出した化石から、その太古の世界を垣間見ることができる。当時の生物は驚くほど多様で、体のつくりや、肢の数と形状の種類は無数にあり、目やその他の謎めいた付属肢は現代の生物のものとは似ても似つかない。子どもが組み立ておもちゃに夢中になるように、まるで母なる自然が優れた着想を得て、さまざまなやり方を試して新たな生き物を組み立てたかのようだ。たとえば、ハルキゲニアは毛虫に似た生物で、とげのようないくつもの長い脚で、後部に生えた触手をゆらゆら揺らしながら歩いたと当初考えられていたが、最近の復元図では上下が逆になって、かつて触手と考えられていたもので歩くように描かれ、とげは防御に使われたのかもしれないと考えられている。一方、オパビニアは五本の突起の先端にそれぞれ目があり、頭部からロブスターのような長いはさみが一本伸びているし、レアンコイリアはワラジムシみたいな見かけで、前部に長い腕が二本あり、その先端はそれぞれ三本の触手に分かれている。そして、アノマロカリスは当初、異なる三種類の生物と認識されていた。一つは小型のエビのような生物、もう一つはクラゲ、そして三つ目はナマコに似た生物だった。しかし、いまはこれら三つがそれぞれ一つの生物の一部であり、ナマコは胴体、クラゲは口器、エビのような生物は一対の付属肢の片方であったと考えられている。アノマロカリスは全長およそ五〇センチで、これまでバージェス頁岩で発見されて論文に記載された生物のなかでは最大だ。これら五億年前の小さな海の怪物たちがどんな行動をして、どのような生涯を送っていたのかは想像するしかない。太古の海はこうした驚くべき奇妙な生き物たちに満ちていたが、どの生物も絶滅してしまった。とはいえ、なかには現代の海にも残る生物の系統の礎となったものもあるに違いない。

わかっているのは、これら初期の節足動物のいくつかがやがて上陸を試みたことだ。もしかしたらライバルや天敵から逃れるためだったかもしれないし、獲物を探すためだったとも考えられる。

生まれもった外骨格が陸地での生活に役立つことがわかった。クラゲやナマコといった大半の小型の海生生物は水がなければ体を支えられないし、引き潮で渚に取り残されれば、なすすべなくさまようだけになる。しかし、硬い外骨格をもつ初期の節足動物は歩くことができたうえ、水辺から離れた場所まで探検に行くこともできた。節足動物はその後も生息域を

バージェス頁岩で見つかった生物(バージェス動物群)。5億年前の海に生きた奇妙な生き物で、昆虫の祖先である多くの初期の節足動物も含まれる。
海綿動物のヴァウヒア〔1〕、チョイア〔2〕、ピラニア〔3〕。腕足動物のニスシア〔4〕。多毛類のブルゲッソカエタ〔5〕。鰓曳(えらひき)動物のオットイア〔6〕、ルイゼラ〔7〕。三葉虫類のオレノイデス〔8〕。その他の節足動物、シドネイア〔9〕、レアンコイリア〔10〕、マレラ〔11〕、カナダスピス〔12〕、モラリア〔13〕、ブルゲッシア〔14〕、ヨホイア〔15〕、ワプティア〔16〕、アイシェアイア〔17〕。軟体動物のスケネラ〔18〕。棘皮(きょくひ)動物のエクマトクリヌス〔19〕。脊索動物のピカイア〔20〕。その他、ハプロフレンティス〔21〕、オパビニア〔22〕、ディノミスクス〔23〕、ウィワクシア〔24〕、ペイトイア(ラガニア)〔25〕。出典はWikicommons https://commons.wikimedia.org/wiki/File:Burgess_community.gif

広げ、やがて史上最も繁栄した生き物の王国を築くことになる。種の数や個体数を指標にすれば（地球をむちゃくちゃに壊す能力ではなく）、それはあらゆる陸上生物のなかで断トツに成功したグループだ。そのグループとはもちろん、昆虫である。

もしかするとおよそ四億五〇〇〇万年前から、節足動物のさまざまな系統が陸上での生活を試み始めていたかもしれない。初期のクモ形類は海からどうにか抜け出したあと、現代のクモやサソリ、ダニになった。人間から見るとそれほど魅力的な生き物ではないかもしれないが、クモ形類なりのやり方で大いに成功した。ヤスデ類はのっそりと上陸し、暗く湿った場所に身を落ち着けて、土の中のほか、倒木や石の下で朽ちつつある有機物を人知れずかじって暮らし、今日までひっそりと穏やかに命をつないできた。だが、ヤスデ類には獰猛ですばしっこい近縁の天敵がいた。同じく、土の中や暗く湿った場所にすむムカデ類だ。数は少ないながら甲殻類（カニ、ロブスター、小型のエビなど）も陸上での生活を試みたが、ほとんどが適応しなかった。甲殻類は今日に至るまで、種の数でも個体数においても海の中で群を抜いているが、陸上において最も成功した代表的な種はつつましいワラジムシだ。それなりにかわいらしくて重要な生き物だが、世界征服を狙うような生物ではない。

現代のワラジムシやヤスデと同様、陸上に進出した初期の節足動物はおそらく、水辺や泥の中、石の下、コケの群生など、湿った場所から出ないようにしていただろう。水生生物はたいてい、陸に上がるとあっという間に水分を失って死んでしまう。ほとんどの節足動物がそうだが、小型の生物ならなおさらだ。本格的に陸地を探索するためには、体の水分を保持するための対策が欠かせない。クモは水の発散を防ぐクチクラ（角皮）を発達させて陸地の環境にうまく適応し、いまでは世界一過酷な乾燥地にもすめるようになった。私はサハラ砂漠の真ん中で、葉のない弱々しい低木の茂みに作った精妙な巣で辛抱強くじっとしているクモを見たことがある。とはいえ、陸上での生活に本当に適応したのは昆虫だ。その正確な起源は依然として謎に包まれている。昆虫はおよそ四億年前に陸地で進化したと考えられているが、*祖先ははっきりせず、初期の甲殻類かもしれないし、ヤスデ類かもしれない。だが、それよりも可能性が高いのは、すでに絶滅し、化石がまだ発見されていない太古の節足動物のグループから進化したたという説だ。

そもそも昆虫の定義とは何だろうか？　ある生き物が昆虫であるとどうやって決めるのか？すべての昆虫には、ほかの節足動物とは異なる共通の特徴があるのだ。昆虫の体は頭部、胸部、腹部という三つの部分に分かれている。ほかの節足動物とは異なって、昆虫には脚が六本あり、そのすべてが胸部に付いている。昆虫はクモと同様、ろうや油で水をはじくクチクラを発達させている。

*現代のヒトにかなり近い人類が現れたのがおよそ一〇〇万年前だから、昆虫は人類よりもざっと四〇〇倍も長く地球上に存在していることになる。最初の恐竜が出現した時期（およそ二億四〇〇〇万年前）にはすでに、古参の生き物だった。恐竜が死に絶えた大量絶滅も含め、地球でこれまでに起きた五回の大量絶滅のうち四回を昆虫は生き延びてきた。

こうした基本的なデザインを備えた昆虫は陸地へ進出し始めたが、おそらく最初は水辺からそれほど遠くまでは行かなかっただろう。世界中に分布を広げるためには、進化のうえで大きな飛躍が必要だった。ある初期の昆虫は空中に活路を見いだした。原始的な飛べない昆虫もまだ生き残ってはいる。最もよく知られているのはシミかもしれない（とても有名というわけではないが）。とはいえ、飛行できる昆虫は途方もない数の子孫を残した。

生命が誕生してからの三五億年間で、自力で飛行する能力は知られている限り四回しか進化していない。昆虫は空中での生活を切り開いたパイオニアで、それはおよそ三億八〇〇〇万年前のことだった（その後、二億二八〇〇万年前に翼竜が、一億五〇〇〇万年前に鳥が、およそ六〇〇〇万年前にコウモリが空へ進出した）。昆虫は一億五〇〇〇万年ものあいだ、空を独り占めしていた。飛行能力が最初にどのように進化したかは明らかではないが、翅はもともと現代のカゲロウの幼虫に見られるような翼状のえらだったというのが通説だ。最初は単に滑空を助ける機能しかなかったかもしれないが、やがて自発的に動かせるようになり、自力で飛行するようになった。

飛行能力を得たことで、昆虫は大きな強みをもつことになった。空中を飛ぶほうが歩くよりもはるかに速いから、陸地にすむ捕食者から楽に逃げられるようになり、食物や交尾相手を見つけるのもずっと簡単になった。渡りなどの季節移動ができるようにもなり、やがてチョウのオオカバマダラやヒメアカタテハは越冬のために毎年何千キロも飛行できるまでに進化した。ワラジムシやヤスデは季節移動などとてもできない。

新たに大いなる能力を得たことで、飛行する昆虫は石炭紀（三億五九〇〇万～二億九九〇〇万年前）に一気に数を増やし、飛行能力がそれほど高くないカマキリやゴキブリ、バッタのほか、より飛行能力の高いカゲロウやトンボなど、昆虫の新たなグループも多数出現した。

昆虫が懸命に飛行能力を習得しているあいだ、植物は現状に甘んじて何もしなかったわけではなかった。保水能力を向上させ、光を求めて互いに競い合いながら丈を伸ばして、巨大な木生シダの森を築いた（その一部はぬかるんだ林床に埋もれ、化石化して石炭になったことはよく知られている）。その頃には両生類や最初のトカゲも出現していたが、陸上の生物界で圧倒的に優位を占めていたのは昆虫だったに違いない。当時の大気は現在の大気よりも酸素濃度が高かった。そうした要因もあって、当時の昆虫は現代の種よりも大きく成長できたのかもしれない。トンボに似た巨大昆虫、メガネウラはその一例で、翅を広げた幅は七〇センチを超える。石炭紀の森にタイムトラベルできたとしたら、その姿を見かけるかもしれない。

飛行能力は昆虫で最も重要な技術革新ともいえるが、ほかにも昆虫が隠しもった能力がいくつかある。まず、石炭紀が終わってすぐのおよそ二億八〇〇〇万年前、ある種の昆虫が「変態」という能力を獲得した。イモムシからチョウに、あるいはウジからハエに変わるように、未成熟の期間（幼虫）からまったく異なる姿の成虫に変化する驚くべき能力だ。

昆虫の変態は、カエルが王子様に変わる童話と同じくらい魔法のように思えるが、童話と異なるのは、それが現実であり、私たちの身の回りでいつも起こっているということだ。自分が十分に成長したイモムシだとしよう。最後に葉っぱを食べたら、「絹糸（けんし）」と呼ばれる糸を出して、体を植物の茎にしっかりと固定する。そして、古い表皮を捨て、新たになめらかな茶色い表皮をあらわにする。もはや目も脚もなく、体の表面にあるのは呼吸するための「気門」と呼ばれる小さな穴だけだ。襲われても手も足も出ない状態で何週間も、種によっては何カ月も過ごす。ぴかぴかの蛹の表皮の下では、体が溶け、体内組織と内臓の細胞が死んで分解するようにあらかじめ決まっている。自身はただのスープのような状態になる。ただし、胚細胞の集まりはいくつか残り、それらが増殖して新たな内臓と構造が一からつくり直されて、まったく新しい体に変身する。準備が整い、適切な時期が来ると、蛹の表皮を破って開ける。その下から現れるのは、大きな目、液体を吸うためのらせん状の長い吻、そして虹色の鱗粉で覆われた美しい翅をもつ体だ。翅が硬くなる前にきちんと広がるように、翅脈に血液を送り込まなければならない。

この驚くべき現象がどのように始まったのかについては、さまざまな議論がある。最近では、チョウに似た飛ぶ昆虫とカギムシ（節足動物に近縁のイモムシのような生物）が交尾に成功するという異常な出来事が起きた結果、変態が発達したという風変わりな説もある。もっとあり得そうなのは、昆虫が十分に発達する前に卵から出てきた結果、イモムシが誕生したという説だ。起源については諸説あるが、変態は目を見張る現象であり、ハエ、チョウ、ガ、ハチ、アリなど、この能力をもった昆虫はどんな昆虫よりも多くの子孫を残した。

幼虫から成虫へと変身する能力には感銘を受けるものの、ちょっと考えただけでは、ウジからハエに変態する能力が子孫繁栄にこれほど役に立つ理由はわかりにくいかもしれない。

ものすごい労力を必要とするし、チョウを育てたことがある読者ならわかるだろうが、蛹から成虫になる羽化は危なっかしい繊細な営みで、失敗することも多い。とりわけ、翅が正しく広がらなかったら、その成虫はいつまでも飛べないまま息絶えてしまうことになる。変態の能力がこれほどまでに成功を収めた理由として、未成熟の段階と成熟した段階でそれぞれ異なる行動がとれるように機能を限定し、目的に合わせて体をデザインできるという説がある。[*]幼虫は食べるために生まれてきたようなもので、実質的に口と肛門が腸でつながっただけの生き物であり、ウジはまさにそんな存在だ。母親は食物が豊富にある場所に卵を産むようにしているため、生まれてきた幼虫はすばやく動く必要もなければ、遠くへ行く必要もない。幼虫は必要最低限の感覚器しか備えておらず、目もほとんど見えないし、触角もない。対照的に、成虫はたいてい短命で、食べる量も少なく、せいぜい活動できる程度の蜜を吸うだけだろう。[**]成虫の主な仕事は交尾相手を見つけ、交尾し、雌の場合は卵を産むことだ。種によっては周期的に移動することもある。そのような種の成虫は移動能力が高くなければな

*ここでいう「デザイン」は神による高度な営みを指しているわけではない。長い時間をかけて手当たりしだいにさまざまな試みがなされる進化を簡潔に言ったものだ。

**昆虫は個体数も種類も膨大であるため、必ず例外はある。なかには成虫が口器をもたず、三日か四日しか生きないガもいれば、成虫の状態で数年生きられる甲虫もいる。昆虫の長寿記録としては、シロアリの女王が少なくとも五〇年生きた事例が知られている。実際にはそれよりはるかに長く生きた可能性もある。

らないし、鋭い感覚も必要だ。遠くへ移動して交尾相手を見つけるためには視覚や嗅覚、聴覚が必要だから、そうした成虫は大きな目や触角を備えていることが多い。交尾相手の気を引くために鮮やかな色をしていることもある。

一方で、蛹の期間を経た変態をしない昆虫も多い。比較のためにそうした昆虫のことも見てみよう。たとえば、バッタやゴキブリがそうだ。未成熟のバッタやゴキブリは成虫を小さくしたような見かけで、実際に機能する翅の代わりに、小さな「翅芽（しが）」という構造をもっている。蛹になる昆虫とは異なり、若いバッタは食物をめぐって成虫と競争しなければならない。これはウジやイモムシにはない問題だ。バッタの体は言ってみれば妥協の末に生まれたデザインで、摂食、成長、拡散、交尾相手の発見、適切な産卵場所の発見といった、あらゆる営みを可能にするものだ。公正を期すために言っておくと、バッタは個体数という点では十分に成功している。これは貪欲なバッタの大群に襲われた経験のあるアフリカの農家ならよく知っていることだ。しかし、種の数で言えば、蛹になる昆虫には劣る。これまでに確認された種はバッタ目でおよそ二万種、ゴキブリ目では七四〇〇種だ。一方、蛹になる昆虫を見ると、ハエ目で一二万五〇〇〇種、ハチ目で一五万種、チョウ目で一八万種、コウチュウ目にいたっては何と四〇万種も確認されている。これら四つのグループを合わせた種の数は、地球で確認されているすべての種のおよそ六五％を占める。

飛行と不思議な変態の能力のほかに、昆虫が進化の途上で獲得したもう一つの能力は、複雑な社会を発達させる力だ。個体の集まりが実質的に一つの「超個体」として機能する。シロアリ、ハチ、アリはすべてこの能力をもち、巣の中では少数の女王がほぼすべての卵を産み、その子たちは女王の世話や子の世話、巣の防御など、さまざまな専門の仕事を担う。仕事を分担することで、それぞれの個体が自分の仕事に熟達することができる。なかにはその仕事に適応した体をもつ例もあり、たとえば、アリクイやツチブタといった大きな捕食者の攻撃を防がなければならないアリの場合、主に巣を守る役割を担っている個体は大きな顎(あご)を備えている。アメリカの著名な生物学者で、アリの専門家であるE・O・ウィルソンはかつて、世界には一〇〇〇兆から一京(一京は一兆の一万倍)匹のアリがいると推定した。一部の陸地の生態系では、そこにすむ全動物の生物量(バイオマス=生物の重量)の二五%をアリが占めると推定されているし、きわめて大ざっぱな推定では、地球上のアリを全部合わせた重さは全人類の総重量に近いという。アリの個体数は世界人口のおよそ一〇〇万倍だ。ここ二〇〇年は当てはまらないかもしれないが、過去四億年のいずれかの時期に地球を見下ろした宇宙人がいたとすれば、彼らはこんな結論に至ったかもしれない。地球は昆虫の王国だと。

私の好きな虫

魔性のホタル

ホタルは神秘的という点で、間違いなく筆頭に挙がる昆虫だ。英語では「ファイアフライ（火のハエ）」や「グローワーム（輝く虫）」と呼ばれるが、ハエではなく甲虫の仲間で、光る尾部をもっている。その光は交尾相手を引きつけるために使われている。光の色は種によって緑、黄、赤、青とさまざまで、常に光っている種もあれば、特有のパターンで明滅する種もある。たとえば、ヨーロッパのホタルのなかには雌がやわらかい緑の光を常に光らせて雄を誘うものがいる。ほかの多くの種では、光は飛んでいるときに短く明滅を繰り返し、その軌跡は人間の目にはひと筋の光のように見える。こうしたことから、ホタルは英語で「ライトニング・バグ（稲妻虫）」とも呼ばれている。アメリカと熱帯アジアには、ほかの個体とタイミングを合わせるように光るホタルがいる。何千匹ものホタルがいっせいに尾部を光らせる光のショーは、息をのむほど美しい。

ホタルは捕食性で、種によって異なるが、ほかの昆虫やミミズ、カタツムリなどを食べる。ある種のホタルの雌は、別種のホタルの雌の光をまねる能力を発達させた。その目的は交尾相手を誘うためではない。獲物をおびき寄せるためだ。かわいそうな好色の雄がその誘いに乗ると、あっという間に食べられる。この習性から、こうした雌は「ファム・ファタル（魔性の女）」ホタルとも呼ばれている。

2章　昆虫の重要性

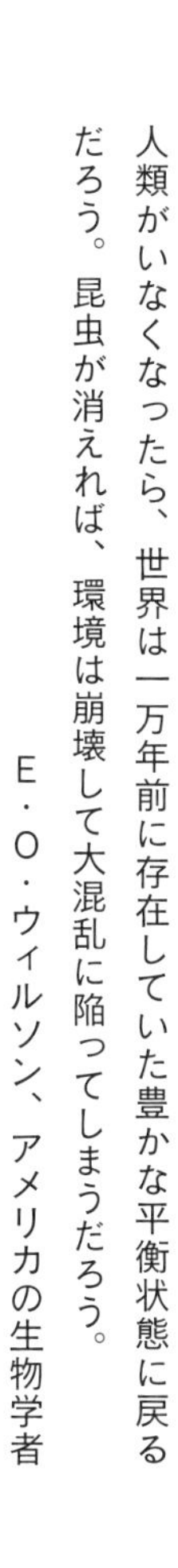

人類がいなくなったら、世界は一万年前に存在していた豊かな平衡状態に戻るだろう。昆虫が消えれば、環境は崩壊して大混乱に陥ってしまうだろう。

E・O・ウィルソン、アメリカの生物学者

二〇一七年秋、私はオーストラリアのラジオ番組の生放送で、昆虫の減少についてインタビューを受けることになった。司会者が陽気に投げかけてきた最初の質問はこれだ。「昆虫が減っているとのことですが、それっていいことなんじゃないですか？」　もちろんそれは冗談半分の質問だとは思ったが、私は二万キロ近くも離れた場所から電話でしゃべっているので、確信はもてなかった。司会者がどんなつもりで言ったにしろ、この質問には多くの人の見方が映し出されている。害虫、うっとうしい存在、病原体を拡散させるもの、刺してくる生き物、腹立たしい厄介者というのが、多くの人の昆虫に対する見方だ。車のフロントガラスにぶつかってぺしゃんこになる昆虫が最近減ったからといって、嘆く人はほとんどいない。いまや私たちの大半は都市部に暮らし（都市部に暮らす人の割合はイギリスでは人口の八三％、世界銀行によると世界全体では五五％で、急速に増え続けているという）、公園や庭に昆虫をわざわざ探しにいかない限り、日常目にする昆虫と言えば、ゴキブリやイエバエ、クロバエ、イガ、シミといった、住宅に入り込んでくる昆虫ぐらいだろう。みんな魅力的ですばらしい生き物だが、上等なモルトウィスキーと同じで、時間をかけて正しく付き合っていかなければ、これらの昆虫の価値を理解することはできない。私たちの大半にとって、こうした昆虫は迷惑な居候であり、なるべく早く追い出すか殺すかしたい存在だ。ラジオ番組の司会者の質問に、私は一瞬まごついた。そのうえ、あたふたしてしまった。そのとき私はトイレの中に立っていて、ちょうど誰かが用を足しに入ってきたのだ。

　ラジオ番組のインタビューを受けるときにいつも公衆トイレを使っているわけではないのだが、このときはたまたま、イングランド南部のドーチェスターで翌日の講演のために移動している途中でパブに寄って食事をとっていたときに、急ぎの依頼が携帯電話に入ったのだ。パブの店内は大音量の音楽が流れていて、外は雨が激しく降っていたので、トイレがいちばん静かで濡れない場所だと考えた。できるだけ心を落ち着かせて、昆虫がきわめて重要な役割を数多く果たしているという、それまで何度も話してきた主張に入った。相手の表情が見えず、こちらの言いたいことが明確に伝わっているのかがわからないので、こうしたインタビューを受けるといつもまごついてしまうのだが、少なくともトイレの隅っこで用を足していた男性はうなずいてくれて励みになった。

もちろん、昆虫に興味がないのはオーストラリアのラジオ番組の司会者に限ったことではない。ちょっと前、ＢＢＣラジオで、イギリスの著名な医師でテレビ司会者のロバート・ウィンストンが野生動物の世界的な減少について尋ねられていた。彼の答えはこうだ。「地球上に、たいしていらない昆虫は山ほどいる」。ウィンストンがなぜ専門外の話題に対するコメントを求められたのかは定かでないが、いまの奇妙な世の中では、資格や経験に関係なく著名人の意見が評価されるのは普通のことのようだ。とはいえ、彼の返答には多くの人の見方が表れている。

生態学者と昆虫学者は、昆虫がきわめて重要な存在だということをこれまで一般の人々にきちんと説明してこなかったことを深刻に受け止めるべきだ。昆虫は地球上で知られている種の大部分を占めるから、昆虫の多くを失えば、地球全体の生物多様性は当然ながら大幅に乏しくなる。さらに、その多様性と膨大な個体数を考えると、昆虫が陸上と淡水環境のあらゆる食物連鎖と食物網に密接にかかわっているのは明らかだ。たとえば、イモムシやアブラムシ、トビケラの幼虫、バッタは草食で、植物の構成物質をより大型の動物にとってはるかにおいしくて消化しやすい昆虫のタンパク質に変えてくれる。スズメバチやオサムシ、カマキリといったほかの昆虫は草食の昆虫を食べる捕食者で、食物連鎖の次の段階にある。そして、これらの昆虫たちすべてが多数の鳥類やコウモリ、クモ、爬虫類、両生類、小型哺乳類、魚類の獲物となる。昆虫がいなくなれば、こうした動物たちが食べるものはないに等しい。さらに、食虫性のムクドリやカエル、トガリネズミ、サケを獲物とするハイタカやサギ、ミサゴは、昆虫がいなければ飢えてしまうだろう。

　食物連鎖から昆虫が失われることは、野生動物にとって大惨事となるだけではない。人間の食料供給にも直接影響を及ぼすだろう。ヨーロッパや北米の大半の人々は、昆虫を食べるというと、風変わりな食習慣だと考えて眉をひそめるが、エビ（体節と外骨格をもっているので、広い意味では昆虫に似ている）は喜んで食べている。人類の太古の祖先は昆虫を食べていたはずだ。現代でも、世界的に見れば昆虫を食べるのは普通で、国によっては昆虫が食生活でかなりの割合を占めている。世界の人口のおよそ八割は日常的に昆虫を食べ、とりわけ南アメリカやアフリカ、アジアの人々のほか、オセアニアの先住民のあいだではよく食べられている。人間が日々食べている昆虫は、チョウやガの幼虫、甲虫の幼虫、アリ、カリバチ、ガの蛹、カメムシ、バッタ、コオロギなど、およそ二〇〇〇種に及ぶ。いくつか例を挙げてみると、南アフリカでは毎年一六〇〇トンのモパネ・ワーム（ヤママユガの一種の大きな幼虫で、ジューシーな食感）が食用に売られ、それ以外にも個人が採集して食べることも多い。隣のボツワナでは、モパネ・ワームの取引は年間八〇〇万ドルに達する。このイモムシは長期保存用に乾燥させて缶詰にしたものを、かりっとした軽食として食べたり、生の状態でタマネギとトマトといっしょに炒めて食べたりすることが多い。タイにはカイコの蛹の缶詰があり、その輸出額は五〇〇〇万ドルに相当すると推定される。日本では、イナゴの缶詰が高級珍味として広く販売されているし、昭和天皇は蜂の子入りのご飯が好物だった。メキシコでは、リュウゼツランに付くイモムシ（コキマダラセセリの幼虫）とアウアウトレ（水生昆虫の卵で「メキシコのキャビア」と言われることもある）は天然のものが大量に採集され、さらには欧米に輸出されてきた。しかし、これら二種の昆虫の取引は近年右肩下がりになっている。コキマダラセセリは乱獲によって減少し、アウアウトレは水質汚染が原因で数が減っているからだ。

以上は主に天然の昆虫を採集して食べる事例だが、私たち人間は豚や牛、鶏を飼う代わりに、昆虫を養殖する量を増やすべきだと主張することもできる。従来の家畜は体温を維持するために大量のエネルギーを浪費するので、植物起源の飼料を人間の食物に変換するのはきわめて効率が悪い。その点では、牛のほうが鶏よりもはるかに劣る。たとえば、牛の食べられる部位を約一キロ増やすためには、二五キロもの植物性飼料を食べさせなければならない。変温動物である昆虫はそれよりはるかに効率的だ。一例として、重さ一キロの食用コオロギを育てるために必要な植物性飼料はたった二・一キロで、牛より一二倍も効率がよい。食用昆虫はほかの面でも牛よりはるかに優秀だ。人間が摂取する食物を一キロ生産するためには、牛はコオロギより五五倍も多くの水が必要だし、一四倍も多くの空間が必要になるのだ。そのうえ、昆虫は牛肉よりも必須アミノ酸が多く、飽和脂肪がはるかに少ないので、体によい動物タンパク源となる。

昆虫食の利点はほかにもある。たとえば、昆虫には人類と共通する病気が知られておらず、脊椎動物と比べて、食べたときに病原体に感染する可能性がはるかに小さいと考えられる（脊椎動物と共通の感染症病原体にはＢＳＥ（牛海綿状脳症）や鳥インフルエンザ、新型コロナウイルス感染症などがあり、新型コロナウイルスはコウモリか、あるいは中国伝統医学に使われているセンザンコウに由来するとも考えられている)。

牛とは異なり、ほとんどの昆虫は強力な温室効果ガスであるメタンをほとんど出さないか、まったく出さないし、*哺乳類よりもはるかに早く成長する。そしておそらく、昆虫養殖は動物福祉の問題を回避できる。多くの昆虫は外見上苦痛なく密集した状態で養殖することができ、昆虫が苦痛を感じる能力は牛よりも低いとみられているからだ(この見解に反対する人々がいることはわかっているけれど)。

ここで言いたいのは、二〇五〇年になる頃に地球上に暮らしていると予測される一〇〇億から一二〇億もの人々を養おうとするなら、従来の家畜に代わる、より持続可能な食料の生産法として昆虫養殖を真剣に考えるべきだということだ。私にとって昆虫食の唯一の問題は、これまで食べた昆虫はどれもそれほど楽しめなかったことだ(例外はアリのチョコレートがけだが、楽しめたのはチョコレートの味だったことは言うまでもない)。とはいえ、まだ数種類しか試したことがないし、モパネ・ワーム炒めやメキシコのキャビアを食する機会があるかもしれないから、先入観をもたないように努めていきたい。

欧米社会では昆虫そのものを食べる習慣はほとんどないものの、私たちは食物連鎖の一段階上にある生物を通じて日常的に昆虫を摂取している。マスやサケといった魚、そしてヤマウズラやキジ、シチメンチョウといった狩猟鳥の主な食物は昆虫だ。日本では、ワカサギやウナギが人間の食生活で重要な位置を占めている。こうした淡水魚は主に昆虫を食べているから、人間の食料供給は淡水の昆虫が十分に存在するかどうかに直接左右される。この関係が如実に表れたのは一九九三年のことだ。日本の湖のなかで有数の広さを誇る宍道湖(しんじこ)が、農地から流入したネオニコチノイド系殺虫剤で汚染された。その結果、湖にすむ無脊椎動物の個体数が急激に減り、地域の漁業が大打撃を受けて、何百もの雇用が失われたとされる。ワカサギの漁獲量は一九八一〜九二年に平均で年間二四〇トンあったが、一九九三〜二〇〇四年にはたった二二トンにまで落ち込み、ウナギの年間平均漁獲量は同期間に四二トンから一〇・八トンにまで減った。

食料源としての役割に加え、昆虫は生態系でほかにも多数の重要な役割を果たしている。すべての植物種の八七%が受粉を動物に頼っているが、花粉運びのほとんどを昆虫が担っている。ほとんどすべてと言ってもいいほどで、昆虫に頼っていないのは草本と針葉樹ぐらいだ(これらは送粉を風に頼っている)。色とりどりの花びら、花の香りと蜜は送粉者(花粉媒介者)を引きつけるために進化した。花粉の運び屋がいなければ、野花は結実せず、やがて大半が姿を消すだろう。ヤグルマギクもポピーも、ジギタリスもワスレナグサもなくなる。世界か

*シロアリは例外だとみられている。どちらかというと六本脚の小さな牛という表現のほうが近く、セルロースなど、植物の硬い構成物質の消化を助ける微生物を腸内の特殊な領域にすまわせている。牛のこぶ胃(第一胃)にすむ微生物がメタンを生成するのと同じで、シロアリの腸内にいる微生物もメタンを生成するが、それが温室効果ガスの排出に与える影響が懸念すべき程度のものなのかどうか、科学者のあいだでも意見が分かれている。

ら徐々に色が失われていくことを嘆き悲しむ人もいるだろうが、送粉者がいなくなることは美しい花の喪失よりもはるかに甚大な影響を生態系に及ぼすことになる。植物はあらゆる食物連鎖の基礎をなす存在だから、膨大な数の植物種が結実できなくなって死滅すれば、地上のあらゆる生物群集〔特定の地域にすむ生物種をひとまとめにとらえたもの〕が一変し、貧弱になってしまうだろう。

利己的な人間の目からすれば、野花の喪失は懸念のなかでも最も小さいものかもしれない。なぜなら、人間が栽培している作物のおよそ四分の三が受粉を昆虫に頼っているからだ。昆虫の重要性を示すときにはよく、生態系に対する貢献という観点が使われる。貢献度は金銭的な価値で表すことができ、受粉だけでも世界全体で年間二三五〇億〜五七七〇億ドルの価値があると推定されている（二つの数値にかなり幅があるから、この推定はあまり正確なものではない）。お金の話は別にしても、花粉を運ぶ生物がいなければ、世界で増加する一方の人口を支える食料を生産できないだろう。私たちの食料の大部分は小麦や大麦、米、トウモロコシといった風媒受粉をする作物が占めているとはいえ、パンやご飯、ポリッジ（粥）ばかりの食事で過ごしていれば、体に必要なビタミンやミネラルが不足した状態にたちまち陥ってしまうだろう。イチゴ、トウガラシ、リンゴ、キュウリ、サクランボ、スグリ、カボチャ、トマト、コーヒー、ラズベリー、ズッキーニ、サヤインゲン、ブルーベリー、挙げればきりがないが、こういった食材がない食事を想像してみてほしい。世界全体の人々全員が、穀物や油が過剰に生産されるなかで健康によい食生活を送ろうと思っても、野菜と果物の現在の生産量ではその需要を満たせない。送粉者がいなければ、人間に必要だという「一日五種類」の野菜と果物を生産することなど、とても不可能だろう。

受粉だけでなく、昆虫は生物的防除を担う重要な存在でもある（防除対象の生物の多くもまた昆虫なので、これは昆虫の重要性を訴えるうえで若干矛盾した議論になってしまうのだが）。[*] テントウムシやオサムシ、ハサミムシ、クサカゲロウ、カリバチ、ハナアブをはじめとする肉食の昆虫がいなければ、作物の病害虫の問題に対処することはいっそう難しくなり、いまよりさらに多くの農薬を使わざるを得なくなる。送粉者がいなければ、昆虫ではなく風で受粉する数少ない作物に頼らなければならないが、そうなると年によって栽培する作物を替える輪作をしにくくなり、その結果、病害虫の問題がいっそう深刻になるだろう。

害虫防除における昆虫の役割は地味だし、往々にしてぞっとするし、たいていありがたがられることもない。たとえば、スズメバチなどのカリバチは、好きな昆虫のアンケートではかなり下位に位置する昆虫だが、その理由は、カリバチの大半の種はほかの昆虫の体内で成長して宿主を殺す捕食寄生者で、多くが害虫の数をきわめて効率よく減らしてくれることを、ほとんどの人が知らないからかもしれない。[**] 私の自宅の庭では、キャベツやブロッコリー、

＊バランスの観点から、これも指摘しておくべきだろう。昆虫は多数の重要な役割を果たしているとはいえ、「生態系の害」となるような働きも数多く行なっている。昆虫の多くは人間や家畜の病原体を媒介したり、作物に被害を及ぼしたり、家畜に寄生したりする。シロアリは枯れ木を分解するなど、貴重な役割を果たしているのだが、気候の温暖な地方では木造の家をむしばむ厄介な害虫になることもある。

カリフラワーといったアブラナ科の野菜が、オオモンシロチョウやモンシロチョウの貪欲な幼虫であるアオムシによく食べられる。葉に穴を開けられるうえ、そのまま放っておくと、キャベツが硬くて食べられない芯と葉脈だけの状態になってしまうこともある。私にとってさいわいなのは、アオムシコマユバチがやって来ると被害をたいてい抑えられることだ。これはアリぐらいの大きさのカリバチで、黒い体に黄色い脚をもっていて、雌は鋭い産卵管を使って不運なアオムシの体内に卵の塊を注入する。生まれたアオムシコマユバチの幼虫たちはそのアオムシの体を中からむしばみ、やがて大挙して外に出ると、息絶えたばかりの宿主の周りに小さな黄色い繭（まゆ）の塊をつくる。夏の終わりのピクニックで私たちを悩ませるおなじみのハチ、黄色と黒の縞模様をもったスズメバチでさえも、一般に思われているよりはるかに役立っている。野草の送粉者というだけでなく、アブラムシやイモムシといった作物の害虫を貪欲に食べる捕食者でもあるのだ。人間の食べ物に寄ってくるからといって嫌がるのではなく、かけらの一つや二つぐらいは食べさせてあげるべきかもしれない。

　昆虫はまた、不必要な植物や外来植物の抑制にも重要な役割を果たすことができる。オーストラリアに持ち込まれたウチワサボテンがその一例だ。ウチワサボテンはアメリカ大陸の乾燥地帯が原産で、オーストラリアでは牧場の生け垣として使われていた。このサボテンのとげは返しが付いていて、刺さると猛烈に痛い。私には苦い経験がある。以前、スペインでアシナガバチの研究のために入ったウチワサボテンの茂みの中で転んでしまったことがあるのだ。だから、この植物を生け垣にするのはどうかと思う。いずれにせよ、このサボテンは生け垣としてまっすぐ育つだけでは飽き足らず、たちまち手がつけられないほど分布域を広げ、オーストラリア北東部クイーンズランド州の四万平方キロもの土地を、人が立ち入れないようなとげだらけの茂みで覆ってしまった。ところが、一九二五年、南米原産でメイガ科の茶色い小さなガ（*Cactoblastis cactorum*）が移入されると、あっという間にほとんどすべてのウチワサボテンを食べ尽くしてしまった。

さらに昆虫は、落ち葉や朽ち木、動物の死骸や糞といった有機物の分解にも深くかかわっている。栄養分を再び植物の成長に使えるようにリサイクルする作業だから、きわめて重要な役割だ。「分解者」と呼ばれるこうした昆虫のほとんどは誰にも気づかれない。あなたの庭の土、そしてコンポスト（堆肥）容器があればその堆肥の中には必ずと言っていいほど、無数のトビムシがいるはずだ。トビムシは昆虫に近縁の原始的な生物で、体は小さくて全長一ミリに満たないことが多く、捕食者から逃れるために、跳躍器と呼ばれる器官を使って高く跳び上がることからその名が付いた。跳躍器は通常、腹部の下側に折りたたまれているが、緊急事態が発生すると、トビムシは跳躍器を勢いよく動かして最大一〇〇ミリも跳ぶことができる。この小さなハイジャンパーの集団は、有機物の微小な断片を食べてさらに小さな破

＊＊カリバチというと、黄色と黒の縞模様のスズメバチなど、社会性のあるカリバチを思い浮かべるが、ほとんどのカリバチはそれよりはるかに小さく、アリぐらいの大きさしかない真っ黒な種が多い。コバチの仲間には、全長〇・一四ミリしかない世界最小の昆虫もいる。

片にするという重要な仕事をしている。有機物の破片は、細菌によってさらに分解されて植物が利用できる栄養分になる。トビムシは健全な土壌にとって欠かせない役割を人知れず担っている。なかには意外にかわいいトビムシもいて、体が丸みを帯びた種はまるまる太った羊を小さくしたようにも見える（多少の想像力は必要）。

分解者はめったに注目されることはないが、仮にこの世の中から姿を消したら甚大な影響を及ぼすだろう。その一例が、二〇世紀半ばのオーストラリアで牛の畜産農家が経験した出来事だ。世界のほとんどの地域では、牛糞はさまざまな昆虫たちが争奪戦を繰り広げてすぐに分解され、長いあいだ残ることはない。ゆるゆるの糞が草の上にぼとりと落ちてから数秒、遅くとも数分のうちに、そよ風に漂う魅惑のにおいに誘われて、フンバエやフンコロガシなどの糞虫（ふんちゅう）が姿を現す。フンバエは糞に卵を産みつける。すると、まもなく幼虫が生まれ、大量の細菌によって腐敗しつつあるその有機物を食べて育つ。フンバエは一生を三週間ほどで終える。一方、水生の祖先をもつ一部の糞虫は、ゆるゆるの液状の糞の中を、パドルのような脚を使って泳ぐ。多くの糞虫は糞の中に産卵するが、糞の下の土に巣穴を掘り、糞を子の食物として利用する糞虫もいる。また、どっと群がる虫から糞を逃がそうと、糞の球を数メートル先まで転がす糞虫もいくつかいる。こうした糞を食べる虫を狙って、肉食のハネカクシやオサムシがやって来る。カラスやヤツガシラなどの鳥は幼虫目当てに舞い降りる。無数の昆虫に穴を開けられるうちに、糞は風通しがよくなって乾燥し、やがて跡形もなく消えてしまう。こうして糞の栄養分はうまくリサイクルされる。

糞を効率的に分解する昆虫は、栄養分を環境に解き放つほかに、畜産農家にとって重要な仕事もしてくれる。家畜の腸にすむ寄生虫を取り除くうえで、大きな役割を果たしているのだ。寄生虫に感染した動物からは糞に混じって寄生虫の卵が排出される。草に付いたその卵をほかの牛や羊が食べると、感染が広がってしまう。だが、昆虫は糞を食べ尽くすことで、寄生虫の卵も手早く処理してくれるのだ。皮肉なことに、いまは牛に寄生虫の治療薬が投与されているために、糞が昆虫にとって有毒となり、糞のリサイクル速度が遅くなっている。薬を投与していても糞には寄生虫の卵が混じり、その卵が昆虫に処理されずに残るため、家畜が寄生虫に感染する問題はかえって悪化している。

それとは対照的に、一九世紀にオーストラリアで牛の畜産を始めた農家が直面したのは、ゆるゆるの牛糞を食べてくれるオーストラリア原産の昆虫がいないという問題だった。オーストラリアの哺乳類（カンガルーやウォンバットなどの有袋類）は乾燥した自然条件に適応し、牛とはまったく違って、硬い球のような糞をする。オーストラリア原産の糞虫は歴史的にこうした糞を食べるように適応してきたが、ヨーロッパからの入植者が持ち込んだ牛の軟らかい糞には、まったくと言っていいほど適応できなかった。その結果、牛糞は何年も分解されずに残って牧場にたまる一方で、牛が使える牧草地がだんだん減っていった。牛一頭につき毎日十数個の糞をするため、一九五〇年代には、牛糞に覆われたオーストラリアの土地は毎年二〇〇〇平方キロずつ増えていると推定されるまでになった。

一九六〇年代になると、ハンガリーから移住してまもないジョージ・ボルネミッサ博士から、牛糞の問題に対処できる方法として糞虫を移入する案が提示されたことで、「オーストラリア糞虫プロジェクト」が始まった。ボルネミッサはその後二〇年にわたり、オーストラリアへの移入に適切な糞虫の種を求めて世界中を旅した。移入元として主に着目したのは、気候が似ている南アフリカだ。オーストラリアではそれまでも外来種が計画的に移入されたことがあったが、なかには大失敗に終わった事例もあった。たとえば、サトウキビの害虫防除を目的に移入された南アメリカ産のオオヒキガエルは、それ自体が害を及ぼすようになり、いまでは二億匹にまで増えたと推定されていて、あらゆるものを食い荒らすにもかかわらず、防除対象の昆虫だけは食べてくれないという厄介な存在となっている。それとは対照的に、新たに移入された糞虫は大成功を収めた。移入された糞虫は合計で二三種。牛糞を取り除くスピードを重視して厳選され、オーストラリアのさまざまな気候帯で順調に子孫を残していくことができる。これらの糞虫のおかげで、現在では、オーストラリアの牛糞は排出されてからたった二四時間で跡形もなく消えるようになった。

糞虫と同様、昆虫のなかには動物の死骸を効率よく分解する「自然界の葬儀屋」もいる。クロバエやキンバエは動物が死んでから数分という異様なスピードで死骸を見つけ、そこに卵を産みつける。その数時間後にはウジが湧き、ほかの昆虫が来る前に食べようと、競うように死骸に群がる。この競争で優位に立っているのが近縁のニクバエで、卵の期間をすっ飛ばして、直接ウジとして死骸に産みつけられる。牛糞の場合と同じく、ハエと競合するのが甲虫だ。死骸に群がるのはシデムシで、到着はハエより遅いことが多いものの、死骸と発育中のウジの両方を食べる。シデムシは小動物の死骸を地中へ引きずり込み、そこに卵を産みつける。親は生まれてくる子の世話をするためにそこに残り、ほかのシデムシからわが子を守るほか、子の数が多すぎる場合には、食べ物の残りに応じて子を間引くことまでする。さまざまな種の昆虫が到着する順番や、ウジが成長する速度は、どのような環境でも十分に予測することができ、人間の死をめぐる状況に何らかの疑いがある場合、法医昆虫学者が遺体からおよその死亡時刻を推定する際にも利用される。

昆虫の役割はまだまだある。地中に穴を掘って暮らす昆虫は土壌に空気を通す手助けもしているし、アリは植物の種子を遠くへ運ぶ役割も果たす。種子を食料にするために巣へ持ち帰る途中で、いくつかを失うことも多く、そうした種子が芽を出すのだ。カイコは絹を、ミツバチは蜂蜜をつくってくれる。昆虫が生態系で担っているすべてのサービスを金額に換算すると、アメリカだけで少なくとも年間五七〇億ドル相当になると推定されている。とはいえ、この推定はほとんど意味のないものだ。著名な生物学者で好人物のE・O・ウィルソンはかつてこう述べていた。昆虫がいなければ「環境は崩壊して大混乱に陥って」しまい、何十億もの人々が飢えてしまうと。これを防ぐために、私たちはどれだけの費用をかけられるだろうか？

多くの昆虫がきわめて重要な役割を果たしていることは明らかだが、ほとんどの昆虫については、何をしているかさえまだ知られていない。五〇〇万種いるとも考えられている昆虫の五分の四が、生態系で果たしている役割の研究どころか、まだ命名もされていないのだ。

近年、製薬会社はさまざまな昆虫がもっているほぼ無数の種類の化合物を探す「バイオプロスペクティング（生物探査）」を始め、医薬品に利用できる可能性のある新種の化合物を多数発見している。そのなかには、耐性菌に対処できる可能性を秘めた新たな抗菌性の化合物のほか、抗凝血物質、血管拡張剤、麻酔剤、抗ヒスタミン剤も含まれる。昆虫が一種絶滅するということは、医薬品の開発につながる貴重な発見が一つ永遠に失われるということだ。

自然保護主義者のアルド・レオポルドが述べているように、「一つひとつの歯車を残しておくことは、賢く修理するうえで第一の注意点」だ。私たちはほとんどの生態系を構成する何千もの生物のあいだで起きている多数の相互作用を理解するにはほど遠い状況にあるから、どの昆虫が「必要」でどれがそうでないかを判断することはできない。作物の受粉に関する研究から、ほとんどの受粉は少数の種によってなされる傾向があるものの、存在する種の数が多いほど、時間の経過とともに受粉の確実性と回復力は高まっていくことがわかっている。結局のところ、昆虫の数は毎年、自然に変動するもので、変動の仕方は種によって異なる。寒い春や豪雨、干ばつに強い種もいれば弱い種もいるから、ある年に受粉のほとんどを担った種が、翌年、あるいはその後の一〇年間に主要な送粉者となるかどうかはわからない。セイヨウミツバチなど、一種類の送粉者に頼るのは、何かが起きたときのバックアップがないから、賢明なやり方とは言えない*。気候が変動するにつれて、送粉者の群集も変化し、いまは重要そうに見えない種でも、将来的に主要な送粉者になる可能性がある。これと同じ議論は、昆虫が果たしているほかの役割にも当てはまる。未来に残せる昆虫の種類が多いほど、昆虫が果たしている大切な仕事が私たちの不確かな未来にも続いていく可能性が高くなるのだ。

「生態系から種が失われる状況は、飛行機の翼のあちこちからリベットが抜け落ちているようなもの」——アメリカの生物学者ポール・エーリックによるこのたとえはよく知られている。抜け落ちたのが一本や二本なら、飛行機はおそらく問題ない。だが、一〇本、二〇本、五〇本と抜け落ちていけば、そのうち予測不可能な状況に陥り、取り返しのつかない事態が発生して、飛行機は墜落してしまうだろう。昆虫は生態系の機能を維持しているリベットのような存在だ。私たちがどこまで瀬戸際に追い込まれているかは、はっきりしない。いくつかの場所では、すでに一線を越えてしまっている。中国南西部の複数の地域では、送粉者がほとんど残っておらず、農家の人々が人工授粉をしないとリンゴやナシなどの作物が育たない状況になっている。私はベンガル地方で、農家の人々がウリの人工授粉をしている姿を見たことがある。ブラジルの複数の地域からは、パッションフルーツの栽培を人工授粉に頼っているとの報告が入ってきている。さらに、カナダのブルーベリーから、ブラジルのカシューナッツ、ケニアのサヤインゲンまで、世界中の数多くの研究で、集約農業が行なわれてい

*賢明でないとはいえ、このやり方は北アメリカの多くの農家が採用し、作物の受粉のために費用をかけてミツバチを取り寄せている。彼らの農法では、農地の周りに生息している野生のミツバチだけでは数が少なすぎて、適切に受粉できないからだ。

る地域では送粉者の数が足りないために、昆虫に受粉を頼る作物の収量が少ないことがわかっている。逆に、花粉を運ぶ昆虫の生息地となる天然林など、野生生物の豊かな地域に近い農場では収量が多い。イギリスでは、リンゴのガラ種とコックス種の生産量に関する近年の研究で、受粉が不十分であるためにリンゴの品質が悪化していることから、およそ六〇〇万ポンドに相当する収入が失われていることがわかった。世界の多くの地域で、送粉者の不足によって作物の生産量が頭打ちになっているか、それよりも悪い状況に陥っているのは明らかだ。人間の作物が十分な数の送粉者を集められていないのだとしたら、おそらく野生の花も同じ状況に陥っているだろう。受粉が十分でないために野生の花がさらに減れば、生き残った送粉者が得られる食物も減ることになる。この現象が「絶滅の渦」を招く可能性もあると推測する科学者もいる。花の数と送粉者の数がどちらも急速に減って、両方が絶滅してしまうというのだ。

昆虫が果たしている役割はたいてい気づかれず、当たり前のことと思われて軽視されている。大半の畜産農家は糞虫についてほとんど考えもしないし、最近まで、送粉者や害虫の自然の天敵を増やすために行動を起こした作物農家はほとんどいなかった。オーストラリアの畜産農家やベンガル地方のウリ農家の事例からわかるように、私たちは昆虫の助けをなくして初めて、昆虫の役割に目を向けるのだ。手遅れになる前に、昆虫が私たちに与えてくれている恩恵に感謝することから始めたほうがいいのではないか。

ミツツボアリ

ハナバチや一部のカリバチは花の蜜を集め、泥や紙、蜜ろうでできた特別な巣穴に蜂蜜を蓄える。そうした蜂蜜は、花がほとんど咲かず蜜が手に入りにくい時期の食料として欠かせない。オーストラリアの乾燥した砂漠には、蜜の問題に対してハチとはかなり異なる解決策を導き出したアリの種がいる。それはミツツボアリの仲間で、正式には*Camponotus inflatus*という学名が付いている。その技は独創的で、何と個々のアリ自体が蜜の貯蔵庫になっている。大量の蜜をため込んでいるために、腹部は異様にパンパンだ。すぐに動けなくなってしまうが、それでも仲間が蜜を与え続け、やがて腹部は中が透けて見えるまで膨れ上がる。蜜をため込んだミツツボアリの集団が地中の巣穴の天井からぶら下がっている様子は、黄金色に熟れたブドウのようだ。それぞれの個体が蓄えた甘い蜜の一部を吐き戻して、腹をすかせたコロニーの仲間たちに与える。からからに乾いたオーストラリアの大地ではこの蓄えは

蜜をため込んで巣穴の天井にぶら下がるミツツボアリ（photo Ⓒ imamori mitsuhiko/nature pro./amanaimages）

きわめて貴重で、大小さまざまな「泥棒」を引き寄せる。ほかのアリの巣穴からは「強盗団」が送り込まれ、監視役のアリたちを制圧して、蜜で膨れ上がった何もできないアリたちを捕まえると、引きずって自分たちの巣穴まで運んでゆく。ミツツボアリはオーストラリアの先住民にとっても貴重な食料で、灼熱の土を最大二メートルも掘り返して、アリを捕まえる。先住民たちは蜜で膨れ上がったアリを生きたまま食べる。甘い蜜がほとばしるその味は極上だという。

3章　昆虫の不思議

人間の役に立つか、将来役に立ちそうな昆虫の種を保護するという、実用面や経済面から見た声高な主張は確かにある。しかし、この人間中心の保護手法には、生物多様性を保護するうえで最も説得力のある議論が欠けているかもしれない。講演したあとよく聞かれる質問に「Xという種は何のためにいるのですか？」というものがある（Xにはナメクジや蚊、スズメバチなど、質問者が嫌いな生き物が入る）。以前は、Xという種が果たしているさまざまな役割、理想的には人間に役立つ何かを含めながら、その生き物の存在を生態学的に正当化する理論を構築して答えようとしていた。ナメクジなら、アシナシトカゲの大好物であり、多くの鳥やハリネズミなどの哺乳類、人に好まれやすいほかの生き物にも食べられると指摘するだろう。ナメクジのなかには有機物の分解を助ける種類もあるし、ほかのナメクジに食べられるものもいるといった説明も含めるかもしれない。これと同様に、スコットランドに住んでいたときには、ヌカカは何の役に立っているのかとよく尋ねられた。夏の終わりにハイランド地方を訪れると、肉眼ではほとんど見えないこの茶色い虫をすぐに嫌いになるはずだ。体は小さくても、群がって血を吸いにくるので、かなり不快な気持ちになることがある。一八七二年には、ヴィクトリア女王がハイランドでのピクニックでヌカカに「貪られるように」血を吸われて逃げ帰ったと伝えられている。ヌカカの被害に遭ったのは女王だけではない。ヌカカは観光客に敬遠されているために、スコットランドの観光業界は毎年およそ二億六八〇〇万ポンドを失っていると推定されている。とはいえ、ヌカカでさえも重要な役割を果たしている。翅を広げた幅は二ミリほど、重さは二〇〇〇分の一グラムしかない小さな体だが*、沼地一平方メートル当たり最大二五万匹が生まれるため、一ヘクタール当たりで考えるとおよそ一・二五トンとなり、それらをツバメなどの多くの鳥やコウモリの小型種が食べている。ヌカカはイギリスだけで六五〇種も存在し、そのうち人を刺すのは二割ほどにすぎない。その幼虫がどのような役割を果たしているのかは、ほとんどわかっていない。多くの種の幼虫はまだ記載されていないのが実情だ。たとえば、熱帯地方ではカカオの木の受粉をヌカカだけが担っている。ヌカカがいなくなればチョコレートが食べられなくなるということだ。だから、少なくとも一部のヌカカは人間にとってきわめて重要である。

　最近では、質問の発想を変えようと試みてきた。人間の役に立つとか、生態系の役に立つという視点で、ナメクジやヌカカの存在を正当化する必要があるのか？　そもそもナメクジが「何のため」にいるかを知る必要はあるのだろうか？

　ここで、アルド・レオポルドの言葉「一つひとつの歯車を残しておくことは、賢く修理するうえで第一の注意点だ」を思い出してほしい。しかし、彼の言葉とは裏腹に、絶滅しても生態系や経済への影響をまったく感じない昆虫やほかの生き物は確かにいる。たとえば、セントヘレナオオハサミムシはすでに絶滅してしまったが、誰にも気づかれなかった。かつては大西洋に浮かぶ離島の海鳥のコロニーに生息していたが、この体長八センチの見事な昆虫は一九六七年以降、生きた姿を目撃されていない。島に移入された齧歯類(げっしるい)に一掃されてしまったというのが妥当な見方だ。このオオハサミムシがかつて生態系でどのような役割を果たしていたにしろ、その喪失による明確な影響は生態系に表れていないようだ。少なくとも、これまで影響に気づいた人はいない。茶色の鎧をまとったニュージーランドの巨大なカマドウマの仲間、ジャイアント・ウェタは重さでは世界屈指で、湿潤な天然林をのんびり歩いていたが、主にオオハサミムシと似たような理由で忘れ去られつつある。ジャイアント・ウェタの喪失が悪い影響をもたらすとはきわめて考えにくく、せいぜいニュージーランドの数人の昆虫学者が嘆き悲しむぐらいだろう。同様に、私が住んでいる場所に近いイギリス南部の丘陵地帯ではカラフトキリギリスがわずかに残った生息地から姿を消すおそれがあり、イギリス南西部ではアリオンゴマシジミというシジミチョウのなかでも大きめの青いチョウの絶

*ヌカカは微小ながら進化の奇跡でもある。飛行中の羽ばたきの回数は一秒間に一〇〇〇回で、これは動物界で最速の羽ばたきだ。刺すのは雌だけで、人間が吐き出して風下に流れた二酸化炭素を追って近づいてくるので、暗闇でも人間の居場所がわかる。人間の皮膚に止まると、雌は頭部を旋回させて、のこぎり状の鋭い顎で皮膚を貫いて血を吸う。電動のこぎりのような動きだ。雌は体重の二倍もの血を吸って運ぶことができる。

滅が危惧されたが〔176ページ参照〕、その結果、生態系が大打撃を受けた形跡はないと考えてよさそうだ。

もしかしてロバート・ウィンストンが正しいのか？　これほどたくさんの昆虫は「たいしていらない」のかもしれない。ひょっとしたら、私たち人類は最小限の生物多様性があるだけの世界で生き延びられるのか？　アメリカのカンザス州やイギリスのケンブリッジシャーの大規模な農場が広がる一帯は、すでにそんな状態にかなり近い。そのうち人間は意のままに一つの種全体を一掃できる力を手にするかもしれない。たとえば、遺伝子ドライブ技術*を用いた研究で、ハマダラカ属の一種（*Anopheles gambiae*）の集団を実験室で根絶することができている。この技術を応用すれば、いつか自然界からこの蚊を一掃できる日が来るかもしれない（さいわい、この技術を野外で検証する段階には至っていない）。そんな力を手に入れた場合、私たちはそれを行使すべきなのか、そして、どの段階でやめるのか？　理論上は、一回放出しただけで大陸全体にわたって対象の種を根絶できるから、こうした技術を国際レベルでどのように取り締まればよいのか？　どの種を生かしてどの種を死なせるかを誰が決定するのか？　蚊がいなくなったあと、最前線に出てくるのはどの種なのか？　ナメクジなのか、それともゴキブリやスズメバチなのか？　どの段階に来れば、十分に駆除したと判断できるのか？

テクノロジーはまた、かなり違った方法でも利用されている。世界のいくつかの研究室では、ロボット工学者が作物の受粉のために「ロボットミツバチ」を開発中だ。そこには、本物のミツバチが減って、代わりの送粉者がまもなく必要になるかもしれないとの前提がある。これは私たちが子どもたちに残したい未来の姿だろうか？　子どもたちは頭上を舞うチョウを見ることもなく、野花は一輪も咲いておらず、鳥の歌や昆虫の飛ぶ音の代わりに聞こえるのは花粉媒介ロボットのブーンという単調な低音だけ、という未来を。

私にとって、昆虫の経済的価値は政治家に一発食らわせるための道具でしかない。政治家はお金でしか価値を判断しないようだから、私は昆虫が経済に果たしている貢献を指摘するのだ。だが正直に言うと、私が昆虫の立場を守るために闘っている理由に経済はまったく関係がない。私が闘っているのは、昆虫のことをすばらしいと思うからだ。ヤマキチョウを一年で最初に目にした日、晩冬の最初の暖かい日に庭で鮮やかな黄色の翅を見たときには、心

＊これは独創的だが恐ろしい技術で、雌の蚊の繁殖に必要な遺伝子の失敗作を挿入して、蚊のゲノムを改変する。雌は欠陥遺伝子を一つだけもつ場合には生殖できるのだが、二つもつと生殖できなくなる。科学者たちは欠陥遺伝子に加え、その遺伝子をすべての子が受け継ぐようにする機構「遺伝子ドライブ」も挿入して、蚊の集団内で欠陥遺伝子をもつ個体を急速に増やすようにする。そうした個体が増えるにつれて、欠陥遺伝子を二つ受け継いだ個体も集団内でだんだん増え、生殖能力を失ってゆく。実験室の集団では、八世代経るとすべての雌の生殖能力が失われて、集団は全滅した。理論上は、遺伝子を改変した蚊（あるいはネズミやゴキブリといった「好ましくない」生き物）を一匹放つだけで、野生の集団全体、ことによると種全体を一掃することができる。とはいえ、実際の自然環境でそれほどうまくいくのかどうかは不透明だ。大規模な野生の集団では、殺虫剤の場合と同様、一部の個体がその遺伝子に耐性をもつ性質を進化させる可能性が非常に高いからである。

の底から喜びが湧き上がってくる。これと同様、夏の直前にキリギリスの鳴き声や、不器用なマルハナバチが花々のあいだを飛び交う音を耳にしたとき、あるいは、地中海からの長い渡りを終えたヒメアカタテハが春の日だまりで日なたぼっこしている姿を見ると、私の心はなごむ。昆虫がいない世界がどれほど荒涼としているか想像がつかない。不思議に満ちた小さな生き物を見ていると、私たちは本当にすばらしい世界を受け継いだのだと思う。こんな喜びが得られない世界を、私たちは本気で孫たちに押しつけようとしているのだろうか？

昆虫は美しいだけではない。魅惑的でもあるし、奇妙でもあるし、さまざまな点で私たちとまったく異なっている。いくつか例を挙げてみよう。アブラムシの風変わりな仲間であるツノゼミ〔どちらもカメムシ目〕のなかには、鋭いとげにそっくりなものがいる。おそらくカモフラージュのためとみられるが、それだけでなく、捕食者がのみ込みにくい形状になっている。植物の茎に群がって何かを食べている姿は、厄介ないばらのようにも見える。エクアドルのヨツコブツノゼミは、頭部の後ろから角のようなものが生え、その先が枝分かれして、五つの毛玉のほか、後ろ向きの長いとげが一本付いている。これはノムシタケというキノコに寄生されたふりをしているのだと考えられている（このキノコは寄生して、宿主となった昆虫の頭部から子実体（しじったい）を生やす）。捕食者は菌類に感染した獲物を食べたくないだろうとの推測にもとづいた説だが、まだ何も調査されていない。タイの大きなカメムシがエルヴィス・プレスリーに不気味に似ている理由も調べられていない〔日本では人面カメムシと名付けられている〕。アゲハチョウの幼虫のなかには鳥の糞にしか見えない外見を獲得したものがいるし、クモや花、ヘビ、小枝、植物の莢（さや）に

中央アメリカに多数生息する奇妙なツノゼミの一部

ウィリアム・ウィークス・ファウラーが1894年に記載・描画した。「参考文献」を参照。

似ているものもいる。アメリカ大陸に生息するセミの仲間のビワハゴロモは頭にピーナッツの殻をかぶっているような見かけだが、その理由は謎だ。ゾウムシ類はほとんどが地味で茶色い小さな甲虫だが、マダガスカルのキリンクビナガオトシブミの雄は鮮やかな赤と黒をしていて、桁外れに長い首の先にちっぽけな頭がぶら下がっている。これを使って、雌をめぐるぎこちない戦いを繰り広げ、ライバルたちを樹冠から追い払おうとする。ガの雄のなかには、尾部から「ヘアペンシル」と呼ばれるもじゃもじゃの付属肢を出して大きく膨らませるものがいる。この器官からフェロモンを出し、夜のそよ風に乗せて雌を誘うのだ。

奇妙で驚きいっぱいの外見はほぼ無数にありそうだが、そのほかにも、昆虫は信じられないほど多様な独特の行動と生態を発達させてきた。たとえば、大半のガは蜜を吸うが、エグリバ類のガの雄は血が大好きで、チャンスがあればのこぎり状の舌を人間に刺して吸血する。一方、マダガスカルにすむガ（*Hemiceratoides hieroglyphica*）は、眠っている鳥のまぶたの下から出るしょっぱい涙を吸う。南アメリカで発見されたナマケモノガは、幼虫のときにはナマケモノの糞だけを食べ、成虫になるとナマケモノの毛皮の中にすんで、糞が排出されるとすぐそこに卵を産みつける。

ショウジョウバエの仲間には、体長の二〇倍もある長さ五・八センチほどの精子をつくるものがいる（*Drosophila bifurca*）。精子は雄の体内にあるときには、絶対にほどけそうにないほど複雑に絡まっているが、雌の体内に入るとなぜか自然にほどけるようになっている。この種では、雌の卵子を受精させるうえで、精子は大きければ大きいほど小さいライバルを追

(左上)ピーナッツの殻をかぶっているように見えるビワハゴロモ(photo © 赤城一人 / PIXTA)
(右上)ヨツコブツノゼミは、角のようなものの先が枝分かれして、五つの毛玉と後ろ向きの長いとげが一本ついている(photo © Science Photo Library/amanaimages)
(右下)タイの大きなカメムシはプレスリーに似ている(photo © KAZUO UNNO/SEBUN PHOTO/amanaimages)
(左下)キリンクビナガオトシブミの雄は長い首の先にちっぽけな頭が付いている(photo © javarman / PIXTA)

い払いやすいようだ。

ブラジルの洞窟にすむチャタテムシは、交尾のとき雌が雄の上に乗り、とげのある膨張式のペニスのような大きな器官を雄に挿入して、精子を吸い上げる。「ペニス」にとげがあることで、雌は交尾を終えるまで雄をしっかりつかまえることができる。交尾は五〇時間以上も続くことがあるという。しかし、ある種のナナフシに比べれば、まだ短いほうだ。昆虫界のセックスの達人ともいうべきそのナナフシは何週間も交尾したままでいられ、最長で七九日という記録が残っている。

昆虫の基準で見ても異色なのが、ネジレバネだ。昆虫界でもよく知られていないネジレバネ目に分類され、実際に見たことがある人はほとんどいないだろうが、イギリスも含めて世界中に生息している。ネジレバネの雌は寄生虫で、ハチやバッタなど、種によって異なる昆虫を宿主としている。十分に成長すると不運な宿主の体内の九割を占有することもあるが、それでも宿主はどうにか生きて活動している。ネジレバネの雌は成虫になっても、ウジのように目も脚も翅もなく、一見自分では何もできなさそうな見かけだが、それでも宿主の腹部の体節と体節のあいだから目のない頭部を押し出し、フェロモンを放出して交尾相手を誘う。雄は小型で繊細な昆虫で、黒っぽい三角の翅を一対もっていて自由に飛べる。宿主の体内にいる雌と交尾するとすぐ、力尽きて死んでしまう。雌が産んだ無数の子は、母親の体を食べ尽くすと宿主の体から這い出して、そのなかの雌がまた生きのいい宿主を探す。ハナバチを宿主とするネジレバネの場合、幼虫は花の中に潜んで格好の宿主になりそうなハナバチの到来を待ち、その背中にヒッチハイクして巣まで移動すると、そのハナバチの子の体内に潜り込む。これがネジレバネの風変わりな一生だ。

こうしたすばらしい生き物をどれか一種研究するだけでも、一生かかるかもしれない。少なくとも博士論文を書くための楽しい研究対象になるだろう。これまで命名された一〇〇万種の昆虫のほとんどがまだ何も研究されていないので、昆虫の生態についてこの先どんなすごい発見があるのか誰にもわからない。私たちが命名さえしていない昆虫がまだ四〇〇万種ぐらいあると考えられているから、昆虫が研究の対象である限り、科学者たちがあと一〇〇〇年は楽しく研究に専念できることは間違いない。これほど独特な生き物が存在しなかったとしても、世界は豊かさを失わず、驚きも少なくならず、魅力も薄れないだろうか？

ここまでの話をまとめると、昆虫は実用面でも経済面でも重要であるし、喜びやインスピレーション、驚きも与えてくれると主張することはできるが、いずれも昆虫が人間のために何をしてくれるかに着目しているから、結局は自己中心的な主張でしかない。地球上の昆虫やその他の大小さまざまな生き物を気にかけるべきだとの議論を締めくくるに当たり、人間の幸福に着目していない主張も紹介したい。地球上のあらゆる生物は人間と同じようにこの惑星に存在する権利がある、というものだ。信心深い読者にうかがいたいのだが、神はこうした目を見張る生き物たちを、人間が無鉄砲に滅ぼすためだけにつくったとお考えだろうか？神はサンゴ礁を、プラスチックごみにまみれ、白化して死んでいくようにするためにつくったと思えるだろうか？　神が五〇〇万種もの生き物を、私たちがその多くを知ることもなく絶滅に追い込むためにわざわざつくったとの考えは、妥当だと感じられるのだろうか？

逆にもしあなたが、あらゆる生物を創造したのは甲虫の魅力に取りつかれた超自然的存在*などではなく、生物が数十億年かけて進化してきたのだという科学的な証拠を受け入れているなら、人間はただ、知能がとりわけ高く破壊的なサルの一種でしかなく、地球上に一〇〇〇万種いるともいわれている動植物の一つにすぎないということをしっかりと認識しなければならない。人間は動物を支配する権利を誰からも与えられていない。私たちは略奪や破壊、駆逐をする道徳的権利を神から与えられたわけではない。

信心深いかどうかはともかく、権力のある金持ちが力のない貧者を抑圧したり追放したりできるようにすべきでないという見方には、ほとんどの人が賛同するだろう（とはいえ、私たちはそうしたことが年中起きる状況を許してしまってはいるのだが）。同様に、一九五三年の「宇宙戦争」やそれ以降の何十ものＳＦ映画では、人類よりも知能が高い宇宙人が到来し、人間は余分な存在だと判断して地球を奪おうと、あるいは星間旅行のバイパスを地球に建造しようと、人類一掃に乗り出す。もちろん、こうした映画では宇宙人は悪者として描かれ、観客は劣っている側の人類を応援する。人類は不利な状況に置かれるにもかかわらず、たいていはどうにか勝利する結末になっている。

私たちは自分たちの偽善にいつ気づくだろうか？　みずからの惑星で、悪者なのは人間だ。あらゆる生命を自分たちの都合で軽率に滅ぼそうとしている。私たちは映画「インデペンデンス・デイ」に登場する宇宙人に自分たちの惑星を奪う権利などないと、直感的に考える。

だが、故郷の森がブルドーザーで更地になっていくのを目にしたオランウータンは、どんな気持ちだろうか？　ナメクジが「何のため」にいるかを知ろうとする必要などない。それを知らなくても、彼らの存在を許すべきだ。ペンギンだろうと、パンダだろうと、シミだろうと、美しいかどうかに関係なく、そして生態系に欠かせない役割を果たしているかどうかに関係なく、惑星「地球号」に同乗している仲間たちすべての面倒を見る道徳的義務が、私たちにあるのではないのだろうか？

＊イギリスの進化生物学者J・B・S・ホールデンはかつて、何十年にもわたる進化の研究から、神の性質について何がわかったかと尋ねられた。すると彼は、冗談半分かもしれないが、「神は無類の甲虫好きに違いない」と答えた。神はカリバチとハエにも夢中に違いないとも、付け加えたかもしれないが。

私の好きな虫　ホソクビゴミムシ

昆虫は捕食者から身を守るすばらしい防御法を数多く進化させてきた。さまざまなカマキリ、ガ、バッタなどは見事なカモフラージュで身を守る。翅に巨大な目の模様を付けて、自分を大きくて危険な存在だと見せている生物もいるし、体の中に毒をもっているということを伝えるために鮮やかな色をまとっている生物もいる。

とはいえ、甲虫のホソクビゴミムシ〔日本では俗に「屁っぴり虫」と呼ばれているミイデラゴミムシもこの仲間〕ほど劇的かつ効果的な防御法をもっている生き物はほとんどいない。地上性の中型の甲虫で、一見無害なのだが、独特な能力を備えている。その尾部には、過酸化水素とヒドロキノンをたっぷり蓄えているのだ。攻撃を受けると、これら二つの化合物が触媒を備えた分厚い壁の反応室に吹き出し、激しく反応して体内で爆発を起こし、ほぼ沸騰したベンゾキノンという有毒物質を、ポンという音を立てて尾部から不運な攻撃者に向けて噴射するのだ。ほかの昆虫など、小型の捕食者は即死することもあるが、鳥など、もっと大型の捕食者はたいてい退散することになる。私はこの昆虫を不注意にも手でつかんでしまい、指先をやけどしたことがあるから、その経験はぎょっとすること請け合いだ。甲虫の熱心なコレクターであるチャールズ・ダーウィンは若い頃、採集した甲虫を入れる容器がなくなってしまい、口の中に入れたという。それがホソクビゴミムシじゃなくて本当によかった。

第2部

昆虫の減少

4章　データで見る昆虫減少

私たちはいま「アントロポセン（人新世）」という新たな地質時代に暮らしているとの見方は広く受け入れられている。地球の生態系と気候が人間の活動によって根底から改変されている時代、という意味だ。私はこの言葉が大嫌いなのだが、妥当であるということは否定しない。

この新たな地質時代の特徴として、生物多様性の喪失が加速しているというものがある。野生の動植物が失われているだけでなく、生物群集全体が消えているということだ。こうした喪失について一般の人々が思い浮かべるのは、特に「絶滅」に直面している生物のことだ。とりわけマウンテンゴリラやアフリカゾウといった大型哺乳類、リョコウバトやドードーなど、すでに絶滅した鳥類に関心が集まる。人々を引きつけるこうした大きな生物は大衆の心をとらえ、想像をかき立て、保護団体が保護活動の資金を集めるために「象徴種」として広く利用している。最後に残ったキタシロサイ（執筆時点では二頭の雌しか残っていない）や、ピンタゾウガメの最後の個体だった「ロンサム・ジョージ」〔二〇一二年に死亡〕がすみかをのっそり歩きながら絶滅を待っていたときの映像を見ると、心が張り裂けそうになる。

近代（西暦一五〇〇年以降とされることが多い）以降に絶滅したことがわかっている哺乳類は八〇種、鳥類は一八二種にのぼる。もちろん、この期間には、ヒトが世界に拡散し始めた四万年前に起きた後期更新世の「メガファウナ（大型動物相）の絶滅」は含まれていない。この絶滅では、当時の地球を闊歩していたほぼすべての大型哺乳類と飛べない鳥が死に絶えた。この絶滅に比べれば近代に絶滅した種の数は少ないとの印象を受けるかもしれないが、近年の調査では、世界中の野生生物がいま受けている影響は数字よりもはるかに深刻だという証拠が見つかり始めている。

大部分の種はまだ絶滅には至っていないだろうが、全体的に野生動物はかつての数よりもはるかに少なくなっているということが明らかになってきた。イスラエルの科学者イノン・バル＝オンが最近発表した画期的な論文では、一万年前に人類の文明が生まれて以降、野生哺乳類の生物量は八三％も減少したと推定されている。言い換えれば、六匹中五匹ぐらいの野生哺乳類が消えてしまったということだ。彼の驚くべき推定によると、いまや野生哺乳類はすべての哺乳類のたった四％しか占めていないというから、そこからも人間の影響の大きさがわかる。ちなみに、家畜（主に牛、豚、羊）は六〇％、私たち人間は残りの三六％を占める。これを理解するのは難しいが、この推定が正しいとすると、ネズミやゾウ、ウサギ、クマ、レミング、カリブー、ヌー、クジラなど、世界に五〇〇〇種いる野生哺乳類すべてを足し合わせても、家畜の牛と豚の合計体重の一五分の一にしかならないということだ。また、野生哺乳類の合計体重は全人類の合計体重の九分の一しかないということでもある。さらにバル＝オンは、いまや世界の鳥類の生物量の七割が家禽であるとも推定している。人新世の到来だ。

二〇一八年には世界自然保護基金（WWF）とロンドン動物学会の「生きている地球レポート」が発表され、一九七〇年から二〇一四年までの四四年間に世界の野生の脊椎動物（魚類、両生類、爬虫類、哺乳類、鳥類）を合計した個体数が六割も減ったと推定された。[*] いま生きている人の記憶にある期間のなかで、そして、一九六五年生まれの私が生きているあいだに、野生の哺乳類の半分以上が失われている。私たちは生物の減少を抑制する努力はほとんど何もしていない（減少を加速させることはたくさんやっている）。さらに四四年後には、いったい何が残っているのか？　子どもたちが受け継ぐ世界はどんな姿になるのだろうか？

野生の脊椎動物の減少は大惨事ではあるのだが、それよりもさらに激しい変化がひっそりと進行してきた。この激変のほうが、人間の健康と幸福にとって深刻な事態を引き起こすおそれがある。ご存じのとおり、世界中で知られている種の大部分は、背骨のない無脊椎動物だ。陸上では無脊椎動物の大部分が昆虫である。昆虫は脊椎動物と比べて研究が進んでおらず、これまでに命名された一〇〇万種の大部分について、私たちは実質的に何も知らない。その生態、生息域、個体数がまったくわかっていないのだ。たいていの種については、博物館でピンに刺さった「模式標本」に採集した日付と場所が記されているだけだ。命名された一〇〇万種に加え、まだ発見されていない昆虫が少なくとも四〇〇万種はいると推定されている。[**] 地球上に生息する膨大な種類の昆虫を十分に記載するまでにはまだ何十年もかかるだろうが、これらの生物が急速に数を減らしているという証拠が浮かび上がってきた。

二〇一五年、ドイツのクレーフェルト昆虫学会のメンバーから連絡を受けた。この団体はアマチュアとプロの昆虫学者の集まりで、一九八〇年代後半からドイツ全域の自然保護区でマレーズトラップを使って飛翔性昆虫を採集している。マレーズトラップというのはテント状のトラップで、そこに不運にもぶち当たった飛翔性昆虫を受動的に捕まえるものだ。これを考案したスウェーデンの科学者で探検家のルネ・マレーズにちなんで名づけられた。クレーフェルトの昆虫学者たちは二七年間、延べ一万七〇〇〇日近くかけて六三カ所から、重さにして合計五三キロ分もの昆虫を集めた（かわいそう）。彼らは私にデータを送ってきて、そ

＊生息域で分けると、淡水の脊椎動物の減少幅が八一％と最も大きい。それに対し、海生の脊椎動物の減少幅は三六％、陸生の脊椎動物は三五％だ。

＊＊地球上で最も辺鄙（へんぴ）な地域への探査を含め、ここ何年かで実施された何百もの科学探査の結果を考えると、この数字はほとんど当てにならないように思える。捕虫網を持って熱帯の森林に出向き、一振りするだけで、おそらく誰でも新種を捕まえられるだろう。ここまでは簡単なのだが、難しいのは、捕まえた昆虫のどれが新種なのかを特定することだ。どの昆虫を選んだにしても、その標本が命名済みの一〇〇万種に該当しないことを確認しようと思ったら、専門家が顕微鏡で観察するなどして調べるのに何週間、いや何カ月もかかるだろう。このような調査ができる専門知識をもった人はごく限られているので、現在の進捗状況からすると、昆虫の多様性の全貌がほぼ明らかになるまでには何百年もかかりそうだ。

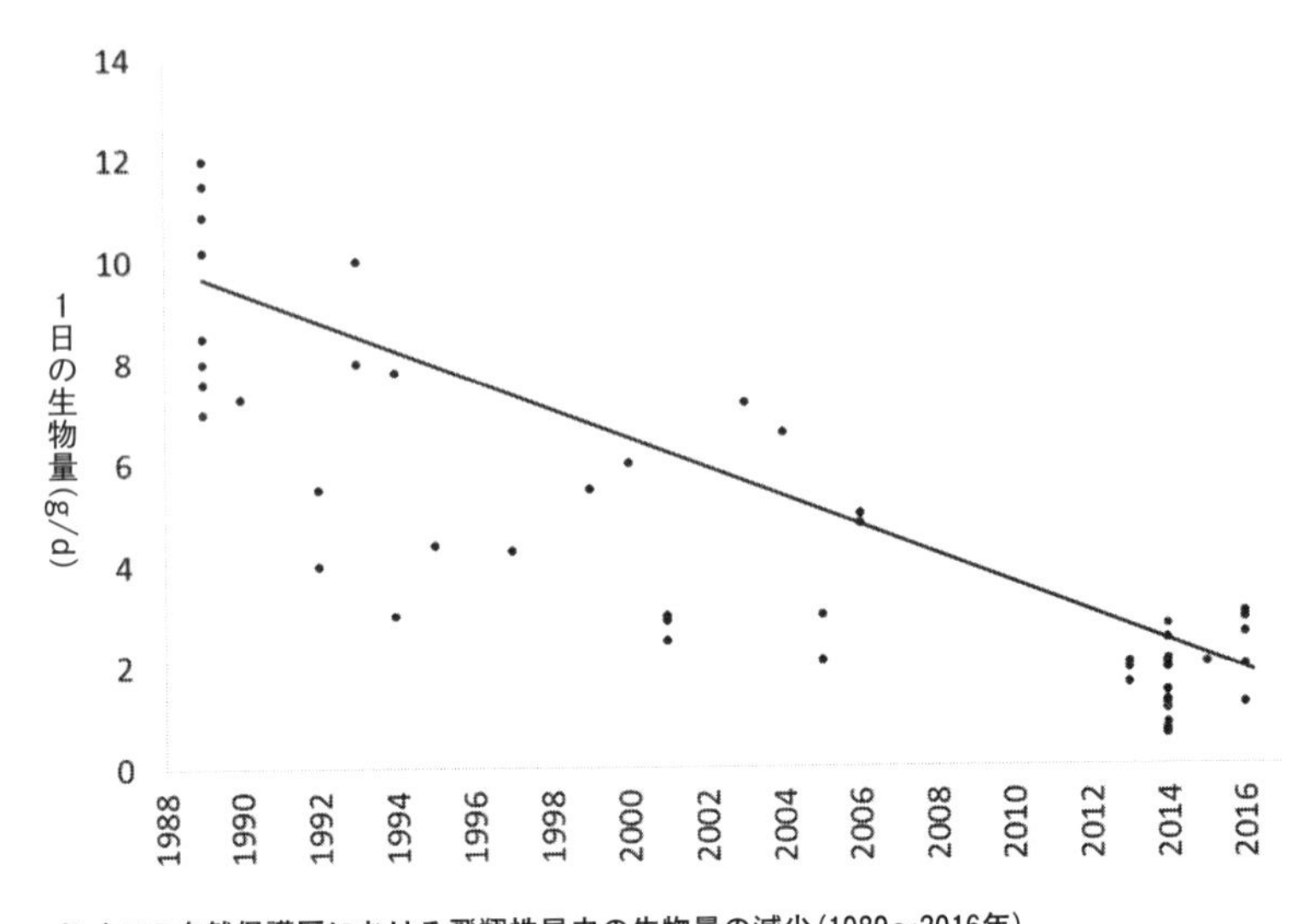

ドイツの自然保護区における飛翔性昆虫の生物量の減少（1989〜2016年）
昆虫は標準化されたマレーズトラップで採集された。一つのトラップで採集された昆虫の総重量は、調査した27年間で76%減少した。参考文献のHallmann et al. (2017) を参照。

の解釈と、学術誌で発表する論文の準備に力を貸してくれないかと依頼してきた。データを調べ、簡単なグラフにしてみると、だんだん興味が湧いてくると同時に懸念が高まった。一九八九年から二〇一六年までの二七年間で、トラップにつかまる昆虫の全体の生物量が七六%も減少していたのだ。ヨーロッパで昆虫の活動が一年で最も活発になる真夏には、減少幅が八二%とさらに顕著だった。あまりにも急激な落ち込みで信じられず、最初は何か間違いがあるに違いないと考えた。野生生物が全体的に減っていることはわかっていたが、昆虫の四分の三がこれほど短いあいだに消え去ったことは、それまでの想像を絶するペースと規模で減少が進んでいることを示していた。

私たちは研究結果を論文にまとめ、最も権威のある学術誌「ネイチャー」と「サイエンス」で発表しようとしたが、両誌は論文を興味深いとは考えなかった。あれこれ議論しているうち、論文は最終的に「プロスワン」という学術誌に掲載された。

さいわいこの研究は世界中で報道され、それ以来さまざまな議論を呼んできた。データが生物量（重量）だけであり、昆虫の種も数も記録されていないことから、このデータ群では不十分だとの見方もある。簡単に言うと、生物量の減少は数種の重い昆虫だけが減少したことを示している可能性がある、というのが批判派の考えだ。確かに大型の種が小型の種に置き換わったのだとしたら、実際の昆虫の個体数はいまも安定しているのかもしれないし、増えている可能性さえもある。また、六三カ所の採集地のなかには一年しか標本が採集されていない地点もある一方で、調査期間中に複数回採集が行なわれている地点もある。資金が無尽蔵にあれば、すべての地点で二七年間、毎年採集を行なって完璧な研究にするだろう。イギリス政府の環境当局である環境・食料・農村地域省（DEFRA）の当時の主任科学者だったイアン・ボイドは、クレーフェルトの研究にいくらか懐疑的で、長期的な個体数データにもバイアスが潜む可能性があると指摘した。たとえば、研究者は自分が興味のある生物が多いと思われる場所で観測を始める傾向にある。どんな生物でも個体数は時間の経過に応じて変動しやすく、増える生き物もあれば、減る生き物もある。平均よりも多い個体数は増加よりも減少する傾向にある（統計学者が言うところの「平均への回帰」の概念）。この現象を理解しやすくするために、これとは逆の状況を想像してみよう。科学者が研究したい生物がいない場所に観測地点のネットワークを築いたとしよう（いささか変な設定であることは確かだが）。するとその生物の個体数は変わらないか、増加することになる。とは言うもののドイツでの研究は自然保護区だけで行なわれた。研究期間全体を通じて手つかずで、野生生物を増やすように管理されていた場所だ。当時、このドイツにおけるデータは抜群に優れたデータだったうえ、減少傾向はきわめて顕著だ。昆虫の生物量が大きく減少したという結論は避けがたいものだった。

クレーフェルトの研究結果が二〇一七年後半に発表されたあと、ほかの地域でも同様に昆虫の生物量が減少しているのか、それともこれはドイツの自然保護区だけで起きている特異な現象なのかという議論が起きた。答えの一部が出たのは、ほぼ二年後の二〇一九年一〇月のことだ。ミュンヘン工科大学のセバスティアン・ザイボルトが率いるドイツの別の研究グループが、二〇〇八～二〇一七年の一〇年間にドイツの森林と草原で昆虫の個体数を精査した研究成果を発表したのだ。調査対象は一五〇カ所の草原と一四〇カ所の森林で、草原は集約的に耕作された牧草地から花々が咲き誇る草地まで、森林は管理された針葉樹の植林地から古い広葉樹の森まで、多様な植生を含んでいる。草原では植生の中の昆虫を捕虫網で採集する方法が、森林では主に飛翔性昆虫を捕まえるアクリル製のトラップが使用された。クレーフェルトの研究とは異なり、ザイボルトの研究グループは研究期間を通して同じ地点で系統的にデータを集めているし、調査対象の地点には昆虫が豊富と思われる場所だけでなく、昆虫がほとんどいなさそうな地点も含まれているので、イアン・ボイドが提起した批判にも反論することができる。彼らは豊富な資金や人員を確保し、採集した一〇〇万匹を超える節足動物（クモやザトウムシなど昆虫以外も含む）を数え、およそ二七〇〇種を同定した。研究の結果、年間の減少率はクレーフェルトのデータで示された減少率よりも大きかった。わずか一〇年という短い調査期間を考えると、この研究結果は深刻だ。草原での減少率が最も大きく、平均で節足動物（昆虫、クモ、ワラジムシなど）の生物量の三分の二、種の数では三分の一、節足動物の全個体数の五分の四が失われた。森林における減少幅は、生物量で四〇%、種の数で三分の一強、節足動物の全個体数では一七%だった（最後の数値は「統計学的に有意」と言えるほどの水準には達していない）。[*] 草原にいくらか除草剤が散布された例はあるものの、殺虫剤や殺菌剤がまかれた調査地点はなかった。しかし、全体的な減少幅が最も大きい傾向があったのは、周囲にある耕地の割合が相対的に高い地点だった。

クレーフェルトの研究とセバスティアン・ザイボルトの研究グループによる新たなデータ

＊生態学者たちはしばしば、自分のデータのパターンが偶然によるものと考えてよいかどうかを判断しようと、かなりの時間をかけてひどく複雑な分析を行なっている。厳密な根拠があるわけではないが、起きる確率で受け入れられている基準は二〇回に一回（五%）だ。そのパターンが純粋な運によって生じる確率が二〇回に一回よりも高い場合、そのパターンは有意でないと見なされる。反対に、確率が二〇回に一回よりも低い場合、そのパターンは真実だろうと見なされる。この事例では、森林における節足動物の全個体数の減少を除いて、すべての減少傾向が「統計学的に有意」だった。

を合わせると、およそ三五〇地点のデータが得られたことになる。これを考えれば、ドイツで昆虫の個体数が遅くとも一九八〇年代以降に激減しているという解釈に合理的な疑いはないように思える。ザイボルトの論文に付随して掲載された論評で、英国リーズ大学のウィリアム・クーニン教授はこう書いている。「結論ははっきりしている。少なくともドイツでは現実に昆虫が減少している。それまで懸念されてきたとおりに深刻だと言うしかない」

ほかの地域ではどうだろうか？ これはドイツだけで起きている固有の現象なのか？ それはきわめて考えにくいと思われる。ドイツの土地利用と農業手法は、ＥＵ（ヨーロッパ連合）共通の法律や政策にほぼ従って統治されている近隣の国々とほとんど同じだ。農村部の風景はフランスなどとほぼ同じであり、利用可能な農薬もほかの国々と変わらない。私が見る限り、ドイツとほかの国々との違いは、ドイツは昆虫の継続的な観測を始める先見の明があったということだけだ。ほかの国々では、関心の高いいくつかの昆虫グループを除いて、何も行なわれていない。したがって、ほかの地域では信頼できるデータが不足しているのが現実だ。

ほかの地域で広範囲に観測されているのはチョウとガだけだ。一九七〇年以降、アメリカのカリフォルニア州とオハイオ州、ヨーロッパのさまざまな場所で継続して観測されてきた。そのデータには全体的に減少傾向が見られるものの、ドイツで確認されたような急激な減少はほとんどない。そのなかでも最も目を引く事例はオオカバマダラだ。アメリカとカナダ南部で春と夏に決まって見られる美しいチョウで、その個体群はロッキー山脈の東側と西側でだいたい二つに分けられる。東側のオオカバマダラは長期間の渡りで知られており、三月にメキシコのシエラマドレ山脈にある越冬地から北上し、途中で繁殖して世代を重ねながら、初夏までにカナダに到達する。そして秋が来ると、カナダから五〇〇〇キロ近くも南へ飛んでメキシコに戻る。この渡りでとりわけ目を見張るのは、オオカバマダラが毎年秋にまったく同じ場所に戻ることだ。しかも、その前の春にそこを出発したのは、死んで久しい何世代か前の親たちなのである。オオカバマダラはどうやって渡りのルートを知るのだろう？　一方、西側にすむオオカバマダラはカナダからカリフォルニア沿岸の越冬地へと渡る。距離は短いものの、感動的な旅だ。一九九七年、カリフォルニアの三人の科学者たち、ミア・モンローとデニス・フレイ、デヴィッド・マリオットが、ねぐらの木々に集まって越冬中のオオカバマダラの数をいち早く数え始めた。これは感謝祭の日と元日に行なわれる毎年恒例の行事となり、ザーシーズ・ソサエティ（昆虫保護に取り組む北アメリカの非営利団体）の支援と協力で、二〇〇人のボランティアが参加するまでになった。悲しいことにフレイとマリオットは二〇一九年に他界したのだが、二人は十分長く生きて、愛しいオオカバマダラの激減を目の当たりにした。カリフォルニアで越冬する西側のオオカバマダラは一九九七年には一二〇万匹ほどいたが、二〇一八年と二〇一九年には三万匹もいなかった。およそ九七％の減少だ。東側の個体群はまだましだが、それでも、二〇一六年までの一〇年間でメキシコに到達した数は八〇％も減少した。

　オオカバマダラ以外にも減少しているチョウがいる。イギリスのチョウがその一例だ。これは世界で最も研究されている昆虫の個体群かもしれない。オオカバマダラのように年に一回一カ所に集まって数えられているわけではないが、春から夏にかけてボランティアが「チョウ類モニタリング計画」の一環でトランセクト（帯状の標本地）沿いを歩いてチョウを記録していく。この計画は昆虫学者のアーニー・ポラードがいち早く始めたもので、イングランドのケンブリッジシャーにあるモンクスウッド調査所を拠点にしている。陸上生態学研究所（すでに閉所）にいたポラードは、単純な調査手順を考案した。記録者が春から夏にかけて二週間ごとに決まったルートを歩き、道の両側二メートル以内にいるチョウを数える、というものだ。この調査手順は「ポラード・ウォークス」とも呼ばれ、いまでは世界各地で採用されて、ほかの昆虫グループの調査に使われている。この調査は一九七六年に始まり、当初一三四カ所だったトランセクト地点は、いまではイギリス全域の二五〇〇カ所以上にまで増えた。これは全国規模で行なわれている昆虫記録計画としては、世界で最も規模が大きく、最長の期間を誇っている。そこから浮かび上がった傾向は懸念を抱かせる。「田園地帯とそれに類する地域」のチョウ（ジャノメチョウやクジャクチョウといった、農地や庭などでよく見かける種）の数は一九七六年から二〇一七年のあいだに四六％減少した。一方、ヒョウモンチョウやカラスシジミといった、より希少で特定の生息地を好む種は、その多くを対象とした保護活動が重点的に行なわれていたにもかかわらず、七七％も減少した（ここで補足しておくべきだが、調査一年目の一九七六年はイギリスが異常に暑かった年で、これらのチョウにとっては格別に好条件だったため、見かけの減少幅が目立つことになった）。

ヨーロッパのほかの地域では、チョウの減少のペースはもっと遅いとみられる。たとえば、

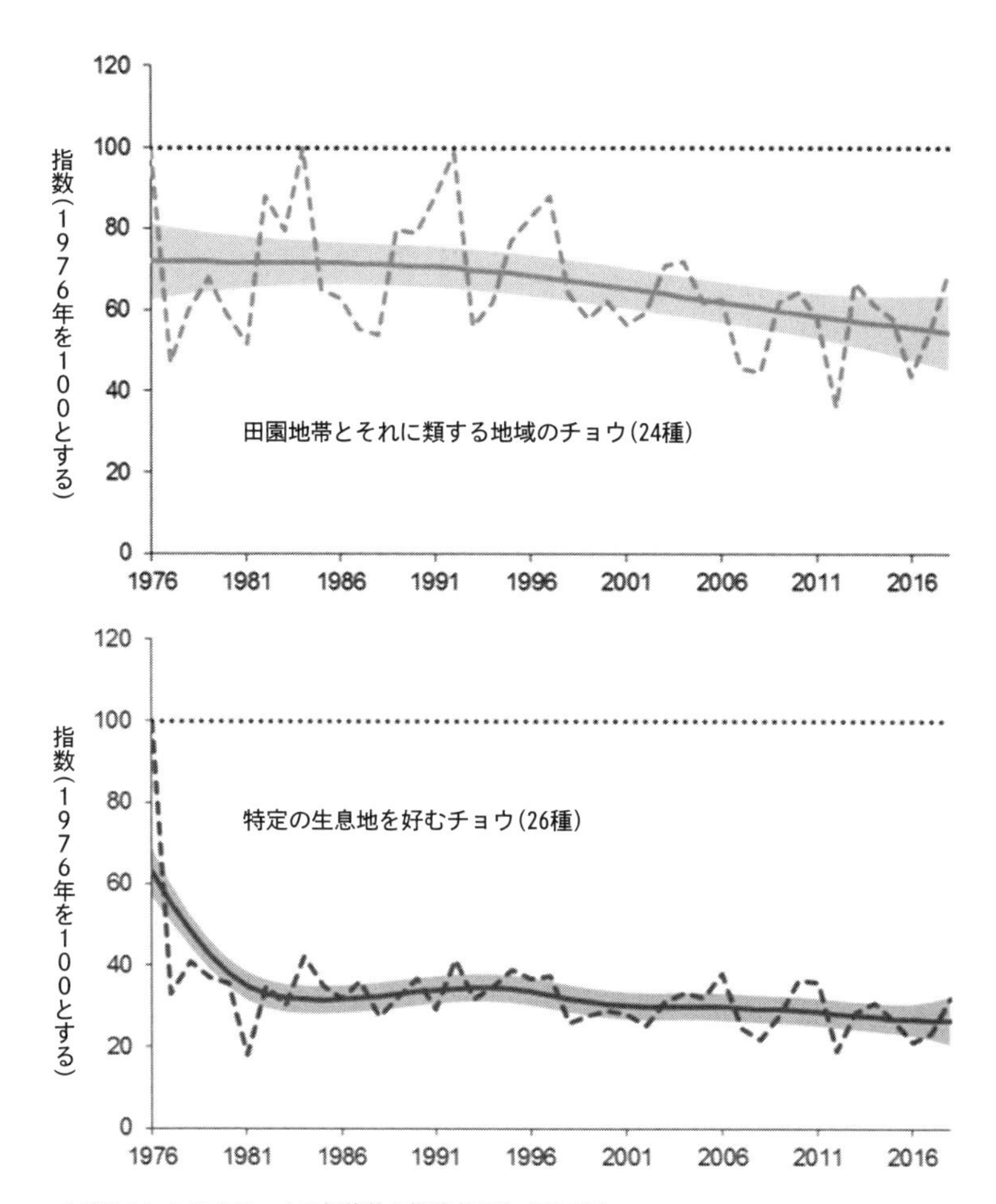

イギリスにおけるチョウの個体数の推移(1976〜2017年)

イギリス全域のトランセクトで記録されたチョウの数は年によってばらつきがあるものの、大まかには減少傾向にある。上のグラフは広範囲に生息する種のもので、数は46%減っている。下のグラフは希少な種のもので、減少幅は77%だった。[Crown copyright, Department for Environment, Food and Rural Affairs, UK (2020). UK Biodiversity Indicators 2020]

草原にすむ一七種のチョウの個体数の推移をヨーロッパ全域で分析した研究では、一九九〇年から二〇一一年にかけて三〇％の減少が見られた。

チョウに近縁のガはその大部分が夜行性であるため、トランセクトに沿ったカウント調査はできない。しかし、多くのガは光に集まり、トラップに引き寄せられるので、イギリスで長期間継続されているガの観測計画ではライト・トラップ（光源を使った採集法）を用いた調査が基本になっている。ガのトラップを仕掛ける人は、小型のガよりも同定しやすい「大型のガ」に着目することが多いが、ガの親戚で昼行性のチョウと同じように、すべては悪化の方向に向かっている。イギリスにすむ大型のガの全体的な数は一九六八年から二〇〇七年のあいだに二八％減少した。都市化と農業の集約化が進んだイギリス南部では減少が顕著で、四〇％の落ち込みとなった。スコットランドのガに着目した最近の分析では、一九九〇年から二〇一四年のあいだに数が四六％減ったことが明らかになった。

昆虫の個体群に関してイギリスで行なわれた大規模かつ長期的な調査のデータとしては、アブラムシの個体群を観測するために設計された吸引トラップによるものが、ほかの唯一の例だ。これは高さ一二メートルの塔のてっぺんから昆虫を吸い込んで採集する。アブラムシは飛翔力は弱いのだが、空高く飛んでから空中プランクトンのように風に乗って作物から作物へと移動する。高い塔を使って採集するのはこのためだ。塔のてっぺんから吸い込まれた昆虫は、専属スタッフの小さなチームが分類して数える。そこでアブラムシの侵入が確認されたら、彼らは農家の人たちに早期の警告を出すことになっている。この吸引トラップの一つが設置されている世界最古の農業試験場、ローサムステッド研究所のクリス・ショートルが、一九七三年から二〇〇二年にかけて四基のトラップから得られたデータを分析した。これらのトラップはアブラムシの観測用に設けられているものの、その生物量の大部分はケバエ科の一種（*Dilophus febrilis*）が占めている。この黒い昆虫は飛ぶ力が弱く、不運にも地上から一二メートルあたりの上空で漂っていることが多いようだ。四カ所のうち三カ所は調査の開始時点でどの昆虫も生物量が比較的少なく、その後も少ない状況で推移した。一方、ヘレフォードシャーにある残りの一カ所では当初、昆虫の生物量は多かったものの、三〇年にわたる調査期間でおよそ七〇％減少する急激な落ち込みとなった。

クレーフェルトの論文が発表されて以降、世界中の研究者がほかの長期的なデータを求めて、ノートや古いエクセルファイルなどに埋もれて忘れられた調査のデータを探してきた。いまは新たな論文が次々に発表され、ほぼすべてが同じ傾向を示しているようだ。たとえばオランダでは、ピットフォール・トラップ（落とし穴）で捕まえたオサムシの生物量が一九八五年から二〇一七年のあいだに四二％減り、ライト・トラップで捕まえたガの生物量が一九九七年から二〇一七年のあいだに六一％減少した。オランダではまた、カメムシ目（アブラムシ、アワフキ、カメムシなど）の数はだいたい安定していたにもかかわらず、トビケラ（ガに似た昆虫のグループで幼虫は水生）の数が二〇〇六年から二〇一六年のあいだに約六〇％減少した。一方、ヨーロッパから大西洋を渡ったアメリカのカリフォルニア州沿岸では、一九八八年から二〇一八年のあいだにホソアワフキ（カメムシ目の一種）がほぼ姿を消したようだ。

ガーナでは、一つの河川にすむ水生昆虫が一九七〇年から二〇一三年のあいだに四五%減少した。データは依然として途切れ途切れではあるのだが、ほぼすべての新たな証拠が一つの傾向を示している。昆虫は減少している、しかも急速に、ということだ。

私がミツバチなどのハナバチについて言及していないのを意外に思う読者もいるかもしれない。なにしろ、ハナバチは送粉者として重要であるために、減少していることが多くのメディアで報道されたからだ。しかし残念ながら、ハナバチの野生種の数に関して長期的なデータ群はない。最近まで、系統的な手法で数を数える調査を始めようと計画した人は誰もいなかったのだ。とはいえ、ハナバチをはじめ、研究が進んでいる野生種のいくつかについては詳しい分布図がつくられている。そのデータは主に、博物館に収蔵された標本や、専門知識のあるアマチュア調査員が何十年にもわたってとってきた昆虫の記録から得られたものだ。こうしたデータを使えば、過去の異なる期間におけるさまざまな種の分布図を作成でき、地理的な分布域の規模が時間の経過とともにどう変化していったかを知ることができる。たとえば、博物館に収蔵されている古い記録や標本からは、グレート・イエロー・バンブルビーというマルハナバチはかつてコーンウォールからケント、そして北はスコットランドのサザランドまでイギリス全域に分布していたことがわかる。最近の観察記録はスコットランド最北部と西部にしかなく、イングランドとウェールズでは絶滅した。このマルハナバチの個体群がイギリスでどのように変化してきたのか(数の経年変化など)は知りようがないのだが、それが分布していた地域は九五%縮小したから、数が以前と比べてはるかに少なくなったことは明らかだと言っていいだろう。

この手法で調べた結果、多くの種で生息地が大幅に狭まっていることが判明した。イギリスでは、二三種のマルハナバチのうち一三種の生息域が一九六〇年以前から二〇一二年のあいだに半分以上減ったほか、二種（ショート・ヘアード・バンブルビーとカラムズ・バンブルビー）が絶滅した。これらの統計のもとになった記録の大部分は無報酬の（とはいえ、たいていは専門知識が豊富な）アマチュア愛好家が場当たり的に記録したものであるから、統計を見るときにはある程度、注意を払う必要がある。観察された傾向は、記録者の数や、記録に費やすことができた時間、記録者が住んでいる場所や休日に行った場所などに大きく左右される（熱心なアマチュア昆虫学者は休日を昆虫探しだけに費やし、家族の怒りを買っている）。たとえば、ハエに熱中している人がイングランド東部のリンカンシャーに引っ越し、週末をハエの探索と記録に費やしたとすれば、地図に新たな記録をたくさん付け加えることになる（ハエを記録している人は少ないから）。その後、その人物が他界したり引っ越したりすると、後年にそのデータを検証した研究者は、ハエがリンカンシャーで数を増やしてから姿を消した時期があったと見なすかもしれない。だが実際には、一人の記録者が来て去っていっただけのことだ。

昆虫を記録している人の数と、毎年とられている昆虫の記録の数はどちらも年々大きく増えているため、特定の種が生息域を広げているように見え、それによって減少傾向が見えなくなることもある。ごく最近、オックスフォードシャーにある生態学水文学（すいもんがく）センターのゲイリー・パウニーが、昆虫の記録者の取り組みを考慮に入れようと複雑な数学的手法を用いて、

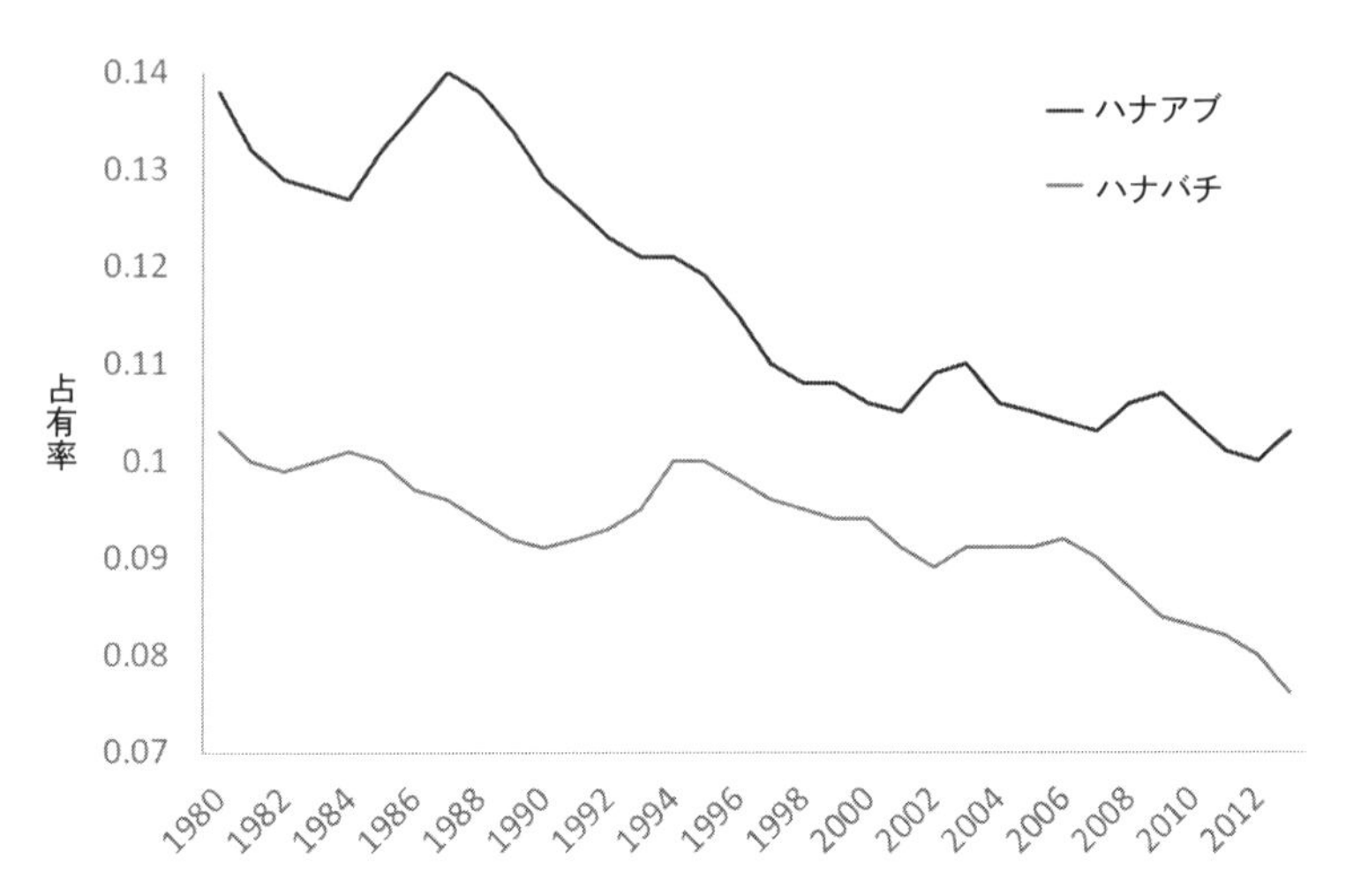

イギリスにおける野生のハナバチとハナアブの分布域の変化

傾向線は、イギリスにすむ昆虫のそれぞれの種が1キロ四方のグリッドで占めている割合の平均だ。グレーが野生のハナバチ（139種）で、黒がハナアブ（214種）。たとえば、ハナアブのそれぞれの種は1980年には1キロ四方のグリッドで平均約14％を占めていたが、2013年には約11％に低下した（出典Powney et al., 2019）。

イギリス全土の野生のハナバチ（マルハナバチ以外も含む）とハナアブの生息域の変化を詳細に分析した。その結果、どちらの昆虫グループも一九八〇年から二〇一三年のあいだに減少しており、イギリスでは面積一平方キロ当たり平均一一種が姿を見せなくなったことが明らかになった。簡単に言うと、イギリスのどこか特定の場所で一九八〇年と二〇一三年にハナバチとハナアブを探す調査をしたら、二〇一三年に見つかる種の数は平均で一一種少なくなるということだ。

イギリスでは一八五〇年以降、ハナバチと花を訪れるカリバチのうち二三種が絶滅した。北アメリカでは過去二五年のあいだに五種のマルハナバチの生息域と数が大きく減少し、そのうちの一種であるフランクリンズ・バンブルビーは北アメリカだけでなく世界的に絶滅しつつある。アメリカでもっと地域を絞った研究例を見ると、イリノイ州で四種のマルハナバチが二〇世紀に絶滅している。一方、南アメリカでは、世界最大のマルハナバチ（*Bombus dahlbomii*）はかつて広い範囲でよく見られたが、病気をもつヨーロッパ産のセイヨウオオマルハナバチが入り込んだことが原因で、たった二〇年のあいだに絶滅寸前に追い込まれた。辺境のチベット高原でもマルハナバチは急速に減っているようだ。その背景には家畜のヤクの過放牧がある。

さらに、昆虫の多くの種（ハエ、甲虫、バッタ、カリバチ、カゲロウ、アワフキなど）は系統的に観測されているわけではないものの、こうした昆虫を食べる鳥の個体数の傾向についてはたいてい優れたデータがあり、その大部分が減少傾向を示している。たとえば北アメリカでは、空中で昆虫（ドイツで生物量が急減した飛翔性昆虫など）を捕まえて食べる鳥の個体数はほかの鳥類グループよりも減少幅が大きく、一九六六年から二〇一三年のあいだにおよそ四〇％減少した。ショウドウツバメ、ヨタカ、エントツアマツバメ、ツバメはすべて、過去二〇年で数が七〇％以上減った。

イングランドでは、ムナフヒタキの個体数が一九六七年から二〇一六年のあいだに九三％減少した。かつてよく見られたほかの食虫性の鳥も似たような状況で、ヨーロッパヤマウズラは九二％、ナイチンゲールは九三％、カッコウは七七％の減少となっている。大型の昆虫を好んで捕食するセアカモズは一九九〇年代にイギリスで絶滅した。英国鳥類学協会（ＢＴＯ）の推定では、二〇一二年の野生鳥類の全体的な数は一九七〇年と比べて四四〇〇万羽少なくなったという。

ここまで紹介したほとんどすべての証拠は、工業化が進んだ先進国における昆虫とその捕食者の個体数に関するものだ。大部分の昆虫がすんでいる熱帯地方の昆虫の個体数に関する情報は少ない。アマゾンやコンゴ、東南アジアの多雨林の伐採がこれらの地域の昆虫の生態に及ぼす影響については、推測することしかできない。私たちが発見する前にどれだけ多くの種が絶滅したのだろう（まだ命名されていないとみられるおよそ四〇〇万種の大部分はこうした森林にすんでいる）。アメリカの生物学者ダン・ジャンゼンは中央アメリカで六六年にもわたって昆虫を研究し、現在生きている誰よりもこの地域の昆虫について詳しいはずだが、残念ながら彼は系統的な手法で昆虫を観測してこなかった。とはいえ、ジャンゼンは昆虫が大きく減少していると確信している。「私は一九五三年から、メキシコと中央アメリカの昆虫の密度と多様性が徐々に減少しているのを目の当たりにしてきた」とジャンゼンは最近書いている。「家は燃えている。必要なのは温度計ではなく、消火ホースだ」

熱帯地方で行なわれた長期的な研究が最近発表され、ジャンゼンの見方を裏づけた。これは、これまで発表された昆虫の減少を示す証拠のなかで最も懸念すべき事実かもしれない。一九七六年と七七年、アメリカの昆虫学者ブラッドフォード・Ｃ・リスターがプエルトリコのルキリョの森で節足動物の数を調べた。リスターがプエルトリコに行ったのはアノールトカゲを研究するためだった。それは小さくてすばしこい食虫性のトカゲのグループで、喉元にあるカラフルな袋を膨らませて、仲間に向けたシグナルに使ったり、交尾相手を引きつけたりするのが特徴だ。リスターはもともと、アノールトカゲの異なる種のあいだで食物をめ

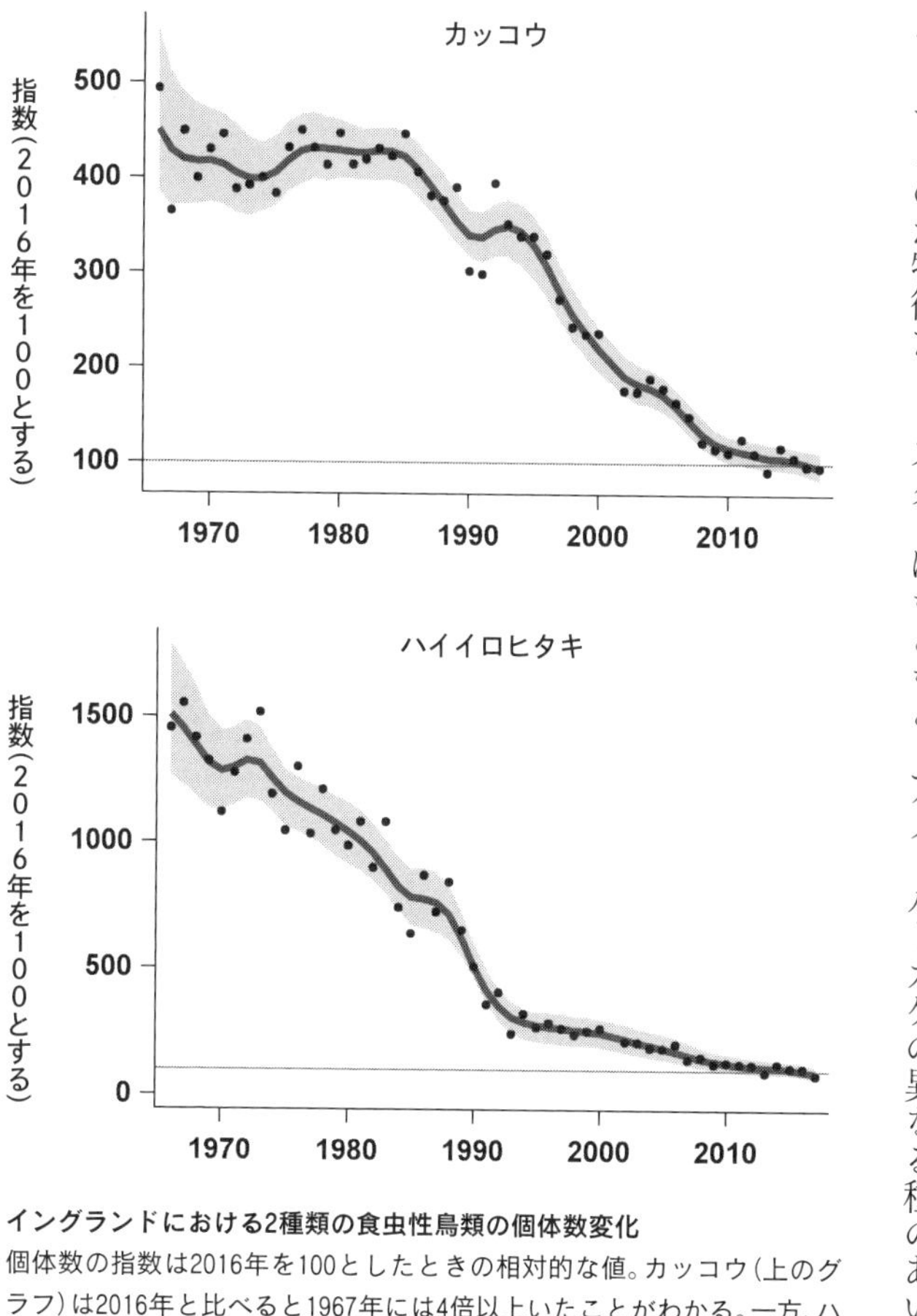

イングランドにおける2種類の食虫性鳥類の個体数変化
個体数の指数は2016年を100としたときの相対的な値。カッコウ（上のグラフ）は2016年と比べると1967年には4倍以上いたことがわかる。一方、ハイイロヒタキ（下のグラフ）は1967年にはおよそ15倍も多かった。どちらの鳥も昆虫を好んで食べ、イングランドでは過去50年に激減している。私が覚えている限り、この2種類はかつてよく見かける鳥だったが、今では1羽の姿を見かけたり声を聞いたりしただけで嬉しくなるほど希少になった。英国鳥類学協会の許可を得て、Massimino et al. (2020) から複製。

ぐる競争があるかどうかに興味をもっていた。当時、自然界の種と種のあいだでどの程度の競争があるのかを調べることが注目の研究テーマだったのだ。アノールトカゲは昆虫を食べるので、捕虫網と粘着トラップを用いてどれだけ多くの昆虫がいるかを定量化することにした。それから三五年後、同じ調査地を再び訪れたリスターは、二〇一一年から二〇一三年にかけて同じサンプル調査を繰り返した。その結果、捕虫網を用いたサンプリングでは、一年の時期によって異なるが、昆虫とクモ類の生物量が七五～八八％減少したことがわかった。粘着トラップによる調査では九七～九八％の減少となった。最も極端な例として、一九七七年一月と二〇一三年一月に同じ粘着トラップを使った結果を比較すると、捕獲された節足動物は一日当たり四七〇ミリグラムから、たった八ミリグラムにまで落ち込んだ。「最初の結果は信じられませんでした」とリスターはインタビューで答えている。「［一九七〇年代には］雨のあとにチョウが至るところに飛んでいたことを覚えています。［二〇一二年の］最初の日には、チョウをほとんど見かけませんでした」

オーストラリアの昆虫学者フランシスコ・サンチェス＝バヨと共同研究者のクリス・ウィクホイスは最近、野生の昆虫の個体数に関連した合計七三の長期的な研究を見つけてまとめ上げた。二人が発見したのはデータのある地域とない地域のギャップがきわめて大きいことだ。昆虫の宝庫であるアフリカや南アメリカ、オセアニア、アジアの地域全体のデータはほぼ皆無だった。地球規模での昆虫の生態に関する情報の少なさは、国際自然保護連合（ＩＵＣＮ）の仕事にも表れている。この団体は絶滅リスクにもとづいて地球の野生生物の現状を追跡し、報告することをめざし、懸念の大きな種にスポットを当てて、保護の取り組みをそこに集中させようとしている。IUCNはこれまでに地球にすむ鳥類と哺乳類のすべての種の現状を評価してきた。一方、既知の昆虫についてはその〇・八％（実際に存在すると推定される種の数では〇・二％もないだろう）しか現状を評価することができていない。サンチェス＝バヨとウィクホイスの結論はこうだ。昆虫の個体数に関する長期的なデータは驚くほど断片的で、昆虫の大部分のグループや多くの国々についてはデータがないものの、現存するほぼすべてのデータは同じ傾向を示している。減少傾向だ。二人ができる限り正確に推定した結果、昆虫は毎年およそ二・五％減少しており、昆虫の種の四一％が絶滅の危機に瀕しているという。二人はまた、昆虫の局所的な絶滅は脊椎動物より八倍も速く起きていると推定し、「ペルム紀末の大絶滅（二億五二〇〇万年前に起きた地球史上最大の絶滅イベント）以降で地球最大の絶滅イベントを目の当たりにしている」と述べている。

サンチェス＝バヨとウィクホイスの研究は科学界の何人かによって批判されている。二人は「昆虫」と「減少」というキーワードを使って研究論文を検索し、「増加」というキーワードでは検索していないから、二人のまとめた研究成果にはバイアスがかかっているというのが批判派によるもっともな指摘だ。さらに向かい風となったのが「ガーディアン」紙の報道である。毎年二・五％の減少という数字から推定すると、一〇〇年以内にすべての昆虫が消えてしまう可能性があるとの結論が記事には書かれていた。だが、そうなることは考えにくい。イエバエやゴキブリはきっと人類よりもはるかに長く生存していくだろうから。

それから数カ月後の二〇二〇年初め、ライプチヒにある研究所のロエル・ファン・クリンクの研究チームが新たな地球規模の分析結果を発表した。この論文では、昆虫が増加していることを示した研究も含め、昆虫の個体数に関する一六六のデータ群を分析の対象としている。その結果、彼らは陸生の昆虫が全体として一〇年間に九％のペースで減少していると結論づけた。サンチェス＝バヨとウィクホイスの研究よりもかなり遅いペースだ。彼らの発見で意外なのは、淡水にすむ昆虫の個体数が近年増えていることだ。これはいくつかの地点で蚊やユスリカの数が大きく増えているのが部分的に影響している。この分析結果を受けて、昆虫が本当に減少しているのか疑問を呈する見方も出てきた。しかし、この研究もまた批判を浴びている。分析手法の入り組んだ不備や誤りが次々に見つかったうえ、人間の介入によって局所的に昆虫の数が顕著に増えたデータ群を含める不備が明らかになったからだ。たとえば、ある研究はトンボの繁殖のために池が設けられる前と後のトンボの個体数に関するものだったし、小川で有毒物質の除去作業が行なわれる前と後の昆虫の個体数に関する研究もあった。こうした特殊な状況で昆虫の数が増えても何ら不思議ではないが、これらの事例からは地球規模の傾向は何もわからない。正確な昆虫の減少率はまだ議論の対象となっており、科学者たちの常として、合意に至る可能性はきわめて低いだろう。

　昆虫の減少傾向に関するデータで目を引くのは、そこにごく最近の記録しか含まれていないことだ。私の人生のほうが長い（前述のように私は一九六五年生まれ）。最も古いデータでも一九七〇年代のもので、ドイツの研究をはじめとする多くの研究はもっと遅く始まった。人

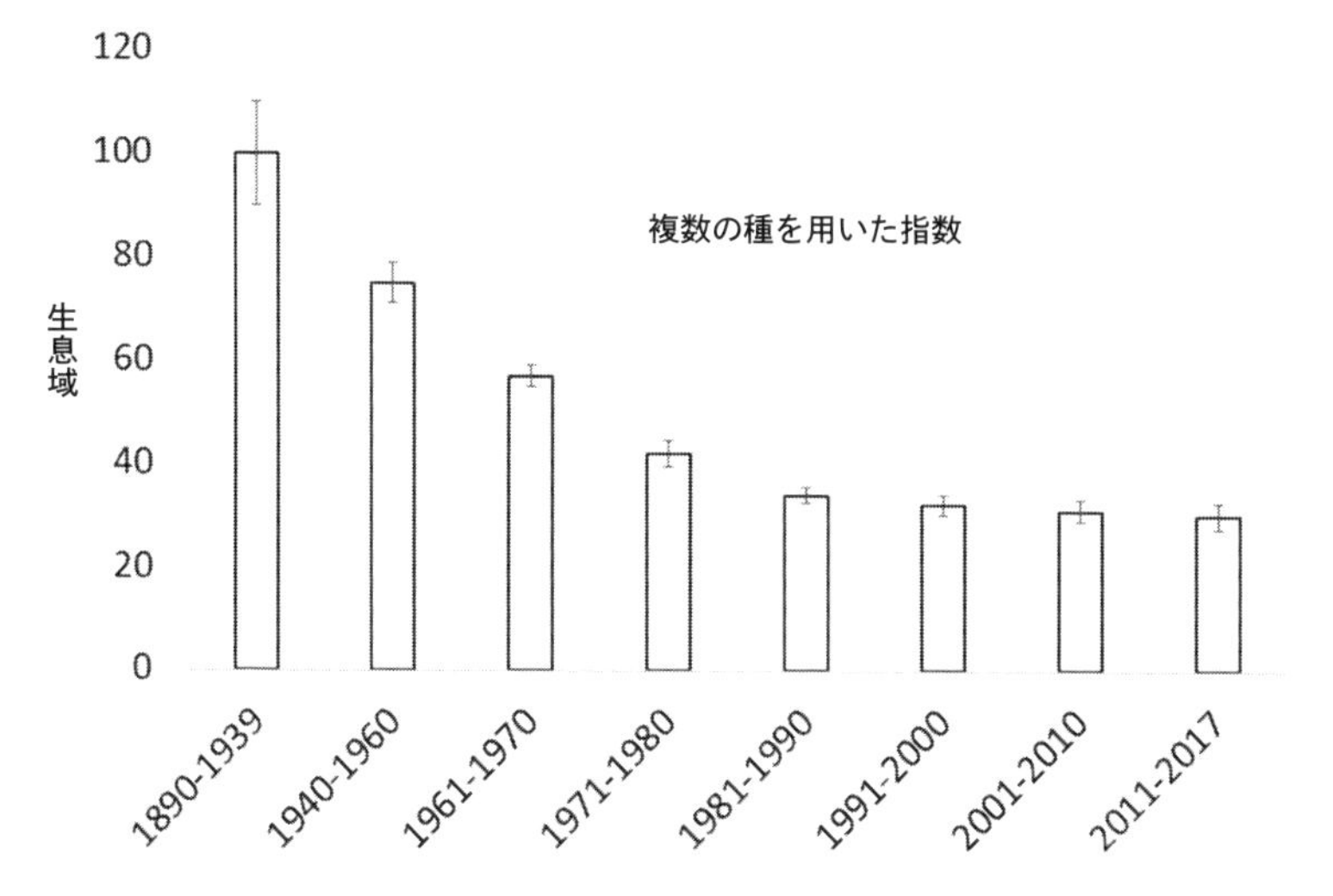

オランダにおけるチョウの生息域の変化(1890〜2017年)
博物館に収蔵されている標本71種の採集場所から推定した。最初の期間(1890–1939)を100として、相対的な生息域の変化を示した。減少のスピードは、昆虫の詳細な観察が始まる前の20世紀前半が最も速いように見える(出典van Strien et al., 2019)。

類が地球に影響を及ぼし始めたのは、クレーフェルトの研究が開始された一九八九年よりはるか前だ。レイチェル・カーソンの『沈黙の春』はその二七年前に出版されているし、合成農薬が広く利用されるようになってから四〇年以上もたっていた。ドイツで昆虫の生物量が七六%減少したというデータが本当だとすれば、それははるかに長い減少傾向の末端にすぎないのかもしれない。オランダのチョウに関する最近の研究では、イギリスのハナバチとハナアブに関するゲイリー・パウニーの分析と同様、博物館の収蔵品に代表される範囲の種を分析することで、過去の状況を知ろうと試みているが、その期間ははるかに長く、一八九〇年までさかのぼる。分析の結果、オランダでチョウの生息域の縮小が最も進んだのは二〇世紀前半だということが示された。これはクレーフェルトの研究が始まった年よりはるかに前だ。一八九〇年から現在までの一三〇年間で、チョウの生息域は八四％縮小したと推定された。農薬や工業型農業が出現する前、たとえば一〇〇年前にどれだけ多くの昆虫がいたのかは、いまとなっては知りようがないのだが、現存する数の何倍ものチョウがいたことは確かなように思われる。

私の好きな虫 エメラルドゴキブリバチ

美しくも邪悪な昆虫の代表格と言えばエメラルドゴキブリバチだ。体長二センチのほっそりした体はメタリックな緑色をしていて、鮮やかな赤の脚をもっている。アフリカとアジアの熱帯地方の大部分に生息する。

雌のエメラルドゴキブリバチが格好の餌食にしているのが、掃除の行き届いていない

住宅やレストランでよく見かける種類の大きなゴキブリだ。獲物を見つけると、一気に襲いかかり、ゴキブリの胸部にすばやく針を刺して、一時的に麻痺状態にする。ゴキブリが動けなくなったところで、その逃避反射をつかさどる脳の領域へと慎重に針を刺して再び毒を注入し、完全に動けなくする。その後、少し時間をかけて獲物の触角それぞれを半分ずつ噛み切り、そこからしみ出てくる血リンパ（昆虫の血液）を飲んで、最初に注入した毒を吸い取り、二回目に注入した毒の効果を最大限に引き出す。ゴキブリはほとんどゾンビのように従順になり、エメラルドゴキブリバチは自分よりはるかに体が大きい獲物の残った触角をくわえて、リードにつながったイヌのように自分の巣へ導く。エメラルドゴキブリバチはそこでゴキブリの体表に一個の卵を産みつける。卵はまもなく孵る。ゴキブリはその後一〜二週間は穏やかに過ごし、逃走も防御もできない状態で、エメラルドゴキブリバチの幼虫にゆっくりと生きたまま体をむさぼられる。最初は体の外側だけだが、やがて体内へと侵入され、生命維持に不可欠な内臓を食べられる。

ゴキブリの身体を食い破って出てくるエメラルドゴキブリバチ（photo © FLPA/Nature Production/amanaimages）

5章　移り変わる基準

　前章で示した減少傾向で興味深いのは、私たちの大半が気づいていないという点だ。これまでにわかっている証拠からは、昆虫のほか、哺乳類や鳥類、魚類、爬虫類、両生類もすべて数十年前に比べて個体数が大幅に減少していることが示唆されるのだが、その変化はゆっくりで気づきにくい。科学者のあいだでは、私たちはみんな「シフティング・ベースライン（移り変わる基準）症候群」にかかっていると認識されている。これは、自分たちが普通だと思って育ってきた世界が親の育ってきた世界とかなり異なっていたとしても、自分が育った世界を受け入れる現象だ。私たち人間は一生のうちにゆっくり進む変化に気づきにくいことを示す証拠も見つかってきている。

　インペリアル・カレッジ・ロンドンの研究チームがこれら二種類の関連する現象を実証した。ヨークシャーの農村に住む人々に現在最もよく見かける鳥と、その二〇年前に最もよく見かけた鳥の名前を尋ね、当時実際に最も多かった鳥を記録したきわめて正確なデータと人々の回答を比較したのだ。予想どおり、年齢の高い人ほど二〇年前に最もよく見かけた鳥を答えるのがうまかった。これは「世代間の健忘」と呼ばれている。当然ながら、若い人々は物心つくよりも前のことを単純に知らない。さらに興味深いのは、年齢の高い人は二〇年前の鳥について覚えているとはいえ、当時最もよく見かけたと彼らが言う鳥は現在見かける鳥にすり替わっていた点だ。人々の記憶は不完全であり、実際の記憶が最近見たものとごっちゃになっていた。これは「個人的な健忘」と呼ばれる。私たちは記憶にだまされ、いま見ている変化の大きさを軽視してしまうのだ。

もちろん、多くの人が身の回りによくいる鳥に気づいていても、昆虫に何かしら注意を払う人はそれよりはるかに少ない。多くの人に昆虫の減少を意識させる側面は一つだけあり、それは「フロントガラス現象」と呼ばれるものだ。だいたい五〇歳以上の人なら、夏の昼間に長距離運転をすると、車のフロントガラスに死んだ昆虫がびっしり付いてしまうので、ときどき車を止めて死骸をこすり落とさなければならなかったことを覚えているのではないだろうか。同様に、真夏の夜に田舎道を運転していると、ガの大群が車のヘッドライトに照らし出されて吹雪のように見えることもあった。いまでは西ヨーロッパと北アメリカのドライバーはフロントガラスを洗う仕事からは解放された。これは車の形状の空力特性が向上したからという理由だけでは説明できそうにない。

手づくりワインのレシピが載った古い本が手元にある。そのレシピの一つには「まず、キバナノクリンザクラの花を二ガロン集める」と書かれている。それが当たり前にできた時代は確かにあったのだろうが、私の人生のなかではできなかった。私にとってこの花は常に希少で、土手の生け垣で二、三輪見つけただけでもかなり嬉しかったものだ。このレシピからは、身の回りに現在よりもはるかに多くの花が咲いていた時代があったことがわかるのだが、いま生きている人は誰もこれを覚えていない。

私はキバナノクリンザクラが咲き誇っていた時代は知らないのだが、一九七〇年代にいまよりはるかにたくさんチョウがいた時期は思い出せると思う。子どもの頃はチドリ科の鳥であるタゲリの群れを農場で毎日のように見たし、春に田園地方に行くと必ずカッコウの誰もがわかる鳴き声を確かに耳にした。しかし二一世紀の子どもたちは、チョウやタゲリ、カッコウが少ない世界で育っている。夏のドライブのあと、車のフロントガラスに激突した昆虫の死骸をこすり落とすよう父親に言いつけられることもない。バッタの姿もあまり見かけないから、小学校の運動場の片隅にある草むらで昼休みにバッタを手で捕まえた経験もほとんどないだろう。私がキバナノクリンザクラの野原を見たことがなく、その不在を寂しく思うことがないように、子どもたちはこれらの昆虫や鳥を見たことがないから、不在を寂しく思うこともないだろう。「普通」というのは世代によって異なるのだ。

私たちの子どもの子どもは昆虫や鳥、花がいまよりさらに少ない世界に育つことになるだろうから、その状況が普通だと思うだろう。彼らはかつてハリネズミが毎日のように姿を見せた時代があったことを本で読むか、あるいはオンラインで読むことのほうが多いかもしれないが、ハリネズミが生け垣の下でナメクジを探して鼻をクンクンさせている音を聞く楽しみは絶対に経験できないだろう。かつてアメリカの空を暗くしたリョコウバトの大群が見られないことを現在のアメリカ人が寂しく思わないように、彼らはクジャクチョウの翅が見られないことを寂しく思うことはないだろう。世界の熱帯地方にはかつて大規模なサンゴ礁があり、風変わりな美しい生き物たちにあふれていたと学校で教えられることはあっても、彼らにとってそうしたサンゴ礁ははるか昔に姿を消したマンモスや恐竜と同じように現実感がないだろう。

過去五〇年で、私たちは地球の野生生物の数を著しく減らしてしまった。かつてよく見られた多くの種がいまは少ない。はっきりしたことはわからないが、ヨーロッパでさまざまな期間や異なる昆虫グループに着目したさまざまな研究を見てみると、一九七〇年以降で少なくとも五〇％の昆虫が失われたと考えてよいだろう。九〇％失われた可能性も十分にある。過去一〇〇年間の減少幅はさらに大きかった可能性がかなり高い。北アメリカはヨーロッパと農法がだいたい似通っているから、おそらく状況も同様だろうが、世界のほかの地域の状況は欧米よりもはるかにはっきりしない。少しはましなのか、それとももっと悪いのか。

昆虫は食料や送粉者、物質の再循環を担う存在などとしてきわめて重要な役割を果たしていることがわかっているから、昆虫の減少速度について確実なデータがほとんどない状況は恐ろしい。さらに恐ろしいのは、私たちのほとんどが何かしらの変化に気づいていないことかもしれない。一九七〇年代の状況を覚えていて、自然への関心が高い人であっても、子どもの頃にどのぐらいの数のチョウやマルハナバチがいたかを正確に思い出すことはできない。人間の記憶は曖昧で偏っていて変わりやすいし、本章の冒頭で示したヨークシャーでの研究で明らかになったように、人間は記憶を改変する傾向がある。フジウツギの茂みに何匹ものチョウが昔いたという感覚をおぼろげに抱き続けていたとしても、確信をもてるわけではない。格別によかった日々の思い出が心にこびりついているだけなのかもしれない。

過去の姿を忘れ、将来の世代が失われたものに気づかなくても、かまわないだろうか？普通のベースライン（基準）が移り変わるのは、私たちが新たな「普通」に慣れるということだから、いいことかもしれない。そうでなければ、失ったものを寂しく思う気持ちで心が折れてしまうだろう。アメリカ・フロリダ州キーウェストで釣り人があげた一九五〇年から二〇〇七年までの釣果の写真を分析した見事な研究では、釣り上げられた魚の重さの平均は一九・九キロから二・三キロにまで下がったが、釣り人の笑顔の大きさは小さくならなかった。現代の釣り人は昔の魚の大きさを知ったら残念に思うだろうが、そんなことは知り得ない。知らないほうが幸せということだろう。

一方で、記憶が風化しないように闘い、できるだけ喪失感を保持すべきだという主張もできる。野生生物のモニタリング計画で変化を記録していくのも一案だ。私たちが現状から目を背ければ、将来の世代は鳥のさえずりやチョウ、ブーンと飛ぶミツバチが人生にもたらしてくれる喜びや不思議を知ることなく、荒涼とした不毛な世界に生きることになるだろう。

ハキリアリ

南アメリカ原産のハキリアリは人間に次いで大規模かつ複雑な社会を形成している。一つのコロニーにすむアリは最大で八〇〇万匹。そのすべてが姉妹であり、コロニー全体が「超個体」とも呼ばれる集団を形成して効果的に機能し、母親である女王アリの世話をする。働きアリのそれぞれは固有の役割を果たし、その役割に合った体をもっている。たとえば、小型の働きアリは巣の中で卵を抱くことが多く、中型の働きアリは葉を集め、大型の働きアリは非常に大きな頭部と見るからに恐ろしい顎を備え、アリクイなどの大きな捕食者から巣を守る。小さな働きアリのなかには葉を集める仲間の背中に乗り、その頭部の隙間に卵を産もうとする寄生バエを追い払うものもいる。どういうわけか、こうした複雑な営みは主導役の個体がいるわけではないのに機能している。ほとんどの動物がそうだが、アリも植物の主成分であるセルロースを消化することができない。にもかかわらず、ハキリアリは一日に何千もの葉を集め、多雨林の地面を縫うように歩いて、地下の巨大な巣に運び込む。巣には菌類を培養する畑のような場所がある。働きアリに大切に育てられた菌類は葉のかけらのパルプを取り込み、セルロースを消化して、葉のお返しに栄養分の塊（菌糸の一部を玉状にしたもの）を生成する。これがアリの主な食物となる。この菌類はアリの巣以外では見つからず、ハキリアリなしでは生きていけない。そしてアリもまた、この菌類がいなければ早晩飢え死にしてしまう。

昆虫が減少した原因

昆虫が世界的に減少した原因は何だろうか？　最近では多くの仮説が登場し、昆虫の数と同じぐらいありそうに思えるほどだ。証拠に裏づけられた説や、証拠の裏づけは弱いが妥当に思える説がある一方で、まったくばかげた説もある。昆虫のなかでも野生のミツバチが減少した原因は多く議論されてきて、いまだに議論は続いているものの、生息域の喪失、複雑に入り交じった多様な農薬への慢性的な曝露、養蜂の巣における外来の感染症の蔓延、出始めた気候変動の影響、ほかの要因もあるだろうが、こうした人為的な負荷の組み合わせが原因であると大部分の科学者は考えている。まだ誰も気づいていない要因もきっとあるだろう。ほかの昆虫もおそらく似たような困難に直面している。減少の原因は場所によっても異なるだろう。つまり、入り組んでいるということだ。しかし、そうした減少を食い止め、そして増加に転じさせるためには、減少の原因を正しく理解しなければならない。そうすれば、昆虫の仲間たちがもっとすみやすい世界をつくるために必要な対策を導き出すことができる。

6章　すみかの喪失

経済的利益のために多雨林を破壊することは、ルネサンスの絵画を燃やして料理をつくるようなものである。

E・O・ウィルソン、アメリカの生物学者

二〇世紀以降、自然および半自然〔部分的に人間の手が加わった自然〕の生息環境が農地や道路、住宅地、工場、トラックの駐車場、ゴルフコース、郊外のショッピングセンターなどを建設するために更地にされ、しかも開発のスピードは増してきた。こうした改変のほぼすべては生物多様性の喪失をもたらして、自然の豊かな生物群集を駆逐し、そこで小麦や大豆、アブラヤシを単一栽培する広大な農地、コンクリート、きれいに刈りそろえられた芝生といった、あらゆる人工的な環境を生んだ。そのほとんどが野生生物には役に立たない。数少ない例外は庭園や家庭菜園（適切に管理されていることが前提）、そしてより持続可能な一部の農法だ。これらは生物多様性を支えることができる。野生生物の豊かな生息環境が失われるスピードは、人口の増加と、人口一人当たりの自然への影響を大きくする技術の進歩によって加速している。一人の人間がブルドーザーを使えば、鉈(なた)を使うより一〇〇〇倍も広い多雨林を一日に伐採することができるのだ。

熱帯林は私が生まれてからずっと伐採され続けてきた。ティーンエイジャーだった一九八〇年代には、アマゾンの多雨林の広大な範囲でそそり立つ太古の巨木が伐採されてその場で燃やされ、葉をなくして黒く焼けこげた木々の枝だけが煙に包まれている写真を見て、ショックを受けたものだ。地球上で最も多様な生態系が灰燼(かいじん)に帰したのである。二〇一九年にアマゾン盆地の何千ヘクタールもの森林が煙に包まれたニュース映像を見たとき、既視感に襲われた。一九八〇年代には、伐採された熱帯林の大部分は安いファストフード店のハンバーガーをつくるための牛を飼育する放牧場となった。抗議運動もあったのだが、ほとんど効果がなかった。森林伐採は数十年にわたって規制されることなく続けられてきた。最近では、伐採された森林の大部分が大豆やアブラヤシの単一栽培に利用されているが、一部は依然として牛の放牧に使われている。

いまや熱帯での森林伐採のペースは遅くなるどころか、かつてないほど速くなり、一九九〇年代以降、伐採のペースは以前と比べて一〇～二五％上昇した（森林伐採の推定は厳密なものではないが、人工衛星画像の進歩によって推定値は年を追うごとに正確になってきている）。熱帯林は現在、年間七万五〇〇〇平方キロ、一日にするとおよそ二〇〇平方キロのペースで伐採されていて、それよりはるかに広い範囲が損傷を受け、劣化している。その結果、熱帯林にすむ生物のうち、一日当たり一三五種が絶滅していると推定され、その大部分が昆虫だという（ただし、こうした推定はどうしても大ざっぱになることを頭に入れておいてほしい）。イースター島では森林伐採によって木が一本残らず切り倒され、土壌が浸食されて海に流出してしまった。映画「ロラックスおじさんの秘密の種」でワンスラーがロラックスの警告を無視してトラッフラの木を伐採したように、私たちはそれが愚かなことと知りながら、地球上の森林を破壊し続けている。私たちは壮大な規模でエコサイド（環境破壊）を起こしているのだ。私は信心深くはないのだが、信心深い読者はこんなことを考えてみてほしい。神がすばらしい多様性を創造し、その支配を私たちに委ねたのは、その多様な生物を絶滅させるためだったと、あなたは本気で思うだろうか？　神は私たちがしてきた行為に満足すると、あなたは思うだろうか？

もちろん、この問題は熱帯林にとどまらない。温帯林や北方林も破壊されているから、地球全体で年間およそ一〇億本の木が姿を消していることになる。二〇〇〇年から二〇一二年にかけて、世界全体で二三〇万平方キロの森林が失われた。これはイギリスとフランス、ドイツ、スペイン、ポルトガル、ベルギー、オランダ、イタリア、スイス、オーストリア、ポーランド、アイルランド、チェコの国土を合わせた面積よりも広い。消えた森林を一つにまとめたら、スコットランド北東端のジョン・オ・グローツから、南に向かってジブラルタルまで歩き、そこから東へ向かってポーランドの首都ワルシャワまで歩いても、木陰が一カ所もないということだ。かつて地表を覆っていた一六〇〇万平方キロの森林のうち、六二〇万平方キロしか残っていない。

野生生物が豊かなほかの生息環境も損傷や破壊の対象になっている。湖や河川は汚染されて劣化し、湿地は干拓され、泥炭地でも干拓や掘削が行なわれ、谷はダムでせき止められた水に沈んで水力発電や灌漑に利用されている。中国では、山が丸ごと切り崩され、山頂を崩してできた土砂で谷が埋められて、都市の拡大に必要な平地が造成されている。東京では沿岸の浅瀬がごみで埋め立てられ、そうしてできた新しい島はビル建設やゴルフ場に利用されている。

地球規模で見ると、手つかずの生息環境が失われて著しく単調な人工の環境に置き換わっている現象は、おそらく現時点で昆虫の減少を含め、野生生物の減少を引き起こしている最大の要因だろう（とはいえ早晩、気候変動の猛威のほうが生息環境の喪失よりも大きな要因になるかもしれないが）。西ヨーロッパに限って言えば、生息環境の喪失はほかの地域とは様相が異なる。手つかずの自然環境はほぼすべて、とっくの昔に失われているからだ。イギリスでは、いまも残る数少ない太古の森でさえも何千年にわたって何かしら管理されてきたものだ。目を見張る見事な森ではあるのだが、まったくの手つかずというわけではない。とはいえ、八〇〇〇年にわたって人間が暮らしてきたにもかかわらず（ひょっとしたら人間が暮らしてきたから<u>こそ</u>）、一九〇〇年頃まで生物多様性の豊かな生息環境がたくさん残っていた。古い森林のほかにも、花々とチョウがあふれるイングランド南部の丘陵地帯、ウズラクイナが巣づくりする低地地方の牧草地、ヒョウモンモドキやイチモンジチョウが舞う間伐された森、スナカナヘビがバッタを捕まえる荒れ地があった。これらはすべて、牧草の刈り取りや放牧、間伐といった昔ながらの土地管理法によって生み出された人工の生息環境だ。これらは土地の管理法としては比較的緩やかで頻度が低く、野生生物が適応できるうえ、その恩恵を受けることもある。木々の萌芽更新（根元から上を切り倒して新しい芽が出やすくする）は一〇年か二〇年に一度しか行なわれないため、萌芽更新が行なわれた森林は空き地やさまざまな樹齢の木々が入り交じって、多様な生命をはぐくんでいる。南部の丘陵地帯ではときどき放牧が、牧草地では毎年刈り取りが行なわれたため、若木が定着せず、雑草が抑制された。放牧の頭数を少なく抑えている限り、植物はたくさんの花を咲かせることができたのだ。こうした生息環境は何千年にもわたり、ヨーロッパの野生生物の大部分にとって生存に欠かせない環境となった。

いまはこうした人工の生息環境が失われていることが、ヨーロッパで野生生物が減少している主な原因となっている。生息環境が失われた主な要因は農法の急速な変化だ。昔の農法はあまり集約的でなかったため、ミツバチなどの昆虫に適した生息環境があちらこちらに散らばっていた。牧草地や南部の丘陵地帯のほかにも、花を咲かせる雑草が繁茂した休閑地があったし、小さな畑の境には花々で彩られた生け垣が設けられていた。一九二〇年代のイギリスには牧草地や南部の丘陵地帯がおよそ三〇〇万ヘクタールもあったが、二〇世紀のあいだに九七％以上も失われた。そのほとんどが耕地やサイレージ（発酵させた牧草）をつくるための畑となった。これらはたいてい、生物多様性をまったくと言っていいほどはぐくまない環境だ。

シュリル・カーダー・バンブルビーはイギリスで最も希少なマルハナバチだが、その姿や羽音は一〇〇年前にはイギリス南部ではおなじみのものだった。黄色と灰色がかった縞模様と赤い尾部が特徴のカラフルで小さなマルハナバチで、シュリル（甲高い）という名のとおりよく高音の羽音を立てて飛んでいるため、近くで蜜を集めているとたいていすぐにわかる。花々が咲き乱れる牧草地で、ムラサキツメクサやハマウツボ科のレッド・バルチア、マメ科のキドニー・ベッチ、ヤグルマギク、シベナガムラサキといった花の蜜を好んで集める。花々に富んだ草原が二〇世紀にほぼすべて失われたことによって、この美しいマルハナバチが絶滅寸前に追いやられ、いまではウェールズのペンブルックシャー、イングランドのサマセット・レヴェルズ、そしてテムズ河口域など、わずかな地域でどうにか生き延びているだけの状況だ。私は二〇年前にソールズベリー平野で何匹か見たことはあるが、その個体群は消滅してしまったようだ。現存するなかでも屈指の個体群が、テムズ川からロンドン東部にかけての打ち捨てられた工業地帯にいる。焼けこげた車や瓦礫（がれき）が散乱する場所だったが、いまでは花々が咲き乱れ、シュリル・カーダー・バンブルビーにとって数少ない隠れ家となっている。

牧草地にすむほかの多くの生物も、生息地である牧草地が失われたために大きく数を減らしてきた。ウズラクイナ、スケイビアス・マイニング・ビーというハナバチ、コリドンヒメシジミ、グレート・イエロー・バンブルビー、カラフトキリギリス、グレーター・バタフライ・オーキッドというランなど、挙げればきりがない。全部書き出したら何ページもの分量になってしまう。

イギリスから失われた生息環境は花々でいっぱいの牧草地だけではない。第二次世界大戦後、食料の増産と農地の効率化を目的として政府の補助金が導入された。なかには生け垣の撤去に対する補償もあり、その結果、長さにして毎年九五〇〇キロもの生け垣が失われた。一九五〇年から二〇〇〇年までに生け垣全体の半分余りが失われたと推定されている。低地の荒れ地は一八〇〇年以降に八割が姿を消したほか、農地のため池は七割が失われ、残ったため池も大部分が主に化学肥料の流入によってひどく汚染されて荒れ果てている。

イギリスに限らず、世界のほかの先進国でもそうだが、現代の農法は世界規模のアグリビジネス（農業メジャー）と政府の政策によって形づくられてきた。その典型は広大な農地をもつ大規模な農場であり、たいてい外部の請負業者によって管理され、農薬と化学肥料を大量に投入してできる限り完全な単一栽培を行なおうとしている。「食料安全保障」を確保しなければならないという、第二次世界大戦中の食糧難から生まれた主張を武器に、作物の収量を最大限に高めたいという意図がそこにはある。工業型農業を支持する人々は、それこそが飢餓や飢饉を回避する唯一の方法だと主張する。この農法を実践していくなかで私たちが築いた環境では、以前より多くの食料を安く生産できるようにはなったが、その一方で農場はごく少数の雇用しか生まず、野生生物にとっては概してすみにくい環境となった。昆虫の観点で見ると、現代の集約的な農場はほとんど何の役にも立たない。花に乏しいので、チョウやガ、ハナバチ、ハナアブにとっては集める蜜や花粉がないし、イモムシやアワフキ、甲虫が食べる雑草もまばらだ。生け垣はたいてい丈が低く、巣づくりや休眠の場所を探す昆虫の隠れ家にはほとんどならない。昆虫はたとえ農場で食べ物や隠れ家を見つけたとしても、繰り返し散布される殺虫剤に耐えて生き延びなければならないだろう。

スーパーマーケットの棚に低価格の食物が並んでいる光景に私たちは慣れてしまったが、それには食料生産が環境に与える実際のコストが反映されているわけではない。たとえば、耕地に施される化学肥料の硝酸塩やナメクジ駆除剤のメタアルデヒドは、流出して小川や大きな河川を汚染している。水道会社は上水道に供給する水をその川から採取し、多額の費用をかけてこうした汚染物質を取り除かなければならない。とりわけメタアルデヒドは除去が困難であるため、どれだけ努力しても多少は飲料水に残ってしまうことが多い。長い目で見ると、私たちや子どもたちが耕地の土壌の浸食や劣化、[*]農業活動で排出される温室効果ガス（全排出量のおよそ二五%）、そして送粉者やその他の昆虫の喪失によるすべてのコストを支払っていくことになる。

手つかずの生息環境の喪失（主に発展途上国）と半自然の生息環境の喪失（主に先進国）の影響が組み合わさり、小さく分断されて孤立した「島」のような生息環境に追いやられる野生生物が世界的に増えている。伐採を免れた多雨林の一部や、ドイツのクレーフェルト昆虫学会が採集調査を行なった自然保護区がそうした生息環境だ。自然保護区にすみかをうまく見つけられた野生生物は安全だと考えられることが多いのだが、クレーフェルトの研究からはそうでもないことがよくわかる。一九八九年から二〇一六年にかけて昆虫の生物量が七六%減少したのは手つかずの自然保護区であり、そこでは調査期間を通じて状況がほぼ変わらず、野生生物が慎重に管理されていた。クレーフェルトのデータでは減少の原因を示す明確な証拠は提示されていないものの、そこから知識や経験にもとづいて推測することはできる。ほかの地域でもそうなのだが、調査対象となったドイツの自然保護区もまた、そこから出るとすみにくい環境になる傾向にある。今回の研究は飛翔性昆虫(大部分がハエ類)が対象だった。どの飛翔性昆虫もすぐに保護区から飛び去ってしまう傾向にある。飛んでいった先が食料に乏しかったり、農薬による汚染がひどかったりするなど、生存できない環境である場合、その昆虫はもと来たルートを戻れる優れた感覚を備えていない限り、おそらく移動先で息絶えてしまうだろう。保護区の周りを囲む環境は、個体群生物学者が「シンク」と呼ぶ、いったん入った生物がまず生きて出てこられない領域となっているのだ。保護区で孤立している個体群が十分なスピードで繁殖できない限り、一定の数の個体が外の環境へ流出し続ければ、

*現在の推定では毎年およそ七五〇億〜一〇〇〇億トンの表土が地球上から失われているとみられる。とりわけ表土の流出が多いのが中国とインドで、アメリカもそれほど少ないわけではない。環境意識が比較的高いというイメージを多くの人がもっていると思われるニュージーランドでさえも、推定で毎年一億九二〇〇万トンの土壌が失われていて、その大部分が過放牧の牧草地からの流出だ。ニュージーランドの人口が四八〇万人しかいないから、一人当たりにすると年間四〇トンに相当する。世界全体の平均は一人当たり年間一〇〜一五トンになる。土壌の再生には何千年もかかることを考えれば、懸念すべき数字である。お粗末な農法によって土壌が露出し、有機物が酸化して二酸化炭素の排出量を増やすうえ、大部分の土壌が洗い流されて河川や海に流れ込み、沈泥の堆積や汚染を引き起こす。

その種はやがて局所的な絶滅に至ってしまうだろう。

なかにはほとんどの時間おとなしくしている分別のある昆虫がいることはわかっている。アドニスヒメシジミとコアオシジミはどちらも、生まれた場所の近くにとどまって一生を過ごす傾向がある。現代の世界においては賢明な生き方だ。残念ながら、それでもチョウは安全ではない。孤立した小さな生息域の個体群は時がたつにつれて近親交配をするようになり、遺伝的な多様性が失われて、だんだん健康状態が悪化し、新たな環境に適応しにくくなるからだ。周囲の荒れ地を越えて定期的に飛来してくる個体が新しい遺伝子をもってこなければ、遅かれ早かれ個体群は消滅することになる。

しかも、孤立した小さな生息環境の個体群は運が悪いだけで消滅することも多い。昆虫の個体数は年によって大きく変動する。その原因として多いのが、天候の予期しない変化だ。激しい嵐や洪水、夏の干ばつが一回あるだけで、何十年も存続してきた小さな個体群が全滅してしまうことがある。ある特定の種がいったん自然保護区から消滅してしまうと、近くの保護区にすむ健全な個体群から個体が移動してこない限り、再び個体群を形成することはできないだろう。生息域の断片化や分断が進めば進むほど、個体群の再形成が起きる頻度は小さくなる。

最後にもう一つ、油断のならない要素がある。自然保護区の周囲に柵を設けても、農薬は風に乗って運ばれてくるし、地下水に溶け込んだ状態で入ってくる。化石燃料の燃焼で生成される一酸化窒素と二酸化窒素が蓄積して土壌の栄養分が増し、植物の群落を変えてしまう事態も防げない。当然ながら気候変動の進行も止められない。時間の経過とともに、特定の生息環境が現在すんでいる種の一部（やがては全部）にとってすみにくい気候になるかもしれない。

広大な手つかずの生息環境でそのほとんどを開発し、いくつかの小さな土地だけを断片的に残したとしたら（私たちが森林や荒れ地、イギリス南部の丘陵地帯などでやったように）、そうした小さな土地にすんでいる種の数は個体数の減少とともに一つずつ減っていくと予測される。この現象は生息域が最初に孤立してから数十年後に起きることがある。その間、私たちは種が徐々に絶滅していくのを目の当たりにすることになる。アメリカのサイエンスライター、デイヴィッド・クォメンは名著『ドードーの歌』でこのように書いている。

上質なペルシャ絨毯（じゅうたん）と狩猟用ナイフがあるとしよう。絨毯の大きさは縦三・七メートル、横五・五メートル。面積およそ二〇平方メートルのひと続きの織物だ。ナイフの切れ味はどうか？　よくなかったら研いでおこう。そのナイフで絨毯を均等に三六等分したら、それらを集めて元どおりの形に並べてみよう。その見かけは依然として、面積およそ二〇平方メートルの絨毯みたいな物体だ。だが、実際のところそれは何だろうか？　上質なペルシャの小型絨毯が三六枚あると言っていいのか？　いや、目の前にあるのは、三六枚の布きれでしかない。一枚一枚は何の役にも立たないし、端っこがほつれ始めている。

これこそがドイツ、そしておそらく世界中で起きていることだ。

この現象は科学界で大きな議論の一つに直接関係している。それはしばしば「共用・節約の議論」と呼ばれるもので、「共用（シェアリング）派」は生物多様性を支えながら作物を栽培する（たとえば環境にやさしい小規模な有機農場）など、人間の活動を組み込もうとする試みを支持し、「節約（スペアリング）派」は一部の土地をできるだけ集約的（工業型農業など）に活用し、残りの土地を自然のまま残すべきだと主張している。しかし、ドイツでの研究が示しているのは、一部の土地を自然のまま残すだけではうまくいかないように見えることだ。少なくとも自然保護区が小さく、工業型農業に使われている土地に囲まれている場合はそうだ。

総じて、熱帯雨林などの手つかずの生息環境に加え、牧草地や低地の荒れ地といった人工の生息環境を含めた過去の生息環境の喪失が、昆虫の現在までの減少を引き起こした主な要因の一つだ。さらなる喪失を抑え、一部の生息環境を元どおりの豊潤な環境に戻す取り組みを始めることが最優先の課題である。

私の好きな虫　シタバチ

中南米の蒸し蒸しした密林にシタバチというハチがすんでいる。鮮やかな金属光沢のある緑色や金色、青色をしたハナバチのグループで、花から花へと飛び回る姿は熱帯の日差しを浴びて輝く宝石のようだ。雄はランの花を訪れることにほとんどの時間を費やすのだが、そのランは蜜を分泌するわけではないし、雄は花粉を集めにくるわけでもない。雄は前脚に付いたブラシ状の毛を使ってランから香りの成分を集め、大きく膨らんだ中空の後脚の中にそれをためるのだ。いわば「香水のコレクター」である。雄はその後、求愛の場所に集まる。そこを訪れた雌は、雄が集めたランの香りの質と量にもとづいて交尾相手を選んでいるようだ。

ランの受粉の仕方は独特だ。花粉の粒を大量に生成するほとんどの花とは異なり、ランのそれぞれの花は「花粉塊」と呼ばれるものを一個か二個つくる。これは花粉が球状に集まったもので、粘着性のある軸がついていて、それが訪れた昆虫にくっつく。雄のシタバチが訪れるランは受粉をシタバチだけに頼っている。チャールズ・ダーウィンはこの営みを最初に記載したのだが、訪れるのは雌だと考えていた。そのランの花の構造は、ハチが花の香り成分をせっせと集めているあいだに、頭部か胸部が花粉塊の軸に触れるよう絶妙に配置されている。鮮やかな黄色の花粉塊はいったん付着すると、ハチは取り除けない。その後、ハチがほかの花を訪れて香り成分を集めると、花粉の一部が花に移って受粉する。すべてがうまくいけば、この独特な共生関係でランとシタバチの両方が子孫を増やすことができる。

7章　汚染された土地

一万年前に農耕が始まって以降、作物は病原体のほか、アブラムシやバッタからハトやゾウまで、さまざまな害虫や害鳥や害獣の被害を受けてきた。人口が増加し、それに応じて耕地の面積が広がるにつれて、そうした被害は悪化した。栽培する作物の量が増えるほど、病害虫が作物を見つけやすくなるからだ。知られている限り、最初の五〇〇〇年ほどのあいだ、農家が作物の被害を防ぐために主に頼っていたのは祈りや生け贄（にえ）の儀式だった。古代エジプトでは、ファラオの収穫を守る女神レネヌテトをなだめるために奴隷を生け贄にしたし、アステカの人々は子どもたちを雨の神であるトラロックに生け贄としてささげた。おそらくこうした血の儀式の効果はなかっただろうと思う。効果があったなら、いまでも農家や農村部でそうした習慣が残っているだろう。実際にはそれよりも実用的な防除法が長年使われてきた。たとえば、四五〇〇年前には害虫を殺すために硫黄が耕地にまかれていたと考えられている。中国の人々は三二〇〇年前に水銀とヒ素化合物をヒトジラミの防除に使っていたほか、おそらく作物にも散布していたようだ。シロバナムシヨケギク（除虫菊）など、植物の成分は遅くとも二〇〇〇年前から殺虫剤として利用されてきた。化学農薬を使う習慣は決して新しいものではない。

とはいえ一九四〇年代まで、利用されていた農薬は除虫菊やニコチンといった自然界に存在し、主に植物から抽出された有機化合物か、硫化銅や水銀塩、シアン化物、ヒ素、硫酸といった無機化合物だった。自然界に存在する化合物は合成の化合物より害が少ないとの主張もあるが、これは明らかに意味がない。水銀やヒ素はまったく環境にやさしくないからだ。これらの化学物質がどのぐらい使われたかはわかっていないが、全部合わせてもごく少量だと考えるのが妥当ではないか。ほとんどの農家はそもそもこうした化学物質を買う余裕はなかったし、手に入れる手段もなかっただろう。

このような状況は工業化学の到来で変わることになった。化学物質の大量生産が始まったのは一八世紀のことだ。硫酸や漂白剤を皮切りに、のちにはガラスや織物の生産に使われるソーダが製造された。一九世紀には染料や加硫されたゴム、化学肥料、せっけん、最初のプラスチックの生産が始まり、化学産業が飛躍的に拡大した。だが、化学産業がそれまでにない合成農薬の開発に目を向け始めたのは、二〇世紀に入ってからのことだった。

殺虫効果が初めて確認された人工の化合物はＤＤＴ（ジクロロジフェニルトリクロロエタン）だ。一九三九年にスイスの化学者パウル・ヘルマン・ミュラーが発見した化学物質で、昆虫の神経系を攻撃して神経信号が繰り返し放たれるようにし、けいれんや震え、発作を引き起こし、最終的に昆虫を死に至らしめる。ＤＤＴは第二次世界大戦中にアジアで連合軍兵士に蔓延していたマラリアを媒介する蚊の防除のために広く利用され、終戦までには家庭や農場で安価に利用できるようになって普及が進んだ。一九四七年にあるメーカーが「タイム」誌に出した広告には、笑顔の家畜と頬を紅潮させた主婦が声を合わせて「ＤＤＴは体にいい！」と歌っている漫画とともに、「ＤＤＴは全人類に恩恵をもたらします」という主張が載っている。同じ年に発表された短い映像では、イギリス人の植民地主義者が東アフリカの人々にこの新型の化学物質が無害だと納得させようと、おかゆの入った容器にＤＤＴをたっぷり入れてそれを食べてみせている（集められた人々は何の感銘も受けていないようだ）。ミュラーはＤＤＴの発見で一九四八年にノーベル賞を受賞した。

また一九四〇年代には、ドイツの科学者ゲルハルト・シュラーダーがパラチオンという別の化学物質を合成した。これもまた昆虫にとってきわめて毒性の高い物質で、神経系を攻撃して神経伝達物質の分解を阻害し、方向感覚の喪失や麻痺を引き起こし、昆虫を死に至らしめる。シュラーダーが勤めていたＩＧ（イーゲー）ファルベンはナチスのガス室に使われたチクロンＢの開発と製造も行なっており、彼の研究は人間に対して用いる神経剤を開発するための研究の一環だった可能性が高い。

化学的な操作によって、まもなく似たような化合物が次々に開発された。ＤＤＴとそれに似た物質は有機塩素化合物と呼ばれ、アルドリンやディルドリンもその一種だ。一方、パラチオンからはマラチオン、クロルピリホス、ホスメットといったさまざまな有機リン化合物が開発された。こうした新たな化学物質は安価で、きわめて効率的に害虫を殺すことができ、

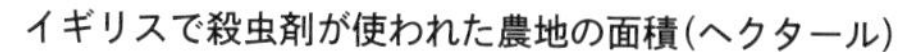

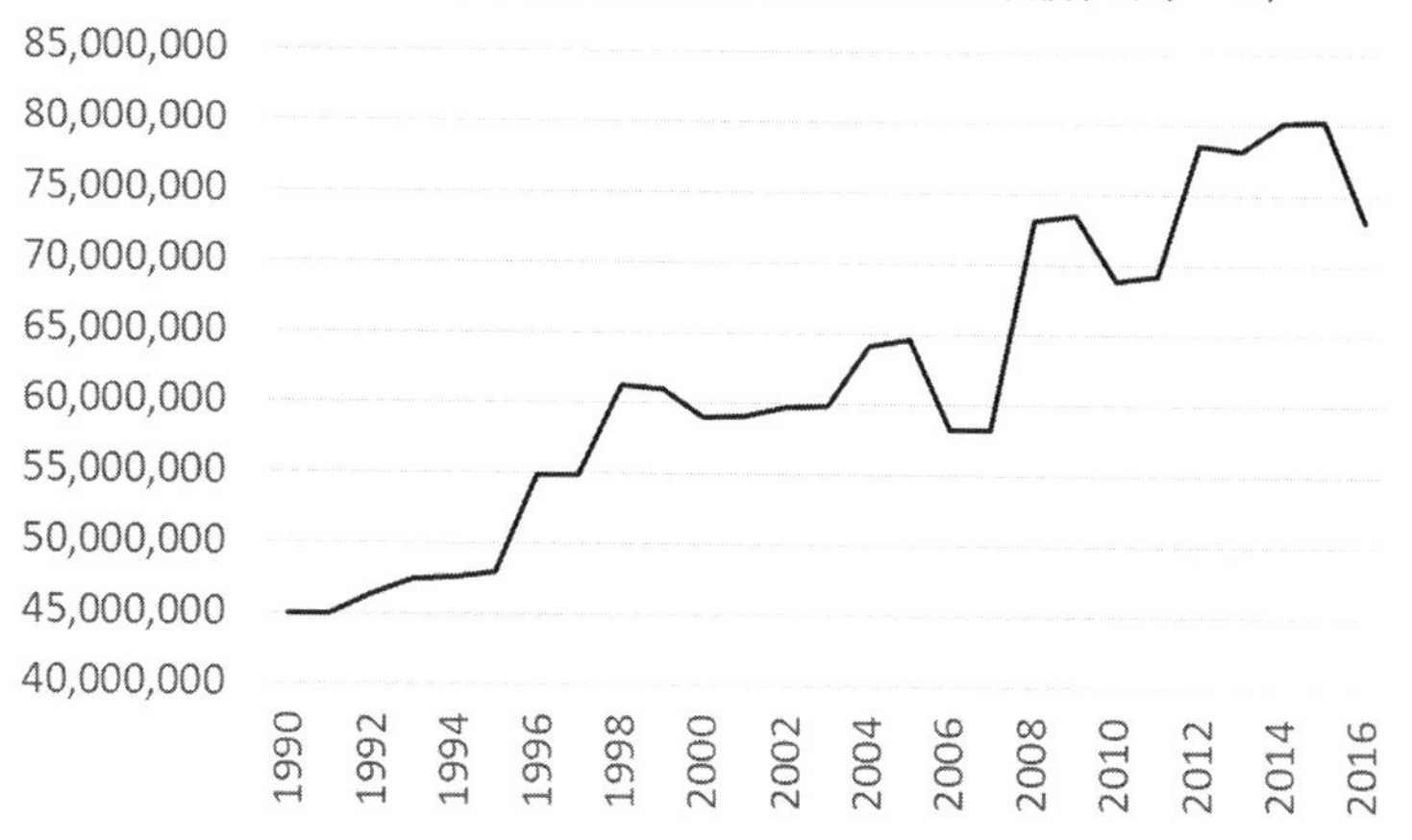

イギリスで殺虫剤が使われた農地の面積の経年変化
農家が作物に使う殺虫剤の量は年々増えている。このグラフは、イギリスで殺虫剤が使われている農地の面積の1年間の合計を示した政府発表の公式データ［出典 https://secure.fera.defra.gov.uk/pusstats/］で、2016年は7400万ヘクタールだった。1990年から2016年にかけて面積は70％増えた。イギリスにある耕地と園芸用の土地は450万ヘクタールほどしかなく、この期間にほとんど変わっていないことを考えると、イギリスのそれぞれの畑や果樹園には殺虫剤が平均で年間16回使われていることになる。ただし、同じ殺虫剤が年間16回使われているとは限らないし、16種類の殺虫剤が1回ずつ使われているとも限らず、複数の種類が何度か使われていることもある。このデータには、寄生虫を防ぐ目的で家畜に定期的に投与されるアベルメクチンなど、農家が家畜のために利用した殺虫剤は含まれていない。

少なくとも最初のうちは収穫量も増えるため、農家から熱狂的に支持された。こうした有毒物質の開発、製造、流通を担う一大産業が世界中に現れ、新たな商品が次々に発売された。一九七〇年代と八〇年代にはアベルメクチン（寄生虫の駆除のため家畜に投与される）、BT（バチルス・チューリンゲンシス）菌毒素のスプレー（細菌の一種から抽出された殺虫剤）、トリアゾール、イミダゾール、ピリミジン、ジカルボン酸の殺菌剤など、多種多様な種類の農薬が登場した。九〇年代にもさらなる新製品が市場に投入された。殺虫剤のまったく新しい種類であるネオニコチノイドのほか、スピノサド、フィプロニルなどだ。現在、アメリカではおよそ九〇〇種類の「有効成分」（ある種の害虫に有毒な化学物質の種類）が、EUでは約五〇〇種類が認可されている。過去八〇年以上のあいだに、農業は化学物質への依存をだんだん強め、その状況は現在も続いている。政府公式の統計によると、イギリスの農家は一九九〇年に四五〇〇万ヘクタールの耕地に農薬を散布したという。二〇一六年には、その面積が七三〇〇万ヘクタールまで上昇した。実際の耕地の面積はまったく変わらず、四五〇万ヘクタールだ。つまり、平均するとそれぞれの農地に農薬が使われた回数は一九九〇年に一〇回だったのが、二〇一六年には一六回を超えたということだ。わずか二六年のうちに六〇％以上増えたことになる。

レイチェル・カーソンが名著『沈黙の春』を出版したのは一九六二年。戦後DDTが農業に利用され始めてから一七年ほどしかたっていない時期だ。同書は初期の世代の農薬に着目し、その毒性がそれまで無邪気に考えられていたよりも強いことを示す証拠が次々に出ていることを告発した。問題となったのは、害虫がみるみるうちに進化して新たな農薬への耐性を獲得するため、農家は農薬の量を増やさなければならないうえ、当初の豊作を維持できない点だった。しかし、捕食性のカリバチや甲虫といった、自然界における害虫の天敵は概して獲物よりも繁殖が遅いので、耐性を獲得するのも遅く、農薬の影響をより大きく受ける。自然界の天敵がいなくなると、害虫の問題は悪化する一方となり、それまでその天敵に抑え込まれていた昆虫が、新たな害虫となって現れる。DDTやそれと同類の農薬は環境中に何十年も残り、食物連鎖の中に蓄積されていることも明らかになった。イモムシが小型の鳥に食べられ、その鳥がハヤブサに食べられるという連鎖を繰り返していくうちに、捕食動物にも私たち人間にも農薬の成分が大量に脂肪の中に蓄積されるのだ。その量が多ければ死につながり、少なくてもがんや自然流産、不妊の原因となる。ハヤブサやハクトウワシといった猛禽(もうきん)類はとりわけ大きな影響を受け、農薬にさらされることによって卵の殻が薄くなり、卵の大半が孵化する前に意図せず割れてしまう問題が起きた。

『沈黙の春』の出版後、レイチェル・カーソンは農薬業界とそのロビイストによって「狂信者」や「共産主義者」というレッテルを貼られ、個人攻撃にさらされた。農薬業界は反撃を開始して、ちらしを発行したほか、『沈黙の春』の出版社に対して苦情を申し立て、法的な措置をとると脅したりした。最終的にカーソンはこの闘いに勝ったものの、残念ながら一九六四年にがんで他界し、勝利を生きて見届けることはできなかった。DDTは一九七二年にアメリカで、一九七八年にヨーロッパで禁止され、二〇〇四年にはマラリア抑制という限られた用途を除いて世界的に禁じられた。それでもヨーロッパで土壌や河川を調べると、依然としてその成分の残留分が検出される。人間の赤ちゃんを母乳で育てる恩恵は明らかに大きいし、それを否定する意図はまったくないのだが、人間の母乳に依然としてＤＤＴおよびそれと同類の成分（そしてはるかに多くのポリ塩化ビフェニル、いわゆるＰＣＢ）がしばしば混入している点が心配だ。母乳に含まれる有機塩素系農薬の濃度は牛乳の一〇～二〇倍もあるという（オーストラリア、メキシコ、ウクライナ、カナリア諸島など、さまざまな地域での研究にもとづく）。最終的に影響を受けるのは、その母乳を飲んだ人間の赤ちゃんだ。ＤＤＴは決して「体にいい」わけではない。

ＤＤＴについてはこれぐらいにしておくが、ゲルハルト・シュラーダーが発明した有機リン化合物もまた、農家の人々の健康にきわめて有害であることが明らかになった。神経剤の研究から生まれた化学物質であることを考えれば、意外ではないとも言える。とりわけ、こうした化学物質に家畜の羊を浸して洗う仕事をしていた農家の人々が急性の症状から長期的な症状までさまざまな健康問題に苦しんだ。有機リン化合物は先進国ではすべてではないものの大部分がいまでは禁止されているが、発展途上国では依然として広く使われている。

最近、農薬の利用推進派は、禁止されている昔の農薬に比べて現代の農薬は人間と環境にとってはるかに安全だと主張している。これは何十年も前からよく耳にしてきた見解で、問題視されてこなかった。恐ろしく皮肉に思えるのは、環境保護派も中立的な立場の科学者たちもこの問題が解決したという考えを受け入れていたように見えるという事実だ。レイチェル・カーソンは勝利を手にしたと、彼らは信じていた。世界の科学論文のデータベースで

「wildlife（野生生物）」と「pesticide（農薬）」というキーワードを用いて検索すると、『沈黙の春』出版翌年の一九六三年から一九九〇年までに発表された論文は二九本しか出てこなかった（一方、一九九〇年以降の論文を対象に同じキーワードで検索すると一一四四本がヒットした）。つまるところ、環境保護派も科学者もこの特定の問題に注意を払ってこなかったのだ。カーソンは一つの戦闘には勝ったのかもしれないが、戦争全体に勝ったわけではなかった。

農薬が環境に及ぼす影響に対して再び懸念が高まったのは一九九〇年代だと言えるだろう。この頃、フランスの養蜂家が、新たな殺虫剤であるイミダクロプリドが散布されたヒマワリ畑のそばでミツバチのコロニーが死んでいくと、不満を表明し始めた。イミダクロプリドは「ネオニコチノイド系」という新たな種類の農薬のなかで最初に登場したものだ。ネオニコチノイドという名称は当時ほとんどの人にはなじみがなかったが、ミツバチの減少との関連が取り沙汰されたことで広く知られるようになった。ＤＤＴや有機リン化合物と同様、ネオニコチノイドは昆虫の脳を攻撃する神経毒だが、以前の農薬と比べてはるかに強力だ。一匹のミツバチを殺すのに必要なイミダクロプリドの量はＤＤＴの七〇〇〇分の一ですむ。

フランスの農家の人々は過激な行動をとることで名高い。そのわずか数年前には安価な輸入品に対する抗議として、イギリス産の羊を積んだトラックに火をつけていた。とはいえ、フランスの養蜂家はパリで養蜂の装備にばっちり身を包んでデモ行進したにもかかわらず、長いあいだほとんど無視されていた。しかしその一〇年ほどあと、北アメリカでもミツバチが大量に死に始めた。これは「蜂群（ほうぐん）崩壊症候群」と呼ばれる現象で、多くの場合、ミツバチの成虫が姿を消して、取り残された幼虫が死んでゆく。ミツバチの成虫にとっては世界の終わりが訪れたようなものだ。その数はショッキングなほど膨大であり、北アメリカではミツバチの全コロニーの三分の一近くに当たる八〇万ものコロニーが、二〇〇六年から〇七年にかけての冬に失われ、次の冬にもほぼ同数のコロニーが消滅した。この出来事にメディアはいっせいに飛びつき、ミツバチはこのまま絶滅してしまうのではないかという根拠のない推測まで現れた。この現象の正確な原因はわかっておらず、ウイルス性の病気、ミツバチヘギイタダニという吸血性の寄生ダニ、携帯電話の電波、宇宙人による誘拐、ケムトレイル（航空機が排出した化学物質）、栄養不足、農薬など、信憑性もさまざまな説がいくつも登場した。とはいえ、まもなく北アメリカとヨーロッパのいくつもの研究室で「ミツバチの危機」の原因を探る研究プログラムが始まった。

この現象が起きていたのはフランスやアメリカだけではない。二〇〇八年春には、ドイツで何千ものミツバチの巣が大量の殺虫剤によって死滅した。この死滅は農家がトウモロコシの種をまく時期と完全に一致している。ほとんどすべての種子にはネオニコチノイド系の殺虫剤がコーティングされていた。その後の調査で、種子にコーティングするプロセスに欠陥があり、殺虫剤のコーティングがばらけて、種子を畑にまくときに有害な塵の雲を発生させていたことがわかった。欠陥はすぐに改善されたが、私自身も含め、ミツバチ減少の原因を解明しようとしていた科学者たちはようやくネオニコチノイドに着目するようになった（科学者は反応が遅いこともあるのだ）。その頃には、ヨーロッパと北アメリカではほぼすべての作物の種子にネオニコチノイドがコーティングされるようになっていた。フランスの養蜂家たちの訴えは最初から正しかったのだろうか？

ネオニコチノイドは浸透性農薬と呼ばれ、植物のあらゆる部位に浸透する。それがコーティングされた種子をまくと、湿った土壌の中でコーティングが溶け（ネオニコチノイドは水溶性が比較的高い）、発芽して成長するうちに有効成分が根から植物体中に取り込まれ、植物全体に広がって害虫の防除効果を発揮する。それが、コーティングされた種子を使う目的だ。農家はコーティング済みの種子を購入して畑にまくだけで、作物を守ることができる。とても巧妙な仕掛けだ。植物全体に広がる有効成分は花粉や蜜にも入り込むという点は、そうした化学物質が導入された時点で明らかだったはずなのに、誰も心配していなかったように思える。セイヨウアブラナやヒマワリといった作物は当然ながら受粉が必要であり、さまざまな種類のミツバチが好んでいる。作物が開花すると、花を訪れたハチというハチが殺虫剤を身にまとってしまったのかもしれない。

二〇〇〇年代初頭に、コーティング済みの種子を使った作物の蜜と花粉を分析する検査が行なわれた結果、ネオニコチノイドの残留が検出された。濃度は数ｐｐｂ（一〇億分の一）ときわめて低く、この濃度が何らかの被害を及ぼすかどうかについて議論が巻き起こった。ネオニコチノイドを製造する農薬大手のバイエル（前述のＩＧファルベン社の流れを汲む会社）とスイスのシンジェンタは、彼らの製品とミツバチ減少の関連をきっぱりと否定した。ミツバチのコロニーがこの濃度で害を被るかどうかを検証するには実験が必要だが、資金の調達から実験、分析を経て学術誌での発表までを行なうには何年もかかる。

当時スコットランドのスターリング大学を拠点にしていた私の研究グループは、ネオニコチノイド系のイミダクロプリドを施用したアブラナに訪花して蜜を集めたマルハナバチのコロニーが何らかの影響を受けているかどうかを調べようと研究を開始した。簡単にできそうな実験に思えるかもしれないが、実際には一筋縄ではいかない。理想的な野外実験を行なおうと思ったら多数のアブラナ畑が必要で、農薬を使った畑と、比較のための「対照群」とする何も使わない畑をランダムに決める。それぞれの畑の隣にマルハナバチのコロニーを移入し、健康状態の変化を記録していく。生態学の研究では「再現性」が重要であるため、たくさんの畑が必要になる。畑もマルハナバチのコロニーもそれぞれ状態にわずかな違いがあり、原因不明のばらつきが常に出てくるからだ。再現した結果が多数あれば、そうしたばらつきと、実験上の操作(この場合は農薬への曝露)による傾向を見分けることができる。畑どうしは少なくとも二キロ離して、ハチが別の畑に飛来しないようにしなければならない。そうしないと、対照群の畑の隣に導入したハチまでもが農薬にさらされるおそれがあるからだ。理想的には、実験に使う環境全体で、ネオニコチノイドを使った作物が存在しないのがよい。

このような実験を準備するためには多額の資金が必要だが、私たちはスポンサーも資金ももたなかったため、別のアプローチをとらざるを得なかった。農薬を使った畑と使わない畑(理想的にはそれぞれ同じ条件の多数の畑)の隣にマルハナバチのコロニーを置くのではなく、マルハナバチのコロニーに与える餌にイミダクロプリドを混ぜて、農薬を使ったアブラナの蜜と花粉から検出された濃度に近づけた。イミダクロプリドの濃度は花粉で六ppb、蜜で〇・七ppbときわめて低い。農薬が使われたアブラナ畑の隣にコロニーを置いた状況を模倣するために、農薬を混ぜた餌を二週間にわたってマルハナバチに与えたあと、大学構内に七五の巣を設置し、自由に活動できる状態にした。私たちはハチの体重を毎週測定し、コロニーに新しく現れる女王の数を記録した。マルハナバチのコロニーは夏の終わりに消滅するのだが、すべてがうまくいけば、新たな若い女王が残り、次の春にまたコロニーを始めることになる。

データを照合して分析したところ、結果はきわめて明確だった。農薬入りの餌を与えられたコロニーは、対照群（農薬が混入していない餌を与えられたコロニー）と比べてかなり小さく、新たに誕生する女王の数が八五％少なかった。当然ながらそれは、翌年にできるマルハナバチのコロニーがはるかに少なくなることを意味する。これは懸念すべき結果だ。嬉しいことに、著名な学術誌である「サイエンス」が二〇一二年初めに論文を掲載してくれた。

この論文は、アヴィニョンを拠点とするミカエル・アンリ率いるフランスの研究グループの論文とともに発表された。彼らの研究では、ネオニコチノイドによってミツバチのナビゲーション能力が損なわれ、蜜を集めに出かけて巣に戻る途中で迷子になるハチが多いことが判明した。これら二つの研究からネオニコチノイドをコーティングした種子がハナバチに害を及ぼしていることは明らかであるように、私たちには思えた。研究結果は世界中で報道された。

当時の私はあまり世間慣れしていなかった。農薬をめぐる論争の世界を知らなかった私は、農薬メーカーから反撃を受ける覚悟ができていなかったのだ。彼らは私たちの研究成果に対して反論を仕掛けてきた。その主張によれば、私たちの実験はハチに自然界で作物の蜜を集めさせるのではなく、農薬を混ぜた餌を強制的に摂取させている点で、現実に即していないという。また、私たちの研究もフランスの研究も非現実的なまでに高い濃度の農薬を使っているとされた。私たちが実験で使った濃度は、アブラナの花粉と蜜に含まれているネオニコチノイドの濃度の発表済みの分析値をそのまま使っているのだが。オンラインには私個人の科学者としての信用を傷つけようとする中傷記事が掲載され、私を「御用学者」呼ばわりして、どんなテーマでも助成金を受け取ってそのテーマを支持する証拠をすすんで捏造(ねつぞう)すると書かれた（私たちの研究では実際どこからも助成金を受けていないのだが）。

さいわい欧州議会が私たちの研究成果を十分深刻に受け止めてくれ、欧州食品安全機関（EFSA）の科学者たちにこの問題を調査して報告するよう依頼した。彼らは一年近くを費やしてあらゆる証拠を検証し、二〇一三年、虫媒受粉の作物（花粉を運ぶ昆虫を引き寄せるアブラナやヒマワリなどの作物で、自家受粉する小麦や大麦といった作物は該当しない）に対するネオニコチノイドの使用は送粉者にとって深刻なリスクになっていると忠告した。欧州議会がすばやく対応し、虫媒受粉の作物へのネオニコチノイドの使用を禁止するよう提案したことは称賛に値する。一方、イギリスは当初この禁止措置に反対して私は当惑したのだが、二〇一三年一二月には法律で禁止された。

そんななかでも研究は進んでいった。新たな実験の結果も発表され、そのなかには私たちの資金力ではできなかった大規模な野外実験もあった。生態学者のマイ・ルンドルフ率いるスウェーデンの研究チームが二〇一五年に発表した大規模な研究では、農薬を使った実際のアブラナ畑の隣に置かれたマルハナバチの巣は、無農薬の畑の隣に置かれた巣よりもはるかに繁殖率が悪かったことがわかった。女王の繁殖率は、私たちがその三年前に報告した数値とほぼ同じ八五％も悪化した。スウェーデンの研究チームはまた、マルハナバチの研究だけでなく、単独性のツツハナバチとミツバチのコロニーに対する影響も調べた。農薬を使った畑の隣では、ツツハナバチはまったく繁殖できなかったが、ミツバチのコロニーには大きな影響は見られなかった。

スウェーデンの研究の二年後には、イギリスとドイツ、ハンガリーの同条件の畑でさらに大規模かつ国際的な研究が行なわれた。この一大プロジェクトを担当したのは、イギリスの生態学水文学センター（CEH）のベン・ウッドコックを含む研究チーム。農薬業界そのものが二八〇〇万ポンドもの資金を拠出し、事前に合意した実験計画に従って実施された研究であり、虫媒受粉の作物に対するネオニコチノイドの使用をヨーロッパで禁じられ、追い詰められた末の最後の試みだ。この研究でも、アブラナに使われたネオニコチノイドはマルハナバチのコロニーと単独性のツツハナバチに害を及ぼすとの結果が出た。イギリスとハンガリーではミツバチもネオニコチノイドの被害を明らかに受けていたが、ドイツでは作物から離れた野花の蜜を主に集めていたようで、影響は見られなかった[*]。資金を提供したバイエルとシンジェンタはまもなくこの研究から距離を置き、事前に合意していた実験手法そのものを批判して、結果は決定的なものではないと主張し、研究チームが都合のよいデータだけを選んで、その真意を正しく伝えていないと非難した。ベン・ウッドコックはメディアでのインタビューでこう反撃している。「嘘つき呼ばわりされて、あまりいい気はしないですね」

いまでも、ネオニコチノイドのメーカーは彼らの製品が害虫防除に効果的である一方、ハナバチやほかの益虫にはまったく害がないとの主張を変えていない。それとは逆の証拠が多数あるにもかかわらずだ。この態度はまさに「二重思考」を思い起こさせる。相反する二つの信念を同時に受け入れる能力であり、ジョージ・オーウェルの『一九八四年』ではすべての忠実な党員に期待されるとされた。

ベン・ウッドコックとマイ・ルンドルフが大規模な野外実験に取り組む一方で、ほかの科学者たちはネオニコチノイドがハチの（コロニーではなく）個体の行動と健康に及ぼす影響を詳しく調べていた。一匹のミツバチはほんのわずかな量のネオニコチノイドを摂取しただけで死んでしまう。毒性はＬＤ50（五〇％致死量）という値で測定されることが多い。これは摂取した生物の半数が死ぬ量のことだ。大部分のネオニコチノイドのＬＤ50値はミツバチ一匹当たりおよそ四〇億分の一グラムで、誰が見てもわずかな量だ。しかし、これよりはるかに少ない量でも目立たないながら重大な「亜致死」の効果をもっている証拠が浮かび上がってきた。ミカエル・アンリによる二〇一二年の研究で判明したように、ＬＤ50値の三分の一の量のイミダクロプリドをミツバチに与えただけで、巣に戻るルートを見つけるナビゲーション能力が低下することがある。これは直感的に納得がいく。私たちは亜致死量の神経毒を摂取しただけで、頭がぼうっとし、混乱して、家に帰る道を間違える。ミツバチにとっては、巣と花畑のあいだを一日に何度も行き来して食物を集めるのが仕事だから、迷子になったら一大事だ。もはやコロニーの役に立つことはできなくなるし、巣の外では長く生き延びられないだろう。これでミツバチの大量死を説明できるのではないか？

さらに悪いことに、亜致死量のごくわずかなネオニコチノイドがほかにも有害な影響を及ぼすことを示唆する研究結果が新たに浮上した。たとえば、たった一ｐｐｂのネオニコチノイドが餌に含まれているだけでミツバチの免疫系が損なわれ、チヂレバネウイルス（ＤＷＶ、翅が縮れて飛べなくなる症状を引き起こす）などの厄介な病原体に感染しやすくなる。成長途中の幼虫の段階であっても、成虫になってからでも、ごくわずかなネオニコチノイドを摂取しただけで、最も蜜の多い花を見分けて記憶する能力が損なわれるようだ。それはコロニーの繁栄にとって不可欠な能力が失われることを意味する。亜致死量のネオニコチノイドは女王

＊これらの研究やほかの野外研究に共通するのは、マルハナバチやツツハナバチといった野生のハチはミツバチよりもこうした農薬の影響を大きく受けているという点だ。理由は明らかではないが、働きバチが五万匹もいるようなミツバチの大規模なコロニーは一部のハチが農薬で死んでしまっても対処できるというのが通説だ。一方、マルハナバチのコロニーは働きバチがせいぜい数百匹しかいないし、ツツハナバチは雌が一匹で巣を守っているので、その雌に何かが起きたら巣はそこで終わってしまう。

バチの産卵数を減らすうえ、女王バチの寿命を縮め、雄の繁殖能力も低下させ、成虫が幼虫の面倒を見る時間も少なくする。新しい農薬がハチに有害かどうかを検証するための規制当局による従来の試験では、こうした亜致死量の影響は調べようがない。

EUが虫媒受粉の作物に対するネオニコチノイドの使用を禁止したことで、少なくともヨーロッパではこの問題が解決したと考える人もいるだろう。ハチがこうした化学物質にさらされなければ、現実の世界で致死性および亜致死性の影響が出ることはない。しかし、問題はそれほど単純ではない。作物の種子に農薬を貼りつけるのは、農薬を効率的に利用できる手法であるように思える(正しく貼りついていればの話だが)。それまでほとんどの農薬はトラクターに設置したバーから作物に散布していて、生け垣や庭、自然保護区などに風で流されてしまうおそれがあった。種子のコーティングに使うことで害虫に効く効果が大幅に高まると宣伝され、一見するととても説得力があるように思えるし、実際のところ広く受け入れられた。しかし残念ながら、それは本当ではなかった。

二〇一二年にアメリカの科学者クリスチャン・クラプキが発表した研究では、ネオニコチノイドが使われた作物に近い農場に生えていた野生のタンポポからこの農薬が検出された。この論文を読んだとき、私は懸念を抱いた。種子にコーティングした農薬が作物に吸収されているのだとしたら、その近くの野草にどうやって入り込んだのか? 埋もれた論文を発掘しようと粘ったところ、バイエルの従業員が発表した研究を見つけた。そこには、作物が取り込む種子コーティングの割合が数値で書かれていた。その割合は有効成分のおよそ一〜二〇%と、作物の種類によってかなりばらつきがあるが、平均するとたった五%だ。比較のために、トラクターから農薬を散布した場合、有効成分の三〇%以上を作物が取り込むことができる。平均で種子にコーティングされたネオニコチノイドの九五%がその標的とする作物に取り込まれないとしたら、いったいどこへ行ったのか？

当時のイタリアでの研究で、種子に正しくコーティングされていても、この農薬のおよそ一%が種をまくときに塵として吹き飛ばされることがわかった。この塵は近くを飛んでいるあらゆるミツバチに致命的な影響を与えることを、イタリアの研究チームは発見した。

それでもまだ、残り九四%の行方は特定されていなかった。だが、どこへ行ったかはだいたい見当がつく。土壌と地下水である。ネオニコチノイドの大部分が作物に取り込まれておらず、風にも吹き飛ばされていなければ、たぶん土の中に残ったままだろう。そう考えたら、新たな疑問が出てきた。ネオニコチノイドは土壌に何らかの害を及ぼしているのか。たとえば、土壌を健全に保つ役割をしている無数の小さな生き物たちは影響を受けているのだろうか？　土壌中にどれだけの期間残っているのか？　地下水を汚染し、それが河川にしみ出しているのだろうか？

そして二〇一三年、私はイミダクロプリドに関するEUの長大でわかりにくい報告書の中に埋もれていた証拠をたまたま見つけた。それによると、この化学物質は土壌中で分解される速度がきわめて遅いため、それがコーティングされた小麦の種子を毎年まいていると、だんだん土壌に蓄積されていくという。これはバイエルが一九九二年から六年にわたって行なった研究だが、その重要性は農薬の規制当局に一五年以上も見過ごされていたようだ。私はアメリカにいる匿名の誰かから受け取った電子メールでこの証拠の存在を知り、七〇〇ページもある報告書をひもといたのだった。

農薬の残留は非常に由々しい問題である。環境中で分解されるのに何年もかかるとすれば、防除の対象ではない生物と接触しやすくなるからだ。農薬が残留しやすく、継続的に使用するうちに蓄積されていくのだとすれば、環境中の毒素の量は年々増えていくということだから、問題ははるかに深刻になる。DDTが最終的に禁止された主な理由の一つは、その残留期間が長いことだった。ネオニコチノイドが土壌中に蓄積されていたのだとすれば、土壌中にすむ生物は一年を通して高濃度の農薬にさらされていることになる。ネオニコチノイドは水溶性が比較的高いから、それが水に溶けて耕地から近隣の土地へ流出し、排水溝や河川に流れ込むことは考えられるだろう。このことからはまた、クリスチャン・クラプキの研究でこの農薬がタンポポから検出された経緯も説明できそうだ。土壌が汚染されていたとすれば、野草の根も作物と同じぐらい簡単に農薬を吸収できたのではないか？　野生の花からも検出されたのだとすれば、虫媒受粉の作物に対する使用をEUで禁止しただけでは、ミツバチが農薬にさらされる事態を防げないかもしれない。

私自身の研究について言うと、マルハナバチのコロニーに対するネオニコチノイドの影響についての論文を二〇一二年に発表したあと、私はスコットランドからイングランド南部沿岸に位置するサセックス大学に移った。この移籍のあと、珍しく幸運が重なって助成金を手

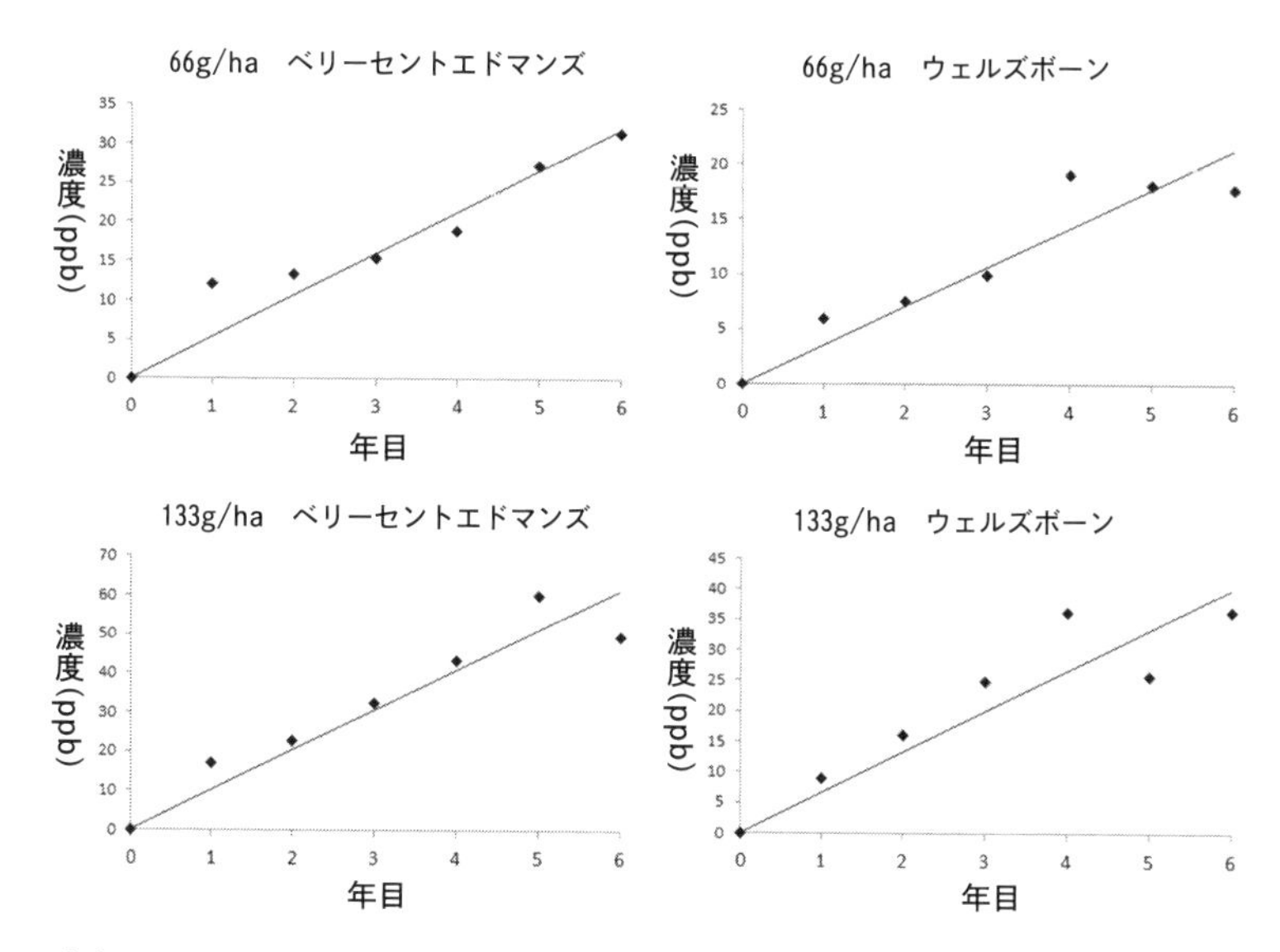

ネオニコチノイド系殺虫剤が土壌に蓄積される様子
ネオニコチノイド系のイミダクロプリドがコーティングされた冬小麦の種子が毎年秋にまかれている土壌から検出されたイミダクロプリドの濃度(1991〜96年)をグラフに示した。2カ所の調査地はどちらもイングランドにある。1ヘクタールにつき66グラムまたは133グラムのイミダクロプリドが使われている。ただし、1年目は例外で、それぞれ56グラムと112グラムだった。データの出典はEU Draft Assessment Report for Imidacloprid(2006)で、この化学物質が年々蓄積されているのは明らかだ。それでもなぜか、同報告書はこれらのデータから「この化合物が土壌中に蓄積されるおそれはない」と結論づけている。

にすることができた。ネオニコチノイドの環境動態に関するさまざまな側面と、それがどのような害を及ぼしているかを調べるため、イギリスの環境・食料・農村地域省（DEFRA）とバイオテクノロジー・生物科学研究会議（BBSRC）からほぼ同時期に助成金を受けたのだ。ようやく、この農薬の影響を研究するある程度の資金を手にすることができた。研究を進めるために、博士研究員を二人雇った。いつも陽気で元気なイングランド南西部地方出身のベス・ニコルズと、寡黙で思慮深く慎重な性格でスペイン出身のクリスティーナ・ボティアスだ。二人は力を合わせて、ネオニコチノイドは環境中のどこへ行ったのか、そこでどんな挙動を示しているのかについて、詳しい情報の多くを解き明かしてきた。

クリスティーナは野生植物の花に着目し、膨大な時間をかけて、サセックスの農地の縁辺部や耕地の生け垣に咲くさまざまな花から花粉と蜜を手作業で集めた。アメリカで報告されたタンポポの汚染が偶然の出来事なのか、それともより普遍的な傾向を示しているのかを知るのが目的だ。クリスティーナはまた、野生の花が咲いている農地の縁辺部から数百もの土壌サンプルも採取した。蜜はそれぞれの花の蜜腺に微小なガラス管を慎重に差し込み、「毛細管現象[*]」を利用して蜜をガラス管内に引き入れる手法で集めるので、かなり手間のかかる作業だ。一つの花から得られる蜜は数千分の一ミリリットルしかないため、何百もの花から、化学分析ができる量のサンプルを集めなければならなかった。花粉を集めるときには、両腕で抱えなければならないぐらい大量の花を持ち帰り、それを乾燥させてから、花粉をブラシで注意深く試験管に入れた。こうした根気のいる作業をただやるだけでも大変だが、クリスティーナは花粉アレルギーを発症してしまい、この作業がいっそう大変になった。それ以降、野外調査のときにはいつもガスマスクを着けなければならず、目を赤く腫らしながら作業していた。

クリスティーナが苦労して集めたサンプルの分析結果は懸念すべきものだった。農地の縁辺部で採取した土壌にも、野生の花の花粉と蜜のサンプルにも、本来作物にだけ含まれているはずのネオニコチノイドがしばしば含まれていた。ポピー、キイチゴ、ホグウィード、スミレ、ワスレナグサ、セイヨウオトギリソウ、アザミにはすべて、ネオニコチノイドが含まれていた。検出された濃度はばらつきがかなり大きいが、なかには、種子にコーティングが施されたアブラナから検出される濃度よりはるかに高いものもあった。ホグウィードとポピーから集めた花粉のなかには、私たちがスコットランドでマルハナバチの実験に使った濃度（農薬業界が非現実的なほど高いと主張した濃度）の一〇倍を超す濃度が検出されたものもあった。当初、この結果には困惑したが、よく考えてみると予期される結果とも言えるかもしれない。ネオニコチノイドが耕地の土壌や土壌中の地下水に蓄積されるのだとすれば、農地の縁辺部にしみ出ていく事態も予期されるだろう。作物が根からネオニコチノイドを吸い上げる量は

＊毛細管現象は、液体が表面張力などの力によって狭い空間に流れ込みやすい性質のことで、上方向にも移動する。こぼした液体をティッシュペーパーが吸い上げる仕組みや、液体のろうがろうそくの芯に吸い上げられる仕組みは毛細管現象で説明できる。

作物の種類によって大きく異なることがすでにわかっているから、野生の花の場合もネオニコチノイドの吸収量は種類によって異なると予想される。ひょっとしたら、ポピーとホグウィードはこうした化学物質を土壌から吸収する能力に優れているだけなのかもしれない。

説明はどうあれ、きわめて明確なのは、EUで二〇一三年に虫媒受粉の作物に対するネオニコチノイドの使用が禁止されただけでは、ハナバチがこの農薬にさらされる事態を防げなかったということだ。二〇一三年の禁止以降、じつはイギリスではネオニコチノイドの合計使用量が上昇した。これはハナバチを引き寄せない小麦などの穀物に大量に使用されていたからだ。作物に使われたネオニコチノイドが野生の花に入り込めば、花を訪れるミツバチやほかの昆虫は依然として多大な危険にさらされる。野生の花でもまったく農薬を含んでいないものもあれば、大量の農薬を含んでいるものもある。どの花に農薬が含まれているかハナバチには区別できないため、*ハナバチにとって野生の花で蜜を集めるのはロシアンルーレットのような一か八かの賭けになったともいえる。

さいわい、広い範囲から蜜と花粉のサンプルを集めるための方法には、手作業よりはるかに簡単なものがある。クリスティーナが気づきつつあったように、人間が蜜や花粉を集めると絶望的なぐらい効率が悪い。それに対し、ハナバチは花の恵みを手に入れる達人だ。なにしろ一億二〇〇〇万年も花粉や蜜を集めてきた。目や触角は花の色や香りを感じとるように精巧にできているし、体は蜜や花粉の収集と運搬を効率よくできるように進化してきた。腹部には「蜜胃」という膨らむ器官があり、体重と同じぐらいの重さの蜜を蓄えることができる。先が枝分かれした体毛で花粉をとらえ、脚にあるブラシ状の毛で花粉をすき取って、後脚にある「花粉かご」に集める。**

したがって、ハナバチは農薬に限らず、環境を汚染するさまざまな物質を検出するうえで、頼りになる効率的なツールになりうる。ハナバチのコロニーは数百匹から数千匹の働きバチを送り出し、巣から一・六〜三・二キロほどの範囲で何千輪もの花から蜜や花粉をせっせと集めて戻ってくる。それを科学者たちは研究のために拝借することができる。そこで出番となったのが、もう一人の博士研究員であるベスだ。この研究プログラムで当たりくじを引いた彼女は、マルハナバチとミツバチのコロニーを調査地に放ち、それぞれが巣に集めてきた蜜と、花粉かごで運んでいる花粉を採取した。

クリスティーナとベスがとった二つの異なる手法には、それぞれよい点と悪い点がある。

*イギリス・ニューカッスルのジェリ・ライトの研究室が実施した調査で、ハナバチは生理的にネオニコチノイドの味やにおいを感じられないにもかかわらず、ネオニコチノイドが入った砂糖水と入っていない砂糖水を与えると、この農薬が入った砂糖水をなぜか好むことが明らかになった。これはハナバチがネオニコチノイド依存症になる可能性があることを示す証拠だと解釈する人もいる。喫煙者がニコチン依存症になるようなものだ。

**花粉かごはミツバチとマルハナバチだけでなく、ほかの方法で花粉を運ぶその他のハナバチの一部にもある。たとえば、メンハナバチは花粉をのみ込み、巣に帰ってから吐き戻す。また、ツツハナバチとハキリバチは毛が生えた腹部に花粉をためて運ぶ。

ハチの巣から蜜や花粉を採取するのは花から蜜や花粉を集めるよりも圧倒的に簡単だが、ハチが食物を集めている場所が正確にはわからないため、そこから検出された農薬があった場所も詳しく知ることはできない。花粉の場合は、顕微鏡での観察によって植物の種類をおおまかに特定することはできるものの（花粉の形や大きさは植物の種によって異なる）、その花粉をつくった植物が調査地のどこに生えているのかまではわからない。一方で、私たちは農薬がハナバチに及ぼしうる影響に着目していたので、現実の世界で自由に飛び回るハチがさらされている農薬の濃度は正確にわかる。

ベスとクリスティーナが力を合わせた研究を通じて、私たちはネオニコチノイドの環境動態をかなり詳しく知ることができた。その大部分は明らかに土壌中へ流出し、何年も残る。クリスティーナが採取した土壌からは、ネオニコチノイド系農薬で最初に発売されたイミダクロプリドがしばしば検出されたが、土壌サンプルを採取したのは、調査地のすべての農家がイミダクロプリドの使用をやめてから数年たった時期だった（イミダクロプリドの代わりに、クロチアニジンとチアメトキサムという二種類の新たなネオニコチノイド系農薬が使われていた）[*]。ネオニコチノイドは農地の縁辺部に広がり、野生の花や生け垣の植物に吸収されていた。農地の野生生物のすみかとして重視していた生け垣はどこも強力な殺虫剤を含んでいたのだ。ミツバチの食物となるよう畑の端に沿って植えられていた花も汚染されていた。実際のところ、マルハナバチにしろミツバチにしろ、そのコロニーをサセックスのどこに置いても、ハチが集めた花粉と蜜にはたいていネオニコチノイドが含まれていたのだ。巣に集められた蜜や花粉から検出された濃度は、非現実的なまでに高いと言われた実験で用いた濃度よりもはるかに高いことが多かった。たとえば、私たちのスコットランドでの研究では、ネオニコチノイドにさらされたマルハナバチの巣で誕生する女王バチの数が八五％低下したが、そのときハチに与えた花粉に加えたネオニコチノイドの量は六ｐｐｂだった。六ｐｐｂという濃度は非現実的なまでに高いと農薬業界の代表者は主張したが、サセックスの農地に置いたマルハナバチの巣で採取した花粉には三〇ｐｐｂを超す濃度が含まれていることがざらにあった。これだけ濃度が高いと、ハチに害を及ぼすことは明らかだ。

ベスとクリスティーナはまた、ミツバチの働きバチが脚に付けて持ち帰ってきた花粉団子を植物別に分類し、それぞれの植物種ごとにどんな農薬が含まれているかを分析した。それぞれのミツバチは一種の植物だけから花粉を集める傾向があり、複数の種から集めたミツバチはほとんどいなかったため、分類は予想よりも簡単だった。巣の近くで作物のアブラナの花が咲く四月と五月であっても、花粉の大部分は野生の花から集められていた。この時期にはサンザシが好まれていた。このデータは、虫媒受粉の作物へのネオニコチノイドの使用が二〇一三年に禁止される直前に収集されたが、クリスティーナの計算によると、花粉を通じ

＊農薬の名称というのは決まって発音しにくいし、覚えにくいものだ。昆虫保護に取り組む非営利団体「バグライフ」のマット・シャーロウＣＥＯは、一般の人々が議論する気をなくすようにわざとそういう名称をつけていると考えている。

て巣に持ち込まれたネオニコチノイドの残留物のうち作物由来はたった三％だった。ぞっとすることに、ネオニコチノイドの九七％が野生の花の花粉を通じて持ち込まれていたのだ。

クリスティーナの研究結果が二〇一五年に発表されると、ＥＵは再び先手を打つ見事な対応を見せた。二〇一三年の禁止はハナバチがこうした化学物質にさらされるのを防ぐ目的があったが、虫媒受粉の作物に対する利用を禁じただけでは明らかに不十分だった。二〇一六年、欧州委員会はネオニコチノイドがハナバチに害を与える可能性に再び着目し、この新たな証拠を検証して報告するよう欧州食品安全機関（ＥＦＳＡ）に依頼した。検証には一年以上の期間を要し、二〇一八年二月に報告書が提出された。その結論はきわめて率直だった。ネオニコチノイドのほぼすべての用途にハナバチに対するリスクがある、というものだ。この報告を受けて、二〇一八年後半、三種類の主要なネオニコチノイド系農薬の野外での使用がヨーロッパ全域で禁止された。

私たちの助成金は延長されず、農地から流出したネオニコチノイドによる水中環境の汚染を調べることはできなかったが、さいわいほかの地域の科学者たちがこの研究に取り組んでくれた。研究の口火を切ったのはユトレヒト大学のテッサ・ファン・ダイクとヨルン・ファン・デル・スライスだ。二人はオランダの淡水の汚染レベルに関する政府が集めたデータを入手し、そこに大小の河川や湖に懸念すべき濃度のネオニコチノイドが含まれているとの記述を見いだした。最も汚染のひどい地域では、最大で三二〇ｐｐｂという愕然（がくぜん）とする濃度が検出された。それ自体が殺虫剤として利用できるほどの高濃度だ。一方、カナダではサスカチュワン大学のクリスティ・モリッシーが、カナダの湖と湿地のほぼすべてがネオニコチノイドで汚染されていることを発見した。当時これら二つの研究がきっかけとなって世界中の科学者たちが調査に乗り出すと、ポルトガルやカリフォルニアからベトナムまで、世界中の湖や河川がしばしば慢性的にこうした化学物質に汚染されていることがたちまち明らかになった。

　これまでに調査された場所のなかで、淡水中のネオニコチノイドの濃度が最も高いのはオランダとみられる。ほかの地域はたいてい一ｐｐｂを下回っていて、それほど高くはないように思えるかもしれないが、残念ながらこれでも水生昆虫を死なせるほどの濃度だ。とりわけ影響を受けやすいのはカゲロウやトビケラ、ハエ目の一部の種とみられることから、ＥＵの規制当局は淡水中でネオニコチノイド系のイミダクロプリドの「安全」な濃度の基準を八・三ｐｐｔ（〇・〇〇八三ｐｐｂ）と見積もった。クリスティ・モリッシーはある国際的な調査のなかで、全サンプルの四分の三がこの濃度を上回っているだけでなく、一部のサンプルからは最大で六種類のネオニコチノイドが検出され、全体的に見ると世界中で濃度が年々上昇していることを見いだした。

　意外なことではないが、殺虫剤の濃度が高い淡水環境では無脊椎動物の数が少ない傾向にある。健全な川や湖は昆虫が豊富で、鳥や魚、コウモリの食料源となっている。オランダでは、汚染がひどい川ほど甲殻類や水生昆虫の多数の種の個体数が少なく、食虫性の鳥が減少するスピードが速いことがわかった。とはいえ、ネオニコチノイドが淡水生物に及ぼす影響

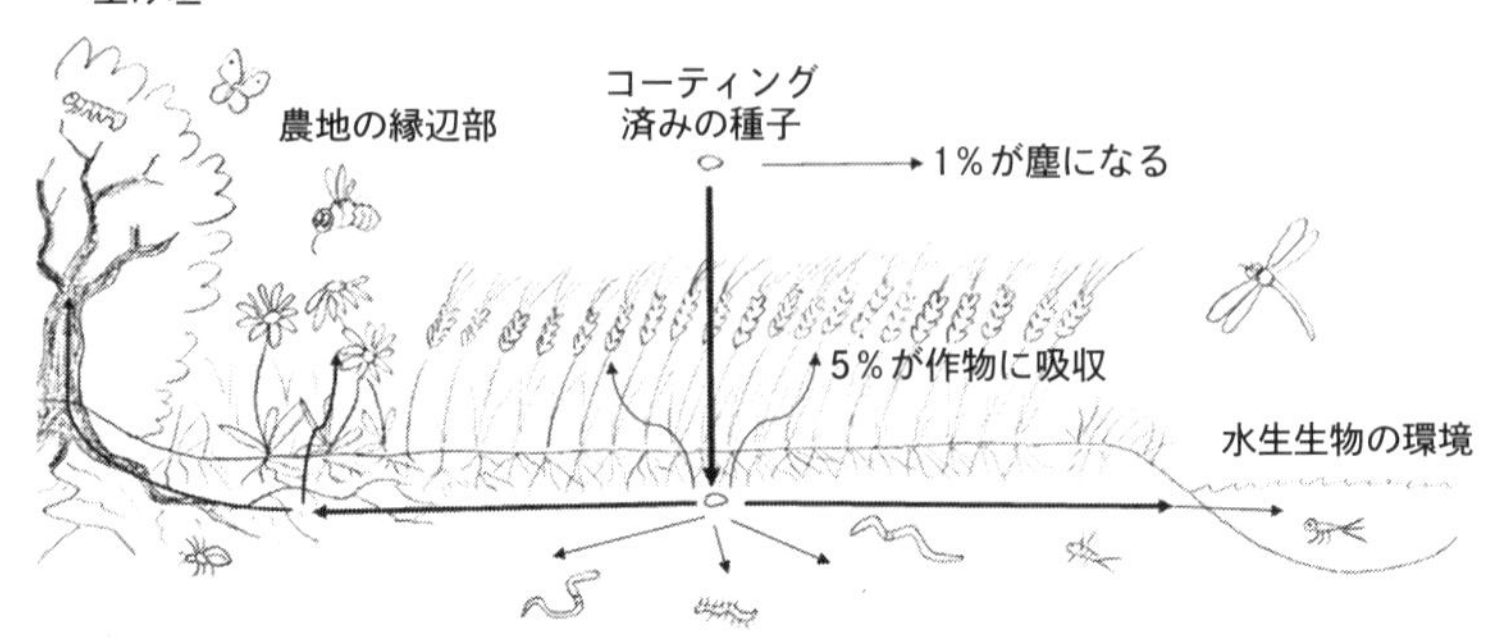

種子コーティングに使用されたネオニコチノイド系農薬の環境動態
標的の作物には平均で5%ほどしか吸収されない。これはメーカーであるバイエル自体の科学者によって算出された数値だ(巻末の参考資料のSur and Stork, 2003を参照)。農薬の大部分は土壌や地下水に流出し、毎年使われればだんだん蓄積されていく。土壌中の農薬は野生の花や生け垣の植物の根から吸収されて葉や花に広がっていくか、河川にしみ出すこともある。種子コーティングは必然的に予防的な措置となるため、根本的な問題もはらんでいる。農家は種子をまく前に作物が害虫にやられるかどうかを予想できないのだ。農薬の予防的な利用は総合的病害虫管理(IPM)のあらゆる原則に反するものだ。IPMはどうしても必要な場合にだけ最低限の農薬を使用するよう努める手法のことで、ほとんどの農学者が害虫管理に最適な手法だと考えている。IPMのもとでは、天然の天敵を積極的に利用する、耐性のある作物を植える、長期の輪作を行なうなど、化学物質を使わないさまざまな害虫管理法が活用される。それらがうまくいかず、害虫の大規模な個体群が検出された場合にのみ、農家は農薬を使うのだ。

として最も目を見張る証拠は、前述した日本の宍道湖の研究かもしれない。宍道湖では重要な漁業資源であるウナギやワカサギの食料となっていることから、無脊椎動物の個体数が長年詳しく観測されてきた。だが、周囲の水田にネオニコチノイドが導入されると、この農薬が宍道湖に流れ込む川を汚染していることが明らかになり、昆虫や甲殻類、その他の小動物（動物プランクトンという総称でよく呼ばれる生物）の宍道湖での個体数がたちまち激減した。農薬の擁護派は単なる偶然だと主張し、動物プランクトンが壊滅したその日にほかの何かが起きたのだと言い張った。その年に初めて使われた別の汚染物質があったのか、動物プランクトンを壊滅させる感染症が広がったのかもしれないというのだ。そうした可能性ももちろんあるだろうが、最も可能性の高い説明は何だと思うか考えてみてほしい。

日本では何の措置もとられず、宍道湖の漁獲量は少なくとも二〇年のあいだ少ない状態にとどまった（私が確認できた発表済みデータは二〇一四年まで）。一方、ヨーロッパの場合は、ネオニコチノイドをめぐる一連の出来事にはさまざまな面で勇気づけられる。科学的な証拠が蓄積され、規制当局によって検証され、政府によってすみやかに対処された。しかし、そもそもこうしたひどい過ちが起き、環境にどれほど有害かが明らかになるまで二五年間も一つの系統の農薬が市場に流通し続けたのだ。二〇一八年に欧州食品安全機関（ＥＦＳＡ）がこれらの化学物質がもたらすリスクを評価したとき、亜致死の影響がある証拠と、野生のハナバチ（ミツバチも含む）への影響が検証されたものの、新たに発売される農薬をこの方法で評価しなければならないという条件は依然としてない。ＥＦＳＡはヨーロッパ全域の科学者と

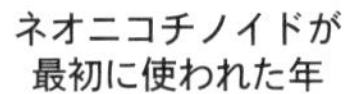

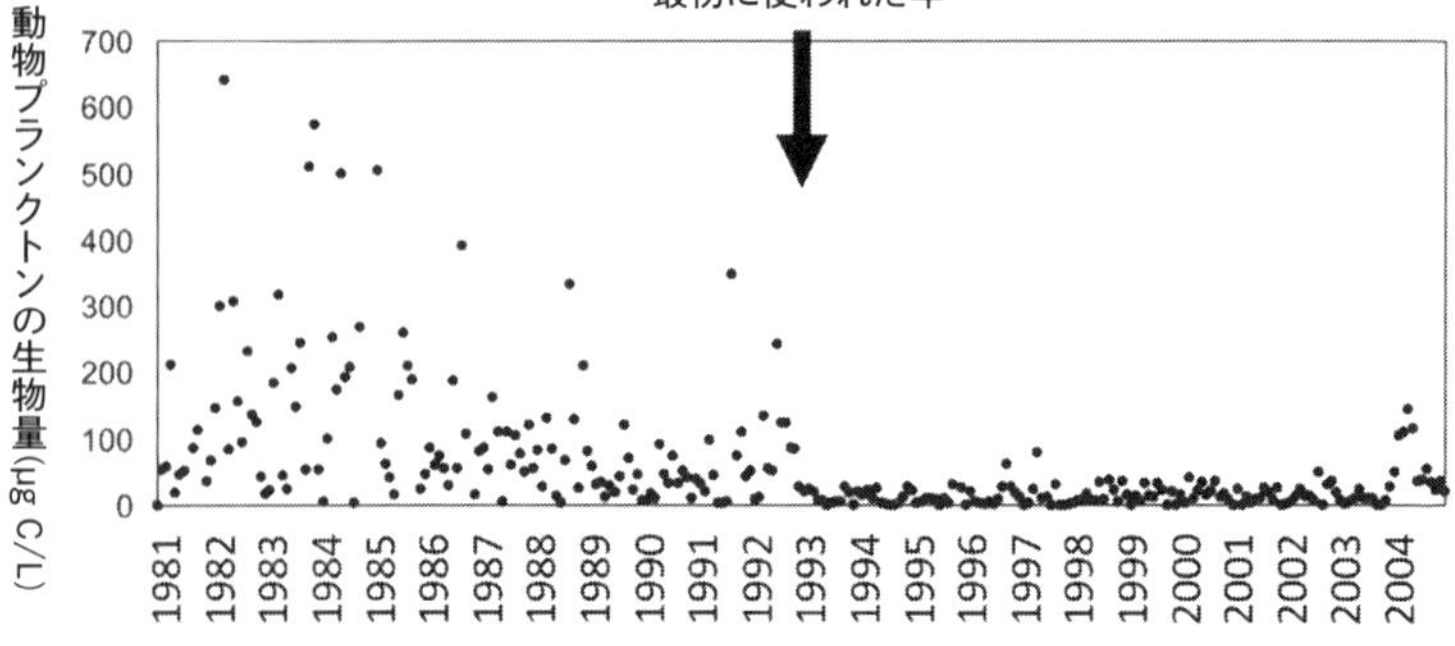

湖の無脊椎動物に対するネオニコチノイド汚染の影響
日本の宍道湖にすむ動物プランクトンの個体数は、1993年に周囲の水田にネオニコチノイドが導入された後に激減した（出典Yamamuro et al., 2019）。

ともに新たな農薬を評価するためのより厳格な規則を作成したのだが、農薬業界による政治家への強力なロビー活動に阻まれてまだ施行には至っていない。新たな化学物質によって再びまったく同じ過ちが繰り返されるのを防ぐ手立ては何もないも同然だ。最近でも、フルピラジフロン、スルホキサフロル、シアントラニリプロールといった、やっぱり発音しにくい名称の新たな農薬が次々に発売されている。そのほとんどが、ネオニコチノイドと似たような性質をもった強力な神経毒だ。実際、なかにはネオニコチノイド系農薬そのものもあるだろう。いまから二〇年後には、十分な証拠が蓄積されればこうした化学物質も禁止されるのではないか。

ヨーロッパはいち早くネオニコチノイド禁止に動き、まず虫媒受粉の作物だけを対象にし、その後すべての作物への使用を禁じるに至ったのだが、嘆かわしいのは世界のほかの地域ではまだ殺虫剤として使用できる状況になっていることだ。種子コーティングの形でほぼあらゆる地域で使用されているのに加え、南北アメリカでは飛行機から作物に散布されることが多く、装飾用の樹木を植える前に浸す薬剤にも使われているうえ、家畜の群れに散布してハエを殺すためにも利用されている。二〇一七年、エドワール・ミッチェル率いるスイスの研究グループが、世界中から集めた何百もの蜂蜜を検査した新たな研究成果を発表した。蜂蜜の七五％に少なくとも一種類のネオニコチノイドが含まれ、二〜三種類が混じっていた蜂蜜も多かったという。* カリブ海のキュラソーや太平洋のタヒチなど、大陸から離れた島々のミツバチでさえも蜂蜜にこうした有毒物質を蓄積していた。

この結果はちょっと立ち止まって考えてみたほうがいい。ミツバチはきわめて重要な昆虫だ。その七五％が蓄えた蜂蜜に強力な殺虫剤が含まれているという事実は、何よりも深く憂慮すべき問題ではないか。これらの化学物質に関連する致死的および亜致死的な影響の範囲を考えれば、これはミツバチにとってきわめて深刻な脅威であるのはもちろんだが、より広

*これらの農薬が広く浸透しているさらなる証拠が、スイスでの別の研究から最近浮かび上がった。スイスのイエスズメの羽毛にネオニコチノイドが含まれているかどうかを調べた研究だ。有機農場にすむ個体も含めて数百ものサンプルを調べたところ、羽毛の一〇〇％に少なくとも一種類のネオニコチノイドが含まれていた。一方、アメリカでの研究では、渡り鳥のミヤマシトドが実際に摂取しうる量のネオニコチノイドを服用すると体重を減らし、ナビゲーション能力を失ってしまうことがわかった。

い視点で見ると、花粉を運ぶあらゆる昆虫にとって地球規模の脅威でもある。ミツバチは多種多様な植物から蜜を集めてくるから、ミツバチがネオニコチノイドにさらされているのなら、マルハナバチや単独性のハナバチ、チョウ、ガ、甲虫、カリバチなどもこの農薬にさらされている。おそらく世界の昆虫種の大部分が殺虫目的で開発された化学物質に絶えずさらされているのではないか。

ヨーロッパでも問題はまだ完全に解決しているわけではない。農家は自国の政府に禁止措置を一時的に免除する「特例」の適用を申請することができる。これによって、ネオニコチノイドを作物に使用する特別許可が得られるのだ。農家はそれが緊急事態に対処するための利用であり、害虫防除に適したほかの方法がないと主張しなければならないのだが、EU域内の多くの政府は、農家の主張の妥当性を検証することなく特例を乱発しているように見える。たとえば二〇一七年には、EUの二八カ国のうち一三カ国が虫媒受粉の作物に対する禁止農薬のネオニコチノイドの使用を許可する特例を農家に与えている。また、二〇二一年一月にイギリス政府がEU離脱後に初めてとった措置の一つは、テンサイに対するネオニコチノイドの使用を認める特例を与えることだった。環境保護団体からの激しい抗議を押し切ってのことだ。

そのうえ、EUによる禁止措置は家畜への使用には適用されない。農家は（特例を受けない限り）作物へのネオニコチノイドの使用を許されなくなったが、一般の人々はペットのノミを駆除するためにこの薬剤を依然として買うことができる。ノミ駆除剤として最も人気が高いブランドは「アドボケート」と「アドバンテージ」で、どちらも有効成分としてイミダクロプリドが含まれている。競合製品の「フロントライン」の有効成分はフィプロニルで、これもネオニコチノイドとよく似た性質をもつ神経毒性の別の殺虫剤だ。ペットへの使用は作物への使用に比べればささいなものだと考える人もいるだろうし、確かに全体的な使用量は作物向けに比べて少ないのだが、一回に使用する量の毒性が高いことには変わりない。ノミの駆除剤は予防的に使用するためのもので、愛犬や愛猫の首の後ろに毎月滴下することで、ペットが吸血昆虫にとって有毒な存在となる。中型犬に毎月推奨されている量で六〇〇〇万匹のミツバチを殺すことができる。イギリスだけでおよそ一〇〇〇万匹の犬と一一〇〇万匹の猫がいるから、毎年何トンものイミダクロプリドとフィプロニルがペットに投与されているとみていいだろう。

ミツバチは犬や猫の血を吸うわけではないから、気にするほどのことではないかもしれないが、それでもこれらは分解されにくく、水に溶ける化学物質だということを忘れないでほしい。犬が池や川に飛び込んだり、雨の中で外に出たりすると、殺虫剤が洗い流され、環境中にかなりの量が流出することになる。私の研究室にいる博士課程の学生、ローズマリー・パーキンズは最近、イギリスの二〇の河川で調査されたイミダクロプリドとフィプロニルの濃度に関するデータを環境庁から入手して分析した。その結果は大いに懸念すべきもので、一九の河川がイミダクロプリドに汚染され、二〇の河川すべてでフィプロニルと、それが分解されてできた各種の有毒物質が検出された。さらに悪いのは、河川の大半で検出された濃度が水生昆虫にとって安全とされる水準を大幅に上回っていたことだ。これら二つの化学物質の濃度は、下水処理場の出口の下流で採取された水のほうが高かった。アメリカのある研究では、犬を風呂に入れるとノミの駆除剤の大部分が流出することがわかった。おそらくそれがイギリスの河川の汚染源ではないかと思われる。イギリスではフィプロニルが農業用に許可されたことはなかったからだ。

ベスとクリスティーナがハナバチの集めた蜜や花粉中の農薬を研究しているあいだ、私たちはマルハナバチの巣をいくつか都市部に設置した。町と農村部で農薬への曝露の状況がどのように違うのか興味があったからだ。イギリスでは、農家による農薬の使用は政府機関によって注意深く監視されているが、園芸愛好家や地方自治体、ペットの飼い主による農薬や殺虫剤の使用は監視されていないようだ。概して、都市部に置いたマルハナバチの巣に蓄えられた花粉や蜜から検出された農薬の濃度は農村部の巣よりも低い傾向があったが、農薬の種類が異なっていた。農村部で巣から最も多く検出されたネオニコチノイドはクロチアニジンとチアメトキサムだ。これらは数年前にイミダクロプリドに代わって農業用に使用されるようになった新しい化学物質である。一方、都市部の巣から検出された主なネオニコチノイドはイミダクロプリドだった。その起源がどこなのかはまだ特定できていない。イミダクロプリドはかつて庭用に売られていた多くの殺虫スプレーの主成分だったから、何年も前に買った古いスプレーをいまだに使っている園芸愛好家はいるかもしれない。あるいは、何年も前に散布されたイミダクロプリドが土壌や植物に残っている可能性もあるし、犬や猫の体から雨で流出して庭を汚染した可能性も考えられる。最も可能性が高いのはこれら三つの要因すべてが関係したということではあるのだが、その相対的な割合を知っておくのは有益だろう。最初の二つの要因はやがて消えていくだろうが、ネオニコチノイド系のノミ駆除剤が禁止になる兆候はない。

ここまで、現在使用されている最も悪名高い農薬であるネオニコチノイドに着目してきたが、これは問題のなかで最も目立つ部分でしかなく、実際の問題はこれよりはるかに大きい。科学者たちがDDTとその同類の農薬をめぐる一九六〇年代から八〇年代の闘いで農薬の問題は解決したと考えたのは誤りだったように、ネオニコチノイドだけが昆虫や環境全般にリスクを与える農薬だと見なすのは大きな間違いだろう。科学者や活動家のなかには一つの問題だけに注力しすぎて視野が狭くなり、より大きな問題が見えなくなってしまった人がいたのかもしれない。ハナバチの巣に蓄えられた花粉と蜜に含まれている農薬について私たちがサセックスで実施した研究では、殺菌剤についても調べたのだが、概して殺虫剤よりも頻繁に検出された。マルハナバチが集めた花粉からは、少なくとも三種類、最大一〇種類の農薬が検出され、単独で検出された農薬はなかった。世界中のほかの研究者も、採取した蜂蜜と花粉についてあらゆる種類の農薬を調べてきた。その結果、巣の地理的な場所にかかわらず、ハナバチの食物にはほぼ例外なくさまざまな殺虫剤、殺菌剤、除草剤が複雑に入り交じっていた。ハナバチの巣からは八三種類の殺虫剤、四〇種類の殺菌剤、二七種類の除草剤、一〇種類のダニ駆除剤を含め、一六〇種類もの農薬が検出されてきた。

農薬のなかでも除草剤や殺菌剤は昆虫にはたいした問題ではないと思う人もいるだろう。これらは昆虫にとって有毒になるようにはつくられていないから、そう考えるのはもっともではある。除草剤は主に作物の畑やその近くに生える雑草を駆除するためのもので、殺菌剤はうどんこ病やさび病、胴枯病といった、菌類や細菌による病気を防ぐために作物に使われる。こうした病気を放置すると、とりわけ雨が多く湿度の高い天候のもとでは大きな被害が出ることがある。農家の人々は殺菌剤と除草剤はハナバチには無害だと考えがちで、ハチが活発に飛び回る日中にこうした薬剤を虫媒受粉の作物に散布する（通常、殺虫剤は日中の散布を避ける）。だが、じつは殺菌剤が昆虫に有害であるとの証拠が浮上してきた。たとえば、北アメリカのマルハナバチに見られる減少傾向を調べた大規模な研究では、全体的な減少傾向を予測するうえで最も有効な変数は殺虫剤でも除草剤でもなく、殺菌剤の使用だった。この研究ではまた、クロロタロニルと呼ばれる特定の殺菌剤の使用が、マルハナバチで致死性の下痢を引き起こすことがある病原性胞子虫、ノゼマ・ボンビの発生と強い関連があることがわかった。またこれとは別に、ほかの研究で、この化学物質にさらされたミツバチは近縁な病原体、ノゼマ・セラナエに感染しやすくなること、また現実的な濃度（農村部にすむハチがさらされると予想される濃度）のクロロタロニルにさらされたマルハナバチのコロニーは成長が大幅に遅れることが明らかになった。この殺菌剤がハチに害を及ぼす仕組みははっきりしないが、この殺菌剤によってハチの腸内にすむ有益な微生物が死に、そのために病気にかかりやすくなったという説がある。*

殺菌剤のクロロタロニルは一九六四年から使用されていて、世界で最も広く使われている農薬の一つだ。二〇一八年まではイギリスで最も多く利用されていた農薬であり、蜂蜜のサンプルを検査すれば頻繁に検出される。当初の登録時にはハナバチに対する有害な影響は把握されず、それ以来五〇年以上も見過ごされてきたようだ。クロロタロニルは二〇一九年にEUで禁止されたが、その主な理由は地下水汚染への懸念、そしてそこから河川や飲料水に混入するとの懸念によるもので、ハナバチとはまったく関係がなかった。ネオニコチノイドの場合と同様、世界のほかの地域では規制なしにクロロタロニルが使用し続けられている。現在使用されている何百種類ものほかの化学物質のうち将来、ハナバチ、人間、ホクオウクシイモリなど、何らかの生物に有害だと判明するものがどれだけあるのだろうかと思わずにいられない。規制当局はそれらが安全でないと発表するまでは、安全であると言って私たちを安心させる。これまで何度も私たちを欺いてきたシステムをどう信じればいいというのか。

殺菌剤にはハナバチに直接害を及ぼすとみられるものがある一方で、もっと影響がわかりにくいものがある。たとえば、エルゴステロール生合成阻害剤（EBI）という名称で知られる種類の殺菌剤は、殺虫剤と組み合わせると相乗的に作用することがわかっている。この殺菌剤はハナバチの解毒機構を阻害する。ハチが毒物にさらされていなければ問題ないのだ

＊人間と同様、そしておそらくほぼすべての動物と同じく、ハナバチも腸内に共生細菌の複雑な群集をもっているのだろう。この群集が乱されることで、健康に深刻な影響が出る可能性がある。

が、殺虫剤にも同時にさらされたとすると、その殺虫剤に対処する能力が大幅に低下する。殺菌剤と殺虫剤の組み合わせの種類によっては、ハナバチへの毒性が殺虫剤だけの場合と比べて最大で一〇〇〇倍も高くなることがある。こうした予期しない複合作用は新たな農薬を審査するための試験で検証されることはなく、それぞれの化学物質が単独で検証されるだけだ。しかし当然ながら、現実の世界ではハチをはじめとする昆虫が一度に一種類の化学物質にしかさらされないことはまずない。生まれたその日から、昆虫はおそらく複雑な組み合わせのさまざまな人工の化学物質のほか、自然界で発生したり新たに生じたりした病原体や寄生体（10章参照）にもさらされていて、その複合作用の予測や理解は私たちの能力をはるかに超えている。だから、イギリスの環境・食料・農村地域省（ＤＥＦＲＡ）の主任科学者イアン・ボイドでさえも最近、一つの環境のなかで複数の農薬を大量に使用することによる環境への影響を予測することは現時点で不可能だと認めている。とはいえ、とにかく予測を続けてみる。

農薬の現在の使用状況はＤＤＴ類を使っていたかつての悪しき時代と比べれば環境にとって安全だという主張を、もう一度検討してみよう。つまるところ、農薬の支持派が決まって熱心に指摘するのは、環境中に散布される農薬の総重量は下がり続けてきたという点だ。確かにイギリスでは正しい。一九九〇年から二〇一五年のあいだに、農家が使った農薬の重量は三万四四〇〇トンから一万七八〇〇トンに下がり、四八％の減少となった（世界全体で二〇一五年に使われた農薬の総重量は約四〇万トンだから、イギリスが世界全体の使用量に占める割合はおよそ四%)。ここで気をつけたいのは、これらの数値が「有効成分」、つまり実際の有毒物質の重量だという点だ。有効成分はたいてい、はるかに多量の水やほかの溶媒の中でさまざまな化学物質*と調合される。

数値を見ると農薬の使用量が減っているように見えるものの、これは当てにならない。ほかの条件がすべて同じだとすれば、農薬の使用量の減少は喜ばしいことには違いないのだが、実際のところほかの条件はどれも同じというにはほど遠い。時がたつにつれて、新たに開発される化合物は、過去に流通していた化合物より毒性がはるかに高くなっていくという特徴がある。一九四五年、DDTは一ヘクタール当たり約二〇〇〇グラムの割合で使われるのが一般的だった。しかし、アルジカルブ、ピレスロイド、ネオニコチノイドといったより新しい殺虫剤の一ヘクタール当たりの使用量はそれぞれ一〇〇グラム、五〇グラム、一〇グラムだ。これは昆虫に対する毒性が以前の農薬と比べてはるかに強いからである。その影響は「害虫」だけでなく益虫も受ける。正味の影響を簡単に計算してみると、使用量が少なくても毒

*こうしたいわゆる「不活性」成分は「有効」成分と同じ規制試験を受けるわけではないが、最近得られた証拠から、両者が調合されることで単独の「有効」成分よりも毒性がはるかに強くなりうることが示唆される。有効成分と不活性成分が調合された農家向けの農薬は平凡で奇妙な名称もあるが、印象的で力強い名称もある。なかでもよく知られているのが除草剤のグリホサートを含むもので、「ラウンドアップ」という名称が有名だ。殺虫剤には「シャドー」「クルーザー」「マブリック」「アドボケート」のほか、ピレスロイド系殺虫剤の「ガンダルフ」という名称まである。最後の名称はJ・R・R・トールキンが許さないのではないだろうか。

性が強い農薬に切り替えることのほうが、昆虫にとってリスクが高い可能性があると示唆される。ネオニコチノイドとフィプロニルはハナバチに対する毒性がDDTのおよそ七〇〇〇倍あるから、重さ二〇〇〇グラムのDDT（約七四〇〇万匹のミツバチを殺せる量）から一〇グラムのネオニコチノイド（二五億匹のミツバチを殺せる量）に切り替えるのは、少なくともミツバチの観点からは適切な方策とは言えない。

私はこの問題をもっと詳しく調べようと、サセックス大学の歴代の学生たちの助けを借りて、農薬の使用によるミツバチへの潜在的な脅威がイギリスでどのように変化してきたかを明らかにする研究に取りかかった。イギリスの農家が作物に使用した農薬についてはDEFRAが発表したデータがあり、政府のウェブサイト（https://secure.fera.defra.gov.uk/pusstats/）から無料で手に入り、毎年更新されている。イギリスで日常的に使用されている三〇〇種類ほどの農薬のそれぞれについて、使用された重量を年ごとに抽出し、理論上殺せるミツバチの数を算出した。それぞれの年についてあらゆる種類の農薬による合計の「ミツバチの潜在的な死亡数」を計算し、その経年変化を調べた。農家が使った農薬すべてがミツバチに取り込まれるという最悪のシナリオを想定したため、実際にはまず起きない状況であるということを強調しておくべきではある。とはいえ、グラフの縦軸のスケールを見ると不安になる。イギリスで使用された農薬は地球上にすむおよそ三兆匹のミツバチを一匹残らず殺す事態を一万回ほども繰り返せるほどの量だ。だから、そのほとんどがミツバチに取り込まれていないのはいいことではある。ここで重要なのはグラフの傾向であると私は思う。一九九〇年以降、

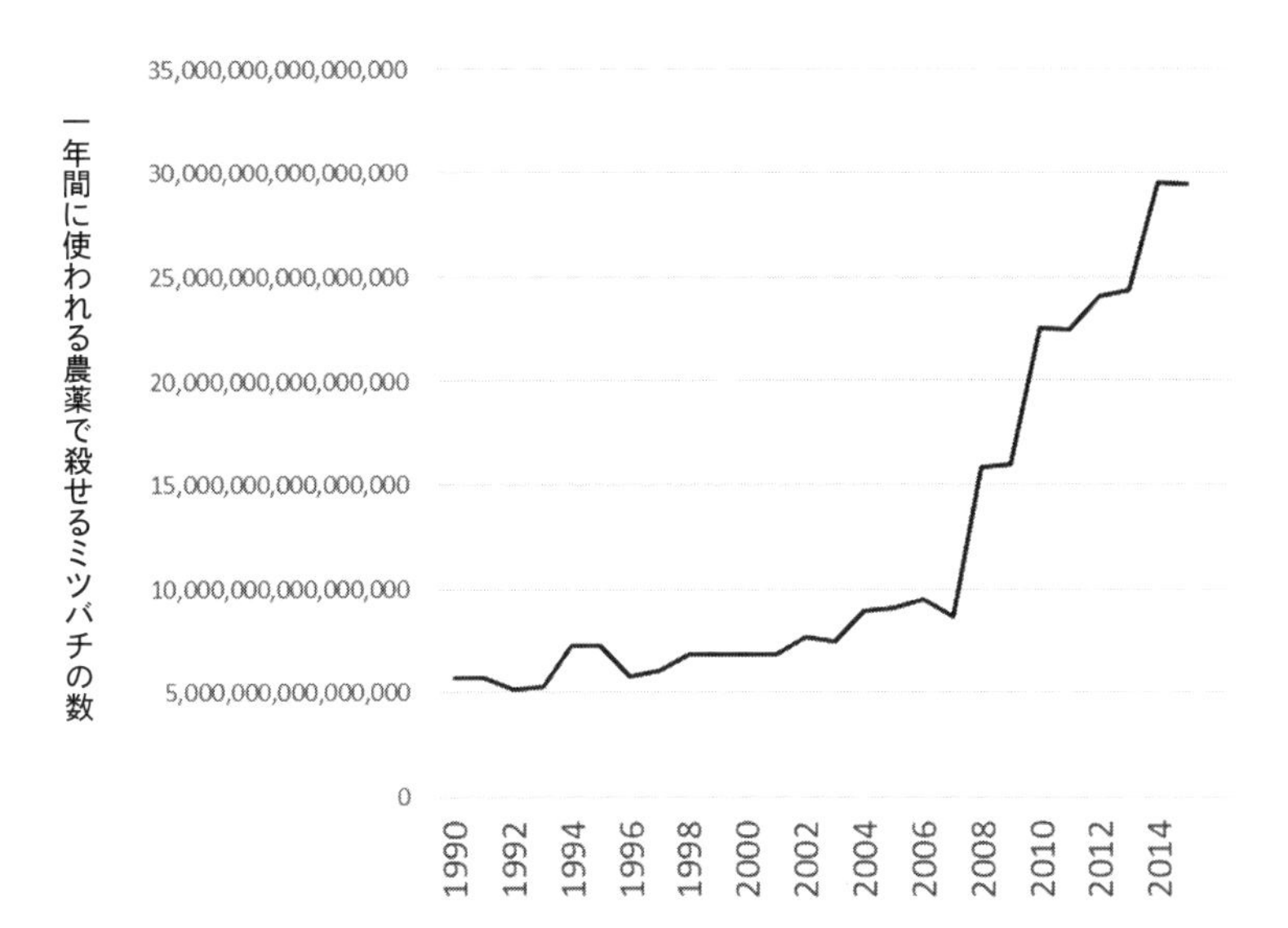

「有毒物質の量」の経年変化
このグラフでは、イギリスの作物に毎年使われる農薬で殺すことができるミツバチの数を示した。すべての農薬がミツバチに取り込まれるという、まず起こり得ない事態を想定している。より毒性の強い新たな殺虫剤が農家に使われるにつれ、死亡数は1990年以降に6倍も増えた。出典はhttps://peerj.com/articles/5255/。これには畜牛に大量に投与されているイベルメクチンは含まれていない。イベルメクチンは昆虫にとってきわめて毒性の高い農薬の一種で、家畜の糞に大量に含まれ、土壌を汚染している。

ミツバチの潜在的な死亡数は六倍になった。ミツバチからすれば、農村部は以前よりはるかに危険な場所になったことになる。

もちろん、農家が使っている農薬はミツバチやマルハナバチ、その他の益虫や無害な昆虫を駆除するためのものではない。アブラムシやコナジラミ、葉っぱを食べるイモムシといった害虫にできるだけ狙いを定め、ほとんどのハチが眠っている夕方に散布するなどの対策をとって使用されている。だから農薬の大部分はハチの近くに届くことはない。とはいえ、一万七八〇〇トンもの有毒物質を農地全体に毎年散布して、意図的でなくても害を及ぼさずに済ますことは不可能だ。農薬メーカーの二重思考者たちが何を言おうと、殺虫剤は狙った害虫だけでなく、あらゆる昆虫を殺す。耕地に分布するあらゆる動植物は毎年しつこく散布される農薬に対処しなければならないから、野生生物が害を被っているのは当然だ。トラクターに設置したバー（あるいは、南北アメリカでよく使われる農業用飛行機）から散布された農薬は生け垣に入り込むだけでなく、生け垣を越えて漂っていく可能性がある。種子コーティングに使われた農薬は土壌に蓄積され、地下水に溶け込み、やがて河川に流出することがある。毎年すべての耕地に一七種類以上の農薬が使われることを考えれば、農村部の大部分が農薬で汚染されるのは必至だ。

残念ながら、問題は作物に使用される農薬だけではない。たとえば、畜産農家は家畜の腸内の寄生虫を予防する目的でイベルメクチンを定期的に家畜に投与している。イベルメクチンは経口で投与される場合が多く、その大部分は家畜から糞に混じって排出される。化学物質は糞の中に何カ月も残留し、糞虫やハエにとってのごちそうを有害物質に変えてしまう。

また、地方自治体は公園や歩道に散布するし、住宅の所有者はスーパーマーケットやＤＩＹストアで買った有毒物質を庭にまき、愛犬や愛猫に滴下する。信じられないことに、ワラジムシ（ウッドライス）の駆除剤を買うこともできる。実際、イギリスでは全国紙の最近の園芸欄で、ワラジムシが堆肥置き場で大量に発生しすぎた場合はヴァイタックス社の「ニッポン・ウッドライス・キラー」でワラジムシを「抑制」できると勧めていた。このアドバイスに従おうと思った人に伝えておくと、この製品は汎用のピレスロイド系殺虫剤を含んでいて、アマゾンからオンラインでも買えるし、園芸用品店やＤＩＹストアでも手に入る。屋外でも屋内でも使用でき、ハサミムシやシミ（シミ目害虫）にも効果があると宣伝されている。こうした生き物を殺したいと思う理由は、まったくもってはっきりしない。ワラジムシはおとなしい生き物で、堆肥の山で木質の物質をかみ砕き、黒々とした栄養豊かな堆肥づくりを助けるすばらしい仕事をしてくれる。とりわけ、湿った木が山積みになった場所でよく育ち、木から黙々と栄養分をリサイクルして、最終的に庭の植物が利用できるようにしてくれている。ワラジムシは鳥類や小型哺乳類の獲物にもなる。数々の恩恵をもたらしてくれる称賛すべき生物であり、増殖しようとする生き物は何でも殺そうとする誤った衝動で虐げたり毒殺したりすべきではない。ワラジムシが堆肥置き場で「発生しすぎる」ことはあり得ない。実際には堆肥の分解を助けているのだから、多ければ多いほど嬉しいのだ。ワラジムシやシミが家の中で日常的にたくさん現れるのだとしたら、どこかに湿気の問題がある。自宅を殺虫剤まみれにするという対症療法ではなく、湿気という根本的な問題に対処すべきだろう。

いまや私たちの土壌や河川、湖、生け垣、庭、公園はどこも、さまざまな人工の有毒物質に汚染されている。これは目に見えないが、深刻な状況だ。人類は自然界と戦争していると言われることもある。だが「戦争」という言葉は相互の戦いを意味するものだ。自然界に大量の化学物質を投入する私たちの攻撃はむしろ、ジェノサイド（大量虐殺）に近い。野生生物が数を減らすのも当然だ。

私の好きな虫

ハサミムシの二つ目のペニス

これはあまり知られていないのだが、ハサミムシの多くの種の雄はペニスを二つもっている。ヘビと同じ特徴だ。

日本の研究者たちが発見したところによると、ハサミムシは主に「右利き」で、雄の九割は交尾に右のペニスを使っているという。しかし、右のペニスが切り落とされると（なかには変なことをする研究者もいるものだ）、単に左のペニスを使い、問題なくその機能を果たしているようだ。これは奇妙な偶然なのだが、日本の一部地域ではハサミムシのことを俗に「チンポキリ」と呼んでいる。昔ながらの屋外便所でよく見つかったからかもしれない。

しかしなぜ、ハサミムシには二つのペニスが必要なのか？　交尾を邪魔する実験を行なうと、雄は使用中のペニスを切断し、それを雌の中に残したまま、すばやく逃げることが多かった。取り残されたペニスは雌の中で蓋のように機能し、雌は再度の交尾が難しくなって、その雄の子をもうける可能性が高まる。二つ目のペニスは予備の役割を果たし、雄はそれを使って再び交尾できる。二つ目のペニスも自分であっさり切断するのかどうかはまだ調べられていない。

興味深いことに、多くの雄のクモも似たような手法を使っている。雄は一対の触肢の一つを通じて雌に精子を送り込むのだが、一部の種は必ず触肢を切断して雌の中に残す。つまり、雄は生涯に二回しか交尾できないということだ。触肢は持ち主が離れたあとも精子を雌の中に放出し続ける。クモの場合、交尾後もそばに長居する雄が雌に食べられることがよくあるために、この手法が発達したのかもしれない。

8章　除草

ほとんどの農場で最もよく使われている農薬は除草剤だ。農家が作物以外の植物（いわゆる雑草）を枯らすのに役立てている化学物質である。こうした植物をそのまま生やしておくと作物と栄養分の取り合いになり、収量が減るおそれがあるからだ。除草剤はまた、成長しきった小麦や綿などの作物を意図的に枯らして、均一に乾燥させるためにもよく使われる。これで収穫が楽になるほか、農家は農場のほかの作業と重ならないように、収穫時期をある程度調整することができる。しかし、残念ながらこのやり方には、収穫した作物に除草剤が混入するという欠点がある。最も有名で悪名高いとも言える除草剤はグリホサートだ。たいてい「ラウンドアップ」という商品名で販売され、世界で最も広く使用されている農薬で、イギリスでの農業利用は年々増えていて、二〇一六年には二〇〇〇トンを超えた。この数値には地方自治体や家庭菜園での使用は含まれていない。山道や歩道、道路脇などであの黄色く枯れた植物をよく見ることを考えれば、どちらの使用もかなりの量に違いない。しかし、その使用状況は政府をはじめ誰からも監視されていない。

グリホサートは非選択的除草剤で、それを浴びた植物という植物を種を問わず枯らす。浸透性の農薬であるので、植物の組織を通して広がって根を枯らすのだ。いま考えると悔しいのだが、私はかつてこの除草剤を自宅の庭で大量に使ったことがある。野生生物には無害であり、環境中ですぐに分解されるというメーカーの言葉を信じていたのだ。本当に世間知らずで、裏庭に生えているイラクサやつる植物、シバムギ、キイチゴといった、掘り返して抜くのが大変な雑草を枯らすのに便利だと思っていた。グリホサートを使っても、こうした強い植物はしばらくするとまた芽を出しそうだったのだが。この除草剤はまた、小道やドライブウェイをきれいに保つのにも非常に便利で、割れ目から芽を出した雑草をこてで掘り返す労力がいらなくなる。私がこれを使わなくなった理由は、このあとすぐにわかるだろう。

イギリス国内で二〇〇〇トンが使用されていると聞くと、多いように思うかもしれないが、世界全体で見るとわずかな量でしかない。ヨーロッパ以外の地域では、多くのグリホサートが「ラウンドアップ対応」の遺伝子組み換え作物とともに使用されている。これは、細菌から抽出された遺伝子を加えることで除草剤の影響を受けなくなった作物だ。こうした作物が導入される前、農家の人々は種まきの前に雑草を枯らすなど、一年のうちで作物が植わっていない時期にグリホサートを使うしかなかった（または収穫を楽にするために作物を枯らすことはあった）。グリホサートが効かないラウンドアップ対応の作物が登場したことで、農家は一年中農薬を散布でき、栽培期間を通して畑をまったく雑草なしに保つことができるようになった。こうした遺伝子組み換え作物が導入された一九九六年を基準とすると、世界全体のグリ

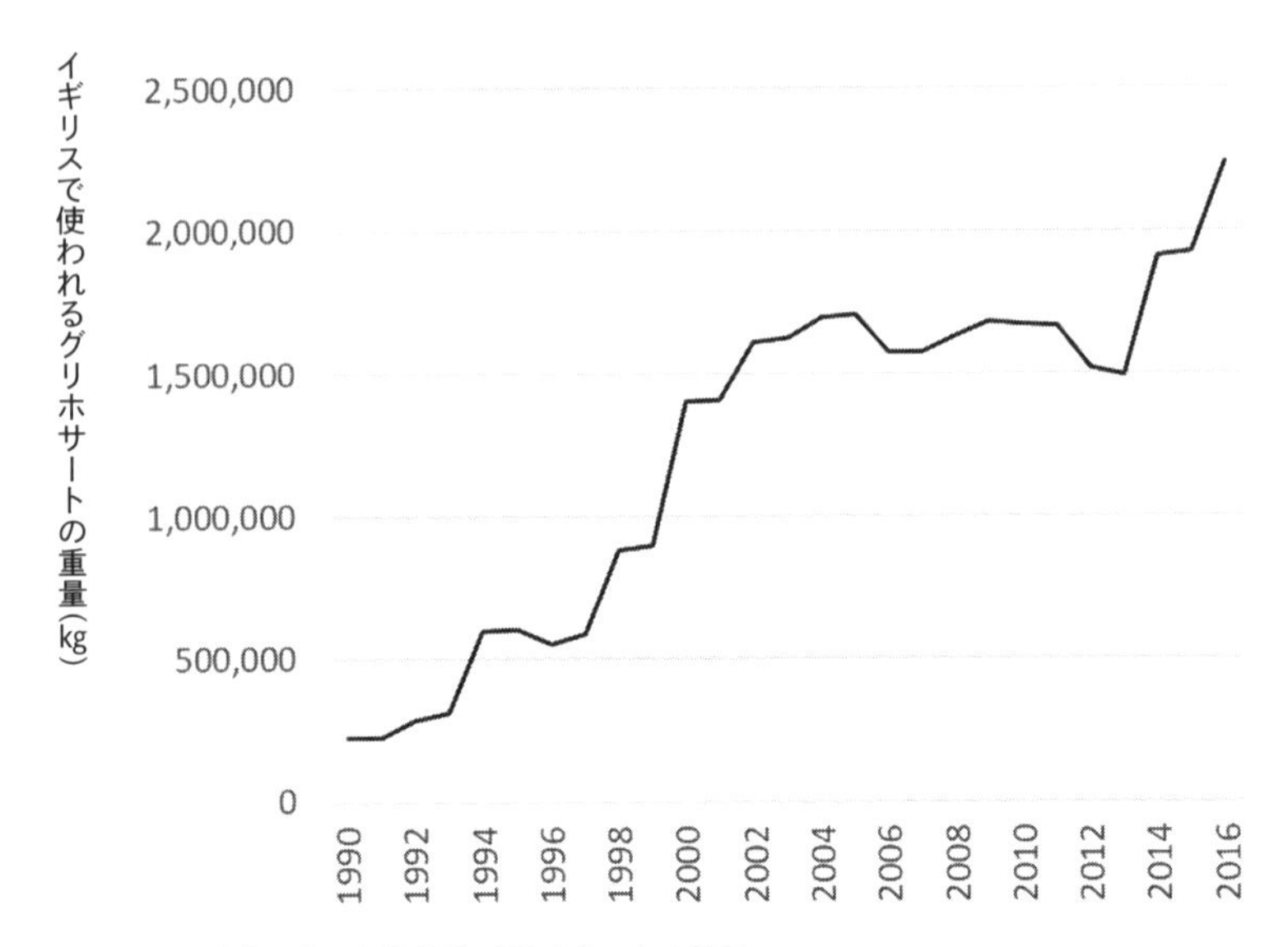

イギリスの農家が使った除草剤、グリホサートの重量

グリホサートは「ラウンドアップ」という商品名で最もよく販売され、世界で最も広く使われている農薬であり、その使用量は年々増えている。この数値には各家庭や地方自治体による使用は含まれていない。データの出典はDEFRAのPusstatsウェブサイト(イギリスの農業における農薬の年間使用量を報告するオープンアクセスのデータベース)。

ホサートの年間使用量は二〇一四年には一五倍の八二万五〇〇〇トンにまで増え、いまも増え続けている。これは世界中の耕地に一ヘクタール当たり〇・五キロ余りのグリホサートを散布することに相当する。

グリホサートのような除草剤が昆虫に及ぼす影響としては、生息環境から大部分の「雑草」が効果的に取り除かれることによる影響が主に考えられる。雑草というのは単に、農家にとって都合の悪い場所に生えている植物にすぎない。誰かにとっての雑草は、ほかの誰かにとっては野生の花だ。ヨーロッパや北アメリカのたいていの農家や園芸愛好家は、シバムギが厄介な雑草だという見解にうなずくことだろう。人間というのは浅はかな生き物で、きれいな花を咲かせない植物を大事にしないものだ。しかし、シバムギは家畜にとって大切な餌になる植物であり、その種子はゴシキヒワが好み、葉はカラフトセセリ（チョウの一種）の幼虫に食べられる。アザミはたいてい雑草と見なされるのだが、その花にはハナバチやチョウが好んで訪れ、種子はフィンチの好物であるのに加え、何十種類もの草食昆虫が葉を食べ、茎や花の中にすみ着き、食虫性の鳥の獲物となる。[*] ほかにも、ポピーやヤグルマギク、アラゲシュンギク、ムギセンノウなど、数多くの美しい花々は私たちの多くが愛でるものだが、耕地に生えることも多く、作物と栄養分を奪い合うため、一般に雑草と見なされている。

*私の庭にはセイヨウトゲネアザミやアメリカオニアザミなど、四種のアザミが生えていると、喜んでお伝えしておこう。

植物は当然ながらほぼすべての食物連鎖の根幹をなしている。耕地から雑草をほぼ一本残らず駆逐する農法が開発されたことによって、作物はほぼ単一栽培になることが多くなり、私たちの目に見える土地の大部分がほとんどの種類の生物にとってすめない場所になった。たとえば、アメリカ原産のトウワタは七三種あるが、そのうち三〇種がオオカバマダラの幼虫の食料となっている（幼虫はほかの植物は食べない）。アメリカ中西部ではトウワタが一九九九年から二〇一〇年までのたった一一年間に五八％も減ったと推定されている。これがおそらくオオカバマダラの減少を引き起こした主な要因だろう。オオカバマダラの減少の第一容疑者は除草剤のグリホサートではあるが、別の除草剤であるジカンバの関与も明らかになった。グリホサートの場合と同様、ジカンバの使用はこの除草剤に耐性がある遺伝子組み換えの綿と大豆が導入されたことによって近年増えている。農家は栽培している作物に散布して、作物以外の植物を一掃することができる。残念ながら最近、異常に暑い天候（気候が変動するなかで頻度が高まりつつある夏の熱波など）ではジカンバが揮発することが判明した。この化学物質は揮発し、風に乗って作物からはるか遠くへ漂って、作物だけでなく、何百メートルも風下に生えたトウワタなどの野草もしばしば枯らしているのだ。

　昆虫が減れば、それを食べる生物など、ほかの生き物にも当然ながら連鎖反応が起きる。私がイギリスのシュプロッシャーで育つ少年だった頃、ヨーロッパヤマウズラは農村部でよく見かける鳥だったのだが、一九六七年以降九二％も減少してしまった。サセックスで実施された長期的な科学研究で、意外かもしれないが、この減少の主な要因が除草剤であることが明らかになった。除草剤は鳥を毒で殺したわけではなく、作物や農地の縁辺に生えた雑草の数を大幅に減らしたために、ヤマウズラのひなが主に食べるイモムシやその他の草食昆虫の数が減ってしまったのだ。同様に、カッコウの数は同じ期間に七七％減少した。カッコウは大型の毛虫だけを狙う鳥で、ヒトリガの幼虫である毛虫などを好んで食べる。三〇年前は毛虫もガの成虫もよく見かけた。オレンジと黒の毛虫がタンポポなどお気に入りの葉っぱを探して地面をちょこまか這い回っていたし、チョコレート色とクリーム色、そして緋色が混じったカラフルなガの成虫が朝に屋外の照明の近くによく止まっていたものだ。悲しいことに、このガは一九六八年から二〇〇二年のあいだに八九％減少した。主に、除草剤によって農村部で雑草が減ったことによる影響だと考えられている。

昆虫の減少と同じく、私たちの風景から野生の花が消えていることはあまり気づかれないできた。アラゲシュンギク、ムギセンノウ、ヤグルマギクはどれもかつてはよく見られたが、いまでは耕作に使われている土地ではほとんど見かけなくなった。ポピーはよく生き残っているほうで、これはおそらく土壌中で種子が何十年も生き延びるという抜群の生命力によるものだろう。それでも、いまではいちめんの赤いポピーを見ることはめったにない。土壌中に貯蔵されている種子が年々減ってきているのだろうか。ドイツで得られた証拠を再検証した研究で、農場で見つかる雑草の数は一九四五年から一九九五年のあいだに地域によって五〇～九〇％落ち込み、全体の平均では六五％減少したと算出された。一つの農場で見つかる雑草の種の数は平均で二四種からたった七種にまで減った。

世界全体では記録を開始して以来、五七一種の植物が絶滅した。自然界から姿を消した植物の数は、絶滅した鳥類、哺乳類、両生類を合わせた数の二倍を超える。この数字はまた、実情に比べてはるかに少ないという見解で大まかに合意がとれている。これよりはるかに多くの種がもう何十年も目撃されていないにもかかわらず、世界のどこかの片隅にまだ生存している可能性を考えて絶滅が宣言されていないからだ。植物の絶滅は動物に比べて注目されることがはるかに少ない傾向にある。私たちは動物のほうに心引かれがちだ。五七一種の絶滅植物の名前を一つでも挙げられるだろうか？　チリ固有のビャクダン、キンコウカ属のアパラチアン・イエロー・アスフォデル、セントヘレナ・オリーブがこの世から姿を消したことを知っている人はいるだろうか？　たいていの植物は昆虫やほかの動物とつながり合っているから、おそらく植物が一種絶滅するたびにさらなる絶滅の連鎖が引き起こされるだろう。昆虫の減少と同じく、植物の減少もいまよりはるかに大きく注目されるべきだ。

さらに、除草剤が昆虫に対して直接的に毒性をもっているおそれがあるとの懸念が高まりつつある。しかも、人間にも有毒だという。ミツバチの巣から採取した蜂蜜と花粉から二七種類の除草剤が検出されていることは、おそらく送粉者が全般的に除草剤にさらされているであろうことを示している。もちろん除草剤は植物にだけ有害であると想定されていて、動物と植物はかなり違う（当たり前のことを書いて申し訳ない）。だから、私たち動物に無害な除草剤を見つけることは可能であるはずだと思う人もいるかもしれない。にもかかわらず、私たちはそれを見つけられていないようだ。

話を戻して、グリホサートのことをもう少し詳しく見ていこう。これは植物と細菌にだけ見つかる酵素を攻撃するようにつくられているから、動物には何の影響も及ぼさないはずだ。しかし、テキサス大学のエリック・モッタが最近行なったミツバチの研究で、蜜や花粉に含まれるグリホサートにさらされることでミツバチの有益な腸内フローラが変化し、病気になりやすくなることがわかった（なお、殺菌剤のクロロタロニルにさらされても同じ問題が起きるとみられている）。よく考えてみると、これは意外ではない。グリホサートは多くの細菌にとって有害であることがわかっている。また、ミツバチは人間と同じように腸内に細菌の群集をもち、その恩恵を多大に受けて健康を保ち、病気への免疫を獲得していることも明らかになっている。

だが、グリホサートがミツバチに及ぼしているとみられる影響は、腸内細菌を乱すことだけではない。アルゼンチンの科学者マリア・ソル・バルブエナは「ハーモニックレーダー」という機器を使ってハナバチの帰巣能力を調べた。その結果、少量のグリホサートを投与された個体はなじみのない場所で放されると、対照群の個体と比べて巣まで戻るルートを見つけるのに長い時間がかかるだけでなく、遠回りのルートを多く使った（興味深いことに殺虫剤のネオニコチノイドもハナバチに同じ影響を及ぼす）。この影響は投与後すぐに現れるため、腸内フローラへの影響が原因で引き起こされたわけではない。腸内フローラが乱れてから健康に影響が出るまでに何日あるいは何週間もかかるからだ。ほかの研究では、グリホサートにさらされると、花のにおいと報酬〔蜜や花粉〕を関連づけた学習内容が損なわれることがわかった。

それは普通ならハナバチが得意なことであり、たくさんの花粉と蜜を効率的に集めるためには欠かせない。帰巣能力の低下と学習への影響は、どちらも記憶の回復に何らかの影響が出ていることが理由と説明できるかもしれないが、それが起きる仕組みはまだわからない。

繰り返すが、グリホサートがハナバチに及ぼす有害な影響を明らかにしたこれらの最近の研究成果から、主に短期間の毒性試験に頼ってリスクを調べるという、現在の規制システムの欠点が浮かび上がる。ハナバチはナビゲーションと学習の能力が低下し、腸内フローラが激減していても、実験環境ではまったく普通に見えるから、農薬がハチに害を及ぼさないという誤った結論が導き出されるのだ。

人間も腸内フローラをもっていることを考えれば、グリホサートが人間にどんな影響を及ぼすだろうかと、この時点で疑問に思うのはもっともだ。これは大きな議論の的になった。特に、グリホサートが以前考えられていたよりもはるかに残留性が高く、土壌中には数カ月、池の堆積物には一年以上残ることから、私たちがグリホサートに日常的にさらされているのは明らかだ。作物を収穫して加工したあとに残ることもはっきりしている。収穫直前の小麦に散布することがよくあるのも一因で、パンやビスケット、朝食用シリアルといった穀物食品からグリホサートが検出されることが頻繁にある。たとえばアメリカでは、日常的に食べられる食品のなかでもクエーカーオーツやネイチャーバレーのグラノーラ・バー、チェリオスのシリアルから数百ｐｐｂの濃度のグリホサートが検出されてきた。濃度はなぜか子ども向けの多くの食品のほうが高い傾向があるため、アメリカの環境保護庁（ＥＰＡ）の推計によると、一～二歳の子どもは「大きなリスクはない」とされる水準を超える濃度を摂取している可能性が高いという。持って回った言い方ではあるが、子どもたちにリスクがあると認めているのだろう。

グリホサートが世界中で使われていることを考えると、私たちは誰もがこの農薬にさらされていると考えてよさそうだ。ドイツでの最近の研究で二〇〇〇人から尿を採取して調べたところ、その九九％以上からグリホサートが検出され、子どものほうが大人よりも濃度が高い傾向にあった。人間に影響があるとすれば、どんなものだろうか？　これについては議論がある。二〇一四年、一つのテーマに関連するすべてのデータ群をまとめて分析する「メタ分析」で、職業上グリホサートにさらされている人々でがんの一種である非ホジキンリンパ腫のリスクが上昇すると結論づけられた。二〇一五年三月には、世界保健機関の国際がん研究機関（ＩＡＲＣ）がグリホサートは「人間に対して発がん性がある」と結論づけた。グリホサートは酸化ストレスを引き起こすおそれがあり（身体が供給する抗酸化物質を使い果たすため）、遺伝毒性（遺伝子を傷つけて、がんにつながりうる変異を起こす）があることを示す強力な証拠があるという彼らの評価にもとづいた結論だ。

一方、八カ月後の二〇一五年一一月に欧州食品安全機関（ＥＦＳＡ）が発表した報告書では、ＩＡＲＣとは正反対に、グリホサートに発がん性はないと結論づけられた。するとすぐ、世界の多くの著名な毒物学者や疫学者を含め、九四人もの著者が名を連ねて、ＥＦＳＡの報告書を強く批判する論文を発表した。しかし翌二〇一六年にアメリカのＥＰＡが発表した論文はＥＦＳＡ（欧州食品安全機関）の見解に同意し、ＩＡＲＣ（国際がん研究機関）に反対するもので、グリホサートは「人間の健康リスク評価に妥当な量では、人間に対する発がん性はないとみられる」と結論づけた。二〇一六年以降、さらなる科学研究の報告書と、証拠や手法の検証結果が発表されたが、その内容はまちまちで、ＩＡＲＣやＥＰＡ、ＥＦＳＡの見解を批判するものもあれば支持するものもあった。

一般の人々にしてみれば、ややこしいことこのうえない。私を含め、科学的な証拠を比較検討するように訓練された科学者にとってさえ、どう結論づけるべきかを判断するのが難しい。それぞれ実質的に同じデータ群を入手できる科学者のグループや科学機関が、これほど相反する結論に到達するのはなぜなのか？　プロの毒物学者たちが合意に至らないのなら、それ以外の私たちは何を信じればいいというのか？

アメリカの農学者チャールズ・ベンブルックはＩＡＲＣとＥＰＡが使った手法を詳しく比較した結果を発表し、大きな違いがあることを明らかにした。グリホサートに発がん性があるとするＩＡＲＣの評価は、ほとんどがピアレビュー（査読）[*]を受けた研究にもとづいているのだが、ＥＰＡの評価はモンサント（グリホサートのメーカー）自身が行なった研究に大きく依存している。つまり、世界保健機関のＩＡＲＣはその分野で中立的な立場の専門家（ピア）が検証したデータにもとづいているが、アメリカのＥＰＡは、中立的な立場の科学者によるピアレビューを受けていないメーカー自身に提供された研究を使ったというわけだ。

メーカーが自社の化学物質の安全性を評価することは、企業利益と公共利益の利益相反を引き起こすのが明らかであるにもかかわらず、世界中で標準的な慣例となっている。さらに悪いことに、そのような研究はたいてい公開されず、世間の厳しい目にさらされることはない。チャールズ・ベンブルックが指摘しているように、農薬業界が規制をパスするために実施した研究は、ピアレビューを受けた科学論文とはきわめて対照的だ。たとえば、EPAの報告書にはグリホサートに遺伝毒性があるかどうかに関する論文が一〇四本含まれているが、そのうち五二本がモンサントによるもので、残りの五二本がピアレビューを受けた公開済みの論文だった。モンサントによる五二本のうち遺伝毒性を見いだしたのは一本（二%）だけだが、ピアレビューを受けた公開済みの科学論文では五二本中三五本（六七%）が遺伝毒性を確認した。統計学者でなくても何かがおかしいと思うだろう。この結果に対し、農薬メーカーに雇われていない科学者といえども農薬が無害であるとの結果をわざわざ発表しないことがあるだろうという説明が一つ考えられる。何かに発がん性がないことを示すのは、発がん性があることを示すよりも圧倒的に面白みがない。無害であるとの結果を発表しにくいのは、学術誌の編集者がニュースになりそうな論文を掲載したいからという理由もあるだろう

＊あらゆる科学研究は通常、ピアレビューの過程を経てから出版される。論文の著者が学術誌に原稿を送ると、学術誌の編集者が少なくとも二人の中立的な立場の専門家に研究成果の質を評価するよう依頼する。通常、著者の氏名は明かされない。決して完璧なシステムではなく、誤りが見逃されることもあるのだが、ピアレビューを受けた論文は、この過程を経ていない報告書や論文に比べてはるかに信頼性が高いと見なされる。

（「グリホサートに発がん性あり」というのはニュースの見出しになりそうだが、「グリホサートはおそらく無害」はあまり注目されなさそうだ）。同様に、農薬メーカーで働いている科学者たちは（意識しているかどうかにかかわらず）雇い主の製品から有害な影響を検出しないようにする圧力を感じているのかもしれない。いずれにしろ、これら二つのデータ群のあいだに大きな食い違いがあることは明らかだ。

世界保健機関のＩＡＲＣとアメリカのＥＰＡが使った手法にはほかにも重要な違いがあることを、チャールズ・ベンブルックは発見した。ＥＰＡの評価では主に純粋なグリホサートを使った研究に着目しているが、ＩＡＲＣはグリホサートとさまざまな化学物質を調合した「グリホサート系の除草剤」の影響を調べた少数の研究にも同じぐらい重きを置いている。現実には、農家が純粋なグリホサートを使うことはないから、野生生物と人間がさらされているのはグリホサート系除草剤だけだ。農家向けの農薬はラウンドアップなどのブランド名のもとで販売され、除草効果を高めるために、「有効成分」（この場合はグリホサート）にほかの化学物質を調合した混合物となっている。農薬が地面に落ちないよう植物の葉に付着しやすくする界面活性剤（洗剤）などが、そうした化学物質だ。現実の世界で農家の人々やハチ、チョウがさらされているのはラウンドアップであり、純粋なグリホサートではない。調合された農薬は植物に付着するだけでなく、動物にも付着しやすいという証拠のほか、そうした添加物は皮膚からの吸収力も高め、農薬が体内で代謝される仕組みにも影響することがあるとの証拠もある。複数の成分が調合された除草剤は概して純粋なグリホサートよりも毒性が高く、数百倍になることもある。調合された製品への曝露のほうが重要なのは明らかなのに、規制試験が純粋なグリホサートに的を絞っているのは筋が通らないように思える。

グリホサートが分解されると、主にアミノメチルホスホン酸（ＡＭＰＡ）という物質ができる。人間が食べる食品から広く検出される有毒物質だが、ＩＡＲＣがこの分解生成物ＡＭＰＡの毒性に関する研究をメタ分析に含めているのに対し、ＥＰＡは含めていない。

インドのベンガル地方で、自給農家が手づくりの装置で除草剤を散布している。保護用のマスクや手袋を着けていないうえ、裸足で作業している。

最後にチャールズ・ベンブルックが指摘しているのは、人への曝露の可能性に関するＥＰＡの評価では汚染された食品を通じた一般の人々への曝露に焦点が当てられ、農家の人々や公園の管理人、造園家が職業上さらされる事例が考慮されていないことだ。当然ながら、こうした人々は一般の人々よりはるかに多くの量にさらされる。農薬が予期せずこぼれてしまうことや、背負った噴霧器から漏れてしまうこともあるだろう。世界中で何百万人もの人々が定期的にグリホサートを使っている実態を考えると、そうした事故は避けられない。

ベンブルックはIARCの報告書のほうがEPAのそれより信頼性が高いと、明らかに考えている。アメリカの陪審団も同意しているようだ。二〇一八年八月、仕事でグリホサートを何年も使い続けた末に非ホジキンリンパ腫を患った学校の運動場の整備員、四六歳のドウェイン・ジョンソンの訴えに対し、カリフォルニア州の陪審団は全員一致で支持する評決を出した。ジョンソンは農薬の使用についての講習でグリホサートは「飲んでも安全」だと言われてきた。これに対する補償と懲罰的損害賠償として、モンサントは二億八九〇〇万ドルという莫大な金額を彼に支払うよう命じられた。陪審員の決定にはモンサントの製品は一般の人々にとって「相当な危険」があるとの文言が含まれ、評決ではモンサントは「悪意をもって行動した」と表明された。もちろん、専門知識のない陪審団が何らかの合意に達しただけで、必ずしもそれが真実だということにはならない。陪審団は科学的な真実を正しい目で見ていないのかもしれないし、平凡な男性に味方して、大企業に疑いの目を向ける自然な傾向に影響されたのかもしれない。

しかし二〇一九年三月、カリフォルニア州の別の陪審団がモンサントの訴えを退ける評決を出した。このとき被害を訴えていたのはエドウィン・ハードマンという男性だ。自宅の庭と借りていた土地で三〇年にわたってグリホサートを使い続けた末に非ホジキンリンパ腫を患ったという。この裁判で彼は八〇〇〇万ドルを手にする判決を得た。裁判所はラウンドアップの設計には欠陥があり、モンサントはこの製品にがんのリスクがあるという警告をしなかったうえ、それまでの対応が怠慢だったとの判決を下した。裁判の後、ハードマンの弁護士であるエイミー・ワグスタッフとジェニファー・ムーアは次のように述べた。

陪審団が全員一致でハードマン氏の非ホジキンリンパ腫に対するモンサントの責任を認めたことに、ご本人は満足しています。裁判を通して実証されたように、四〇年以上前にラウンドアップが発売されて以来、モンサントは責任ある行動を拒んでいます。モンサントの態度から、同社はラウンドアップの発がん性の有無には関心がなく、世論の操作と、ラウンドアップに関して真の正当な懸念を表明した人物の名声を傷つけることに注力してきたのは明らかです。

この評決の発表とほぼ時を同じくして、カリフォルニア大学バークレー校のルオピン・チャンらによって別の学術論文が発表された。彼らは新たな「メタ分析」で、職業上グリホサートに日常的にさらされている人々（農家、公園や運動場の整備員など）はそれ以外の人より非ホジキンリンパ腫を患うリスクが四一％高いと結論づけた。

二〇一九年五月にはカリフォルニア州で三例目の裁判があり、長年グリホサートを使用した末に非ホジキンリンパ腫を患った夫婦、アルヴァ・ピリオドとアルバータ・ピリオドが二〇億ドルを手にする判決を得た。ただし、この桁外れの金額は控訴審でおそらく減額されることになるだろう。いまやモンサントは、グリホサートが病気の原因だと主張するがん患者から、ほかにも一万三四〇〇件を超える訴訟を抱えている。二〇一八年、ドイツ企業のバイエルが六三〇億ドルでモンサントを買収した直後に、ドウェイン・ジョンソンの裁判に対する評決が出た。それ以降、バイエルの株式時価総額は約四〇〇億ユーロも下がったから、同社はこの買収を後悔しているに違いない。

それでもモンサントは無実を声高に主張し続けている。二〇一六年には、グリホサートの安全性を擁護し、グリホサートに発がん性があるとするＩＡＲＣの発見に異議を唱えるためだけに、同社は一七〇〇万ドルもの予算を割り当てた。

私がこの話題を長く引っ張りすぎたように見えるとすれば、この事例が科学的な証拠を評価して原因と影響を特定するうえで誰もが直面する困難をよく表しているからだ。陪審員や科学者だけでなく、単なる素人もドライブウェイに生えた雑草にグリホサートを散布すべきか、地面に這いつくばって手で雑草を掘り返すべきかを判断しようとするときにそうした困難に突き当たる。そこに企業の利益が絡み、特定の見解を広めるために巨額の資金がつぎ込まれている場合にはとりわけ難しい。これはネオニコチノイドに関する議論と明らかに似ているし、かつてのたばこと人間の健康をめぐる長年の論争とも共通点がある。

私に関していうと、自宅の庭の物置にはグリホサートの入ったボトルが一本ある。たぶん八年ぐらい前に買ったもので、ＩＡＲＣの論文が発表されて以降、ここ四年は触ってもいない。今後、農薬を買うことはないだろう。農薬について知れば知るほど、その安全性に対する懐疑心が強くなった。グリホサートについては何が真実なのか確信はないのだが、使わずにそのままにしておくのがいちばん安全だというのはすぐにわかる。

安全上の懸念から将来ヨーロッパのほか、ひょっとしたらアメリカでもグリホサートが禁止されるだろうと思われるが、世界のほかの地域では引き続き大量に使用され続けると考えてよい。新しい農薬は、最初は高い値段で発売されるというのがよくあるパターンだ。やがて環境や人々に有害であることが判明するとその農薬は禁止されるが、販売の対象は規制の緩い海外の貧しい国々へと移る。たとえば、パラコートという古い世代の除草剤はロンドンの西に位置するバークシャーのジーロッツヒルにあるイギリス企業インペリアル・ケミカル・インダストリーズ（ＩＣＩ）の研究所で考案された。一九六〇年代に一般発売され、グリホサートが発売されるまでは世界で最も広く使われた除草剤だった。パラコートは雑草を枯らすための薬剤ではあるが、人間にもきわめて毒性が高かった。数滴飲めば致死量となりうるので自殺にもよく使われたが、あまりにも毒性が高いために中毒になる事故も頻繁に起きた。特に発展途上国では、農薬のボトルが水を入れる容器に再利用されることがあるし、農家の人々はその危険性を十分に知らされておらず、古くて漏れやすい噴霧器を背負って使うことも多い。パラコートは死者を出すだけでなく、慢性的な曝露と神経性疾患を関連づける証拠も大量にある。たとえば、一〇四本の論文のメタ分析では、パラコートの使用と、農家の人々がパーキンソン病になる可能性が二倍になった現象の関連性が明らかになった。このような問題が浮上したために、パラコートは二〇〇七年にＥＵで禁止された。環境規制が厳しいとのイメージがあまりない中国でも二〇一二年、「人々の命を守るために」パラコートが段階的に禁止されることとなった。パラコートが人間の健康を脅かしていることに疑いの余地はほとんどない。にもかかわらず、イングランド北部のハッダーズフィールドでは依然として大量に製造されている。そこはＩＣＩのかつての工場で、いまはスイスの化学大手シンジェンタが所有している（スイスはＥＵよりもはるかに早い一九八九年にパラコートを禁止した）。イギリスの安全衛生庁によると、二〇一五年以降この工場は一二万二八三一トンものパラコートを輸出したという。販売先としてはブラジル、コロンビア、エクアドル、グアテマラ、インド、インドネシア、日本、メキシコ、パナマ、シンガポール、南アフリカ、台湾、ウルグアイ、ベネズエラが記録されている。ＥＵとイギリスの当局はパラコートが危険であるとして域内での使用を禁止しているのに、製造や輸出販売は喜んで続けている。何という偽善だろう。「これはダブルスタンダード（二重基準）の最たる例だ」と、国連で有害物質の安全性評価を専門とするバスクト・トゥンジャクは言う。

国家として、私たちは国内で起きることだけでなく、輸出品にも責任を負うべきではないのだろうか？

私の好きな虫

アリオンゴマシジミ

シジミチョウ科に属する多くのチョウはアリと共生関係を築いている。その幼虫はアリの大好物である糖やタンパク質豊富な蜜を背中の腺から分泌する。アリはチョウの幼虫から蜜をもらう代わりに、捕食者や寄生虫から幼虫を守っているのだ。

シジミチョウ科で最も大型の種、アリオンゴマシジミ（ゴウザンゴマシジミ）はかつてイギリスに生息し、生息地の喪失によって一九七九年に絶滅したが、一九八四年にスウェーデンからの再導入に成功して現在まで生き延びている。興味深いことに、アリオンゴマシジミはかつて宿主とのあいだに築いていた相利共生の関係を壊した。雌は野生のタイムに卵を産む。生まれた幼虫は、最初の数日間はタイムの葉を食べる。これはチョウの幼虫としては普通だが、その後の行動は普通じゃない。タイムから地面に落ちて、クシケアリ属のアリ（*Myrmica sabuleti*）が通り過ぎるのを辛抱強く待つのだ。幼虫はこのアリの幼虫に似たにおいを放ち、通りすがりの働きアリに巣穴まで運んでもらい、アリの幼虫たちがいる育房に丁重に収めてもらう。恩知らずのイモムシはその後、アリの幼虫をむさぼる。働きアリが目の前で起きているこの出来事にまったく気づかず、被害を防ぐこともできないまま、イモムシはみるみるうちに成長し、やがてアリの幼虫よりも大きくなる。チョウの幼虫はそのままアリの巣にとどまり、次の春が来ると蛹になる。成虫は羽化するとすぐに巣穴を出て、翅を膨らませ、飛び去って、また新たなサイクルを始める。

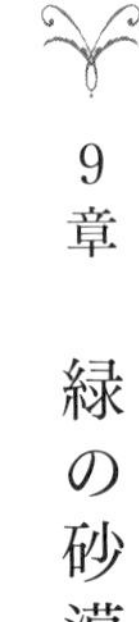

9章　緑の砂漠

植物が光合成で育つという営みは、太陽光のエネルギーを利用して二酸化炭素と水を糖に変える奇跡のようなプロセスだ。植物は成長するためにさまざまなミネラルも必要で、主に土壌から根を通じてそれらを取り込んでいる。とりわけリン、カリウム、窒素という三つの元素は十分に必要であるほか、その他多くの元素も微量ながら欠かせない。こうした栄養分がないと植物は生育が遅れ、作物は不作になる。どの栄養素も植物が利用できる化合物の形で存在していなければならない。たとえば、空気の大部分は気体の窒素だが、気体の窒素そのものはほとんどの植物が利用できず、役に立たないものだ。

農家の人々は昔から肥沃な土地の重要性を理解していた。八〇〇〇年近く前、ギリシャの新石器時代の農民が当時最も多くの栄養分を取り込む作物だった小麦と豆類に糞便を計画的に与えていたという科学的な証拠がある。灰や燃え殻もまた、何千年も前から農地にまかれてきた。南アメリカでは、地元の人々が舟をこいで沖の島へ行き、「グアノ」を集めていた。これはウやカツオドリ、ペリカンといった海鳥の糞が堆積したもので、南アメリカの人々は遅くとも一五〇〇年前から肥料として使ってきた。グアノはリン酸塩が豊富であることが多く、インカの王たちがたいそう重んじたために、許可なく鳥の領域を侵した者は死刑にするとの決まりが導入された。ドイツの博物学者で探検家のアレクサンダー・フォン・フンボルトが一八〇二年にグアノの利用法を知り、一九世紀のうちに西洋でその価値が認められると、グアノは世界規模で取引されるようになった。中国から何千人もの労働者がペルーとチリに送り込まれ、グアノの堆積層を最大で深さ五〇メートルまで採掘させられた。人類がこれまでにつくり出した職業のなかでも、かなり不快な職業に違いない。当然ながらこうした大規模な採掘は長続きせず、グアノは一九世紀末までにほぼ採り尽くされた。近年、ペルー政府は持続的に新鮮な糞を採集するためのグアノ採掘法を築こうと試みたが、魚の乱獲によって鳥たちの食料源が枯渇し、鳥の個体数が激減してしまったために、その試みは破綻することとなった。

地球の裏側からグアノを輸入するのは当然ながら費用がかさむため、ヨーロッパの科学者はリン酸塩の供給源を必死になって探した。そのなかには奇妙なものもあった。たとえば一八四〇年代には、聖職者のジョン・スティーヴンズ・ヘンズローがサセックスのフィーリックストウ近くで「コプロライト」と呼ばれる恐竜の糞の化石（糞石）を発見した。ヘンズローはケンブリッジ大学の植物学教授も務め、いまではむしろ若き日のチャールズ・ダーウィンの恩師だった人物としてよく知られている。コプロライトはその一〇年余り前である一八二九年にウィリアム・バックランドによって発見されたばかりだった。ヘンズローは鳥の糞が栄養豊富なら、恐竜の糞石も肥料になるかもしれないといち早く考え、コプロライトを硫酸で処理してリン酸塩を抽出する手法を考案した。すると、一八六〇年代には知る人ぞ知るコプロライトの採掘ラッシュが始まった。当時カリフォルニアで起きていたゴールドラッシュのほうが魅力的ではあったが、そのケンブリッジ版といったところだ。採掘ラッシュは三〇年ほど続いたものの、グアノの場合と同じように、コプロライトの鉱床がやがて枯渇することは避けられなかった。資源としては恐竜の糞石ほど再生可能でないものはない。

グアノとコプロライトの供給が減ると、イギリスの農家はリン酸塩の供給源として最もあり得ないものに目を向けた。「猫の粉末」だ。古代エジプトでは、猫は殺してミイラにするためだけに飼育されていた。あの世へ旅立つ飼い主のお供として送られる家庭のペットではなく、大量に飼育され、生後六カ月ぐらいになると絞殺または撲殺されたあとに布でぐるぐる巻きにされて、神のご機嫌を取りたい人物に売られるのだ。猫のミイラは主に巡礼者に売られたとみられている。巡礼者は買った猫のミイラを適当な神殿に供えた。ろうそくを供えるようなものだ。それから数千年後の一八八八年、あるエジプトの農民がカイロから一六〇キロほど離れたベニハッサンで地面を掘っていると突然、足元の地面が崩れて、トンネルの中に落ちた。そこにあったのは何十万体もの猫のミイラだ。おそらく、神殿が猫のミイラでいっぱいになると、神官、というよりも彼らの奴隷がミイラを地面に埋めて処分したのだろう。地元の農民が猫のミイラを砕いて肥料として使い始めると、このエジプト独特の製品を輸出しようと考える起業家が現れた。猫のミイラが船に満載されてリバプールに出荷され、トン単位で競りにかけられ、ひいて粉にされたものが畑の肥料となった。[*] あるときには、競りに使うハンマーに猫の頭蓋骨が利用されたと言われている。

一方、ヘンズローと同時期には、イギリスの起業家で科学者のサー・ジョン・ベネット・ローズがリン酸塩に富んだ岩石とコプロライト、動物の骨を硫酸で処理して肥料をつくる実験を行なっていた。ローズは一八四二年に「過リン酸塩」肥料の特許を取得し、その後五〇年かけてロンドンの北のハーペンデンに近い自宅の土地、ローサムステッドでさまざまな肥料が作物の成長に及ぼす効果を実験した。[**] いまでもリン酸肥料はリン酸塩に富んだ岩石から抽出されている。再生可能な資源ではないから、やがて枯渇するだろう。誰かが猫のミイラの大量発見でもしない限り、リン酸塩の原料として使えそうな資源はない。資源の減少が原因でリン酸塩の生産が減少に転じる「ピーク・リン酸塩」が、早ければ二〇三〇年に訪れる

＊この奇妙な貿易はその後、考古学者のあいだに見当違いの大興奮を生むことになった。スコットランドの農場で古代エジプトの矢じりが発見されたのだ。古代エジプトの帝国がそれまで考えられていたよりもはるかに広範囲に及んでいたのかもしれない、あるいは少なくともエジプトから軍の遠征隊がこれほど北方にまで潜入していた可能性があるとの憶測が飛び交った。しかしその後、一八八〇年代にその農場を所有していた農家が猫のミイラの粉末を肥料用に購入したとの記録が明らかになった。猫のミイラに矢じりが混入していた理由はいまだにはっきりわかっていない。

＊＊ローズは自宅の土地を農業試験場に変えた。いまやローサムステッドは現存する最古の農業試験場となっている。ローズの実験のうち、牧草生産に対する肥料の効果の研究は一八五六年に開始されて以降ずっと続けられていて、これまでに行なわれた科学実験のなかでも最長の部類に入る。

可能性があるとの指摘さえもある。これは大きな議論を呼んでいて、リン酸塩に富む鉱物の埋蔵量は予想よりもはるかに多いだろうとの推定もある。しかし、埋蔵量の大部分は係争地である西サハラにあり、現在はモロッコによって生産と輸出が行なわれている。世界の食料生産が一国に支配されているような状態だ。

植物が必要とする三つの主要な栄養分の二つ目はカリウムだ。カリウムに富む肥料はよく「カリ」と呼ばれ、数千年にわたって大半の農民は木の灰を主な原料に利用してきた。一九世紀に北アメリカ東部で広大な森林が伐採されて開墾されると、切られた木々が燃やされて一時的に膨大な量のカリが供給された。カリに富んだ鉱物を地下から採掘する営みはエチオピアで一四世紀に始まり、リン酸塩と同様、現在でもカリの主要な供給源となっている。さいわい、カリ鉱石はリン酸塩よりも埋蔵量が多く、世界での分布もより均等であるため、すぐに枯渇する可能性は低い。

植物の三つ目の主要な栄養分は窒素だ。硝酸塩の形でしか植物に取り込まれず、採掘可能な鉱物としてはほとんど存在しない。このため、農家の人々は数千年にわたって動物や人間の糞便と、廃棄した作物でつくった堆肥の形で硝酸塩を作物に与えていた。とはいえ、なぜ糞便や堆肥を与えると作物がよく育つのか、その理由はもちろん当時はまだ知られていなかった。硝酸塩は一七七二年にスコットランドの医師ダニエル・ラザフォードによって発見されたが、窒素を含んだ化合物が植物の成長にとって重要であることを明らかにしたのは、それから一〇〇年近くあとのフランス人化学者ジャン＝バティスト・ブサンゴーの成果だった。

そして一九〇九年、ドイツの化学者カール・ボッシュとフリッツ・ハーバーが、大気中の窒素を取り込んでアンモニアに変える「ハーバー法」を考案し、この手法を用いて、植物が利用できるさまざまな窒素化合物を製造できるようになった。しかしそれは不運なタイミングで、この新たな手法はニトログリセリンやニトロセルロース、トリニトロトルエン（TNT）といったさまざまな爆発物を安価に大量生産できるようにもしてしまった。ちょうどその頃に始まった第一次世界大戦で、何十万人もの若者の命を奪うために使われることになったのだ。戦争が終わると、一大産業へと急成長を遂げた軍需産業はほどなくその対象を肥料の生産に切り替えた。工業型農業は毒ガスや爆弾の製造を礎にして生まれたのだ。

農薬と同じく、肥料の使用量も年々着実に増えている。過去五〇年で、世界全体で使われた化学肥料の重量は二〇倍になり、いまや毎年およそ一億一〇〇〇万トンもの窒素肥料のほか、九〇〇〇万トンのカリ肥料、四〇〇〇万トンのリン酸肥料を使用している。

しかしなぜ、肥料の製造や使用が悪者扱いされなければならないのかと、疑問に思う読者もいるだろう。明らかにこれは食料を貪欲に追い求める人間の視点ではない。肥料は作物の成長を助けるのだから、害を及ぼすものではないように思える。肥料が入手しやすくなったことは、二〇世紀半ばに世界中で作物の収量が急増した「緑の革命」に確かに大きく寄与した。それは肥沃な土壌でよく育つ作物の高収量品種が開発された頃だ。この運動を大きく牽引した一人がアメリカの農学者ノーマン・ボーローグである。「緑の革命の父」とも呼ばれ、「空腹の上には平和を築けない」と訴えて、世界中に現代的な工業型農業の手法を広めた。一九七〇年にはノーベル平和賞を受賞し、一〇億人が餓死する事態を防いだ人物だと言われることもある。

とはいえ、たいていの新技術がそうであるように、利点ばかりを熱心に追い求めていると、その欠点が見えなくなってしまうことがある。昆虫の視点で見ると、肥料の使用は壊滅的な結果を生むおそれがある。たとえば、牧草地に施肥すると草が一気に繁茂して花々を駆逐してしまう。花が咲き乱れる昔ながらの牧草地は農耕や除草剤の散布をしなくても、化学肥料を一回使用するだけで簡単に破壊できるのだ。イングランド南西部の大部分は列車や飛行機の窓から見ると鮮やかな緑色をしていて、聖歌「エルサレム」(ブレイクによる『ミルトン』の序詩に曲をつけたもの)に歌われるウィリアム・ブレイクの言葉を借りれば、この「心地よい緑の大地」は野生生物にあふれていると、列車に乗った通勤客は思うかもしれない。だがそれは間違っている。その大部分は、成長の早いライグラスだけが繁茂して送粉者を引き寄せない「緑の砂漠」だ。牛に食べさせる(単一の)餌を大量に生産するにはいいのだが、ミツバチやチョウにとっては何の役にも立たない。その影響は甚大だ。肥料が農地の縁辺部や生け垣の下にしみ出し、ホグウィードやイラクサ、カモガヤ、ギシギシといった多くの栄養分を取り込む少数の植物が生け垣で幅を利かせるようになる。こうした植物は成長が早くて丈が高く、キバナノクリンザクラなどの花々を生け垣から締め出してしまう。この花はかつて、手づくりワインをつくるためにバケツいっぱい集められるほどたくさん咲いていたのだが。

植物の多様性が乏しくなると、植物を食べる昆虫や送粉者が連鎖的にその影響を受けることは避けられない。イングランド南西部の道路脇に設けられた生け垣のある土手は野生の草花が見られることでよく知られ、たとえば、生け垣がたくさんある景観には花が咲き乱れているというイメージをもつ人もいるほどだ。しかし、プリマス大学の研究チームが最近発見したところによると、生け垣の農地に面した側（ほとんどの生け垣がそうだ）は道路に面した側に比べてはるかに花が少なく、訪れるハチの数も少ないという。

四〇年前、「ウォール・バタフライ」と呼ばれるツマジロウラジャノメ属のチョウ（*Lasiommata megera*）はイングランドの日の当たる環境ならほぼどこでも見られたものだ。翅の表は茶色とオレンジ色のまだら模様、裏は擬態模様の灰色で、やや地味なありふれたチョウと思われていた。私がティーンエイジャーの頃は、イングランド西部のシュロップシャーにある自宅の庭にときどき姿を見せ、ウォール・バタフライの名のとおり家の壁に止まって日なたぼっこをしていたものだ。それ以降、このチョウはイギリスで八五％減少し、オランダでは九九％近くも減った。イギリスではこのチョウはイングランド中部地方と東部、南東部の州の大部分から姿を消し、その分布域に大きな穴が空いた。減少のパターンは肥料の使用量が（そして農薬の使用量も）多い地域のパターンと関連があるように見えるほか、土壌の肥沃度が高いために繁茂した植物が、このチョウの幼虫が好む日当たりがよくて暖かい小さな生息域に影をつくり、温度を下げたという証拠もある。

肥料はまた、チョウの幼虫にひそかに悪い影響を及ぼす。最近発見されたところによると、ベニシジミ、チャイロヒメヒカゲ、キマダラジャノメといった数種のなじみ深いチョウの幼虫は、窒素濃度を高めた土壌で育った植物を食べると、死ぬ可能性が大幅に高くなるという。その理由ははっきりしないが、植物のタバコの研究にその手がかりはある。タバコは過剰な二酸化窒素（これも植物が利用できる窒素化合物）にさらされるとニコチンなどの防御物質をつくる量が増え、タバコスズメガの幼虫が食べる量の減少につながることが、その研究でわかったのだ。土壌の肥沃度が高い状況下で幼虫が食べる植物の毒性が高まるとしたら、おそらくこれがウォール・バタフライの減少の説明になるだろうし、農地でチョウやガが全体的に減っている原因の一つである可能性がきわめて高い。ひょっとしたらほかの草食昆虫の減少の一因でもあるかもしれない。

河川や湖、池といった淡水の生息環境にはどんな影響があるだろうか？　農地から水が流れ込む淡水の生息環境も土壌と同じように肥料（そして殺虫剤やナメクジ駆除剤のメタアルデヒド）で汚染されている。栄養分が過剰になると藻類（微小な植物）が増殖して、小川や湖の澄んだ水を濁った緑色に変えてしまう。これによって水中に光が届かなくなるために水生植物が枯れて腐敗し、水中の栄養分がさらに高まる。植物が水中で腐敗する過程で酸素を使い果たし、水生の動物が窒息することもある。温暖な気候のもとでは、汚染された水で藍藻（専門的にはシアノバクテリアや藍色細菌とも呼ばれ、藻類ではない）という生物が増殖することがある。藍藻は水中に毒素を放出して、ほとんどの動物を死なせてしまう。藍藻が異常発生した湖で人間が泳ぐと命にかかわることもある。これらすべては水生の生物に深刻な害を及ぼすおそれがある。健全な河川や湖にはトビケラ、カゲロウ、カワゲラ、トンボといった多様な昆虫が生息するが、川における昆虫の多様性と肥料による汚染には密接な関係があり、昆虫はしばしば水質汚染の指標生物として使われることがあるほどだ。気候変動のもとで豪雨の頻度が高まると、農地から河川や湖、海に流出する窒素肥料や農薬の量が増えるだろうと予測されている。

意外なことではないかもしれないが、いまや私たちの飲み水にも肥料が混入する事例がよく見られる。特に農村部や発展途上国ではそうだ。水に含まれる硝酸塩は、いわゆる「ブルーベビー症」の最もよくある原因となっている。これは乳児の体内で硝酸塩が血中のヘモグロビンと結合して、酸素が体内に行き渡らなくなり、最悪の場合は死に至る状態だ。

植物に栄養分を与え、土壌の肥沃度を高めたことに関連する悪影響は、農地の環境や、そこから水が流入する河川以外にも見られることがある。自動車や飛行機、発電所で燃やされたあらゆる化石燃料から一酸化窒素と二酸化窒素が生成され、雨に混じって土壌に降り注ぐと、農地から何百キロも離れた自然保護区などの保護区でも植物が利用可能な窒素が増える。窒素肥料自体の製造にも大量のエネルギーが必要で、たいていは天然ガスのような化石燃料が使われて、大量の二酸化炭素が排出される。肥料工場はまた、二酸化炭素より温室効果が三四倍も高いメタンを大量に漏出していることが最近明らかになった。さらに悪いことに、農地に施された硝酸塩のじつに五〇%が作物に吸収されず、土壌中の細菌によって亜酸化窒素に分解される。亜酸化窒素は一般に「笑気」として知られるが、これは笑い事ではない。農家が肥料の購入に使ったお金が無駄になるだけでなく、亜酸化窒素は温室効果が二酸化炭素より三〇〇倍も高く、オゾン層も破壊するからだ。大気中の亜酸化窒素の濃度は一八五〇年頃から加速度的に増えてきた。その最大の人為的な要因は窒素肥料だ。のちほど詳しく見ていくが、気候変動は将来、昆虫の減少を引き起こす最大の要因の一つとなるだろう。

最後にまとめると、肥料は農家が作物の収量を上げるのに役立っているのは確かだが、環境には多大な害を及ぼしている。肥料の流出によって牧草地や農地の縁辺部で花の種類が大幅に減っただけでなく、昆虫が好まない植物、さらには昆虫にとって有害な植物が増えることにもなった。肥料は水中の生態系で主な汚染源であり、気候変動の重大な一因でもある。その影響は一般の人々にあまり知られておらず、多くの農家の人々にも認識されていない。

私の好きな虫　マツノギョウレツケムシガ

南ヨーロッパのマツの森では、絹糸でつくられたバスケットボールぐらいの球状の巣が高い枝によく見られる。

絹糸の巣の中をよく見ると、イモムシの糞や乾いた脱皮殻が大量に入っているのがわかる。その固まりの中心部には毛虫が群がり、驚かせると尾部をピクッと動かす。この毛虫の毛をさわるとひどい発疹ができることがあるから、よく調べるときには注意してほしい。この毛虫はマツノギョウレツケムシガの幼虫だ。夜になると数珠つなぎになって行進し、木の新鮮な部分を食べて、夜明け前に巣へ戻ってくることからその名前が付いた。

二〇世紀初め、フランスの昆虫学者ジャン＝アンリ・ファーブルがこの幼虫で有名な実験をした。植木鉢の縁に置くと、幼虫たちは七日間にわたって互いのあとを追いながらやみくもに果てしなくぐるぐる回り続けたのだ。この実験結果は何も考えずにリーダーに従うことの愚かさを示す例としてよく取り上げられるのだが、その見方は幼虫にちょっと厳しすぎることがわかった。再現実験で、幼虫たちは植木鉢につるつる滑りやすくてしがみつけない面がある場合、鉢の縁にとどまろうとしているだけだと示唆されたのだ。平らな面にガラスの円筒を置き、その中に幼虫を入れると、幼虫は輪になって這い回るが、円筒を取り除くと賢明にも輪から抜け出し、よりよい場所へ向かっていく。

数珠つなぎになって行進するマツノギョウレツケムシガの幼虫（photo Ⓒ rdonar / PIXTA）

10章　パンドラの箱

昆虫は自然界でさまざまな寄生体や病原体に体をむしばまれ、苦しんでいる。その一生のあらゆる段階で、ほかの昆虫やダニ、センチュウ、菌類、原生動物、細菌、ウイルスに攻撃されることがあるのだ。そうした寄生体や病原体の多くは気味が悪いように思えるが（たとえばバキュロウイルスはイモムシを体内からどろどろに溶かすし、ミツバチの気管の中にすむダニもいる）、これらはすべて生命の豊かな多様性の一部である。寄生体は長年にわたって昆虫とともに共進化してきて、宿主を全滅させることはなかった（宿主を失えば当然ながら寄生体もそのあとを追うように全滅してしまうわけだから、宿主を一掃してしまうのは寄生体にとってまず好手とは言えない）。

昆虫の寄生体や病原体のなかで最もよく研究されてきたのは、飼育用のミツバチに感染するものだ。その理由は明らかで、養蜂家はミツバチの健康と生産性を保つために力を尽くし、その健康に影響を与えるあらゆる要素に細心の注意を払ってきたからである。ミツバチは八万匹もの働きバチと女王バチが巣箱にひしめき合うようにすむ独特の昆虫で、病原体の拡散にとって絶好とも言える環境で生きているから、いっそう病気や寄生体にさらされやすいのかもしれない。数種のダニ、甲虫のハチノスムクゲケシキスイ、チョーク病やストーンブルード病〔いずれもハチの幼虫が真菌に感染しミイラ化する病気〕を引き起こす菌類、アメリカ腐蛆病やヨーロッパ腐蛆病を引き起こす細菌、ハチノスツヅリガ、トリパノソーマ（ヒトに睡眠病を引き起こす生物の近縁種）、微胞子虫（菌類に似た単細胞生物）、そして少なくとも二四種のウイルスから攻撃を受ける。まだ発見されていない寄生体もほぼ間違いなくあるだろう。それでもミツバチが生き残っているのは驚異的とも言える。

とはいえ、これは自然界で起きている現象であり、取り立てて懸念すべきことではない。こうした寄生体は一つの種が多くなりすぎるのを抑え、バランスを保つための自然の機構の一部だ。残念ながら、私たち人間は世界中で昆虫の寄生体や病原体をうっかり移動してしまい、こうした自然の関係を乱す不注意な行動をとってきた。人間は何千年も前から養蜂を行なってきた。古代エジプト人は猫のミイラを好んだだけでなく、四五〇〇年前のヒエログリフに巣箱やミツバチの絵を頻繁に刻んだことがわかっている。北アフリカからはまた、土器を使った養蜂の歴史ははるかに古いとの証拠も出ていて、ひょっとしたら九〇〇〇年前にさかのぼる可能性もある。人間が養蜂の巣箱をいつから遠くへ移動し始めたのかは知る由もないが、珍重されていたことを考えると、アフリカとヨーロッパのあいだでおそらく数千年も前から巣箱が移動され、取引されていたのだろう。そのため、飼い慣らされたセイヨウミツバチの自然の分布域を知るのは難しいのだが、分子レベルの研究で東アフリカの熱帯地方に起源をもち、そこからアフリカのほかの地域やヨーロッパ、中東に広がったことが示唆されている。だとすれば、このミツバチが「ヨーロッパミツバチ」ともしばしば呼ばれるのは、いささかややこしい。

しかし、人間の介入によって、いまやセイヨウミツバチは世界中の国々に分布し、いないのは南極大陸ぐらいとなった。セイヨウミツバチは地球上で屈指の広さの分布域を誇る生物に違いない。その地球規模の移動については比較的新しい時代の記録は残っている。たとえば、最初にミツバチのコロニーが持ち込まれたのは北アメリカでは一六二二年で、カリフォルニアでは一八五〇年代だった。また、オーストラリアには一八二六年、ニュージーランドには一八三九年に出荷された。ちなみに、アフリカ産のきわめて攻撃的なミツバチ、いわゆる「キラービー」が一九五七年にブラジルで誤って放たれ、それ以降、中南米を経てアメリカ南部に広がったという事例もある。

こうしたミツバチの移動にはすべて十分な目的があった。ミツバチが与えてくれるおいしい蜂蜜は長年、人間が唯一手に入れられる濃縮された糖分であり、そのためにヨーロッパ人は世界中にミツバチを運んだ。近年では、作物の受粉を促進したいとの欲求に後押しされ、ほかの多くのハナバチも意図的に移入されてきた。オーストラリアに移入されたオオヒキガエルとウサギが異常発生するなど、過去の惨事を受けて、いまはほとんどの先進国は外来種の移入を防ぐまずまず厳格な規則を設けている。しかし、ハナバチは有益な生物と考えられているからか、私たちは愚かにも世界中でハチの移動については大目に見てきたようだ。とりわけアメリカは外国産ハナバチの輸入に関して飽くなき欲求を抱いているように見える。

意図的に移入したのは、ヨーロッパのハキリバチ（*Megachile rotundata* および *Megachile apicalis*）、数種のツツハナバチ（スペインの *Osmia cornuta*、日本の *Osmia cornifrons*、ヨーロッパの *Osmia coerulescens*）などだ。これらのハチが選ばれた理由ははっきりしない。熟慮の末に決めた計画の一環というよりも、ご都合主義的な選択のように見える。これらすべてのハチは北アメリカのさまざまな地域で着実に子孫を残し、単独性ハナバチのホテル（原産の種を増やすためによく庭に設置される人工の繁殖場所）にこれらの外来種がすみつくことも多いため、こうした設備を設置しないようアメリカの園芸愛好家に呼びかける研究者もいるほどだ。エジプトのハキリバチ（*Chalicodoma nigripes*）やインドのハナバチ（*Pithitis smaragdula*）などもアメリカに移入されたが、知られている限りこれらは死滅したようだ。

マルハナバチもまた、もともとの生息域からはるか遠くへ分布が広がった。一八八五年にはすでに、イギリス産のマルハナバチがニュージーランドに運ばれ、そのうち四種がいまも生き残っている。その一種であるルデラルマルハナバチは一九八二年にチリにも出荷された。トマトの受粉のためにセイヨウオオマルハナバチの商業飼育法が開発されると、一九八〇年代後半にマルハナバチの移動が一気にさかんになった。トマトは花の雄しべを震わせて花粉を放つ「振動受粉」をする必要がある。ほとんどの商業的な農家はトマトを温室で育てており、一九八〇年代までは何人もの人を雇い、振動を発生させる「棒」を使って花を一つひとつ震わせていた。そして一九八五年、ベルギーの獣医でマルハナバチ愛好家のロラント・デ・ヨンゲ博士がトマトを栽培する温室にマルハナバチの巣を設置したところ、驚くほど効率的に受粉できることがわかった。マルハナバチは振動受粉がうまく、顎で雄しべの葯をくわえ、飛翔筋を使って自分の体と花を震わせるのだ。セイヨウオオマルハナバチはヨーロッパの種のなかで飼育が最も簡単だという特徴もあることから、デ・ヨンゲ博士はその飼育と巣箱の販売を始め、まもなく「バイオベスト」という会社を設立した。その後、ほかの会社も競合する工場を設立し、マルハナバチの飼育は一大産業となって、いまでは巣箱で何百万個分ものマルハナバチが毎年飼育されている。当初、巣箱はヨーロッパ域内で販売されていたが、まもなく販路は世界規模に広がった。セイヨウオオマルハナバチは一九九二年にオーストラリアのタスマニアで自然界にいるのが確認され、一九九〇年代には日本の温室から逃げ出した。一九九八年には、チリで意図的に放たれると、たちまち南アメリカ全域に広がった。一方、北アメリカでは工場で東部原産のマルハナバチであるコモン・イースタン・バンブルビーが飼育され始め、北アメリカ大陸全域に加え、南はメキシコまで出荷されるようになった。

いまだからわかることだが、こうしたマルハナバチの人為的移動はすべて向こう見ずな行為だったように思える。作物を栽培できそうな世界のどの地域でも、適切な生息域を与え、農薬の使用を抑制する少しの努力をするだけで、振動受粉をほぼ確実にできそうな原産種が数多く分布している。たとえば、北アメリカには原産のハナバチがおよそ四〇〇〇種いるほか、ハナアブやチョウ、ガ、甲虫、カリバチなどもせっせと花の受粉を助けてくれている。とはいえ、特定の作物の送粉者となる原産種が存在しないという事例がわずかながらあることも確かだ。一八九五年にニュージーランドに移入された長舌種のマルハナバチ類がその一例で、牧草のムラサキツメクサ*の送粉者となる原産種がいないことがその理由だった。ムラサキツメクサは深い管の奥に蜜を隠していて、そこまで届く原産のハナバチがいなかったのだ。とはいえ、たいていの場合、こうした外来種の移入はまったく必要ないように見える。大きな害を及ぼすおそれもある。

在来種でないハナバチはどんな問題を引き起こすと考えられるのか。まず懸念されるのは、移入された種が在来種の巣づくりの場を占拠したり（アメリカの「ハナバチのホテル」での事例がその一例）、蜜や花粉の大部分を奪って在来種が食物を集められなくなったりするなど、在来の送粉者との競合を引き起こすおそれがあることだ。チャールズ・ダーウィンは一八五九年にはすでに、オーストラリアに移入されたミツバチが「在来の小型のハリナシバチを急速に駆逐している」と述べている。ダーウィンは驚くほど鋭い目をもった生物学者ではあった

＊ムラサキツメクサ自体は家畜の飼料としてヨーロッパからニュージーランドに移入されたが、安い化学肥料が手に入る前の時代には特に、窒素を固定して土壌を肥沃にする植物としても非常に役立った。ニュージーランドに移住したイギリスの農家は当初、ムラサキツメクサが種子を付けない理由がわからず、ヨーロッパからかなりの費用をかけて新しい種子を毎回輸入しなければならなかった。問題の原因が送粉者の不在であることを見つけたのが、イングランドから移住してまもない事務弁護士のR・W・フェレデイだった。一八七〇年代に兄弟の農場を訪れた彼は原因に気づくと、やがてイングランドからマルハナバチをいくつか選んで輸入した。そのストーリーの全容は拙書『スティング・イン・ザ・テイル（*A Sting in the Tale: My Adventures With Bumblebees*）』で読むことができる。

が、この件については間違っていた。その在来のハリナシバチは*Trigona carbonaria*だと考えて間違いないだろうが、まだ十分な数が生き残っているからだ。とはいえ、ひょっとしたらダーウィンは外来種が及ぼしうる害に気づいた最初の人物であり、ミツバチの移入によってオーストラリアのほかの動物相が影響を受けるという指摘は見事だろう。オーストラリアには現在一五〇〇種ほどの在来のハナバチが生息しているが、ほぼどこへ行っても、花に集まる昆虫のなかでいちばん目に付くのがミツバチだ。巣箱は五〇万個以上あり、そこにすむとみられる二五〇億匹ものミツバチを養わなければならない。オーストラリアの養蜂家は年間およそ三万トンの蜂蜜を採取する。これらすべての蜂蜜は一八二六年以前には在来の昆虫の食物だったはずだ。これだけの蜂蜜があれば、どれほど多くの昆虫を養えるだろうか。世界各地で行なわれた研究から、やはり外来ミツバチが在来の送粉者にしばしば影響を与えていることが確認できる。在来種が好む花から追い出される事例のほか、ミツバチの巣が多い場所ではマルハナバチのコロニーの成長が遅くなるうえ、ハチ自体の体が小さくなるという事例もある。北アメリカやオーストラリアにミツバチが移入された当時に在来の送粉者を研究していた人がいないため、ミツバチ移入による影響の全貌は知りようがない。とはいえ、花粉を媒介する種がいまよりはるかに多かった可能性はある。いまとなってはその存在を知る手立てはないのだが。

人間がミツバチを世界規模で移動させていることに関連する、さらに大きな問題がもう一つある。移動されたミツバチがしばしば「密航者」を連れてくる問題だ。ギリシャ神話のパンドラの箱のように、ミツバチの巣箱に含まれている寄生体や病原体がいまや世界中に広がっている。いったん巣箱を飛び出せば元に戻すことはできない。とはいえ、たとえば一六二二年にミツバチがアメリカに持ち込まれた当時、ウイルスはおろか細菌の存在さえもまだ発見されていなかったから、当時の養蜂家たちが病原体を広めたのだと責めるわけにはいかない。この危険性が認識されているいまでも、残念ながらミツバチの寄生体をうっかり移動してしまう行為は続いている。なかでも最もよく知られていると考えられる例が、ミツバチへギイタダニというダニの世界的な拡散だ。

ミツバチへギイタダニは、セイヨウミツバチよりやや小さいアジア原産の近縁種であるトウヨウミツバチに自然に寄生している。このダニは赤褐色で円盤のような形をしていて、体長が二ミリほどなので肉眼でも十分に見える大きさだ。ミツバチの体にくっつき、その脂肪分を吸い取る。ミツバチに害を及ぼすとはいえ、このダニはふだんトウヨウミツバチのコロニーに深刻な害を及ぼすことはなく、両者は何百万年にもわたって共進化してきた。トウヨウミツバチは飼い慣らされているが、セイヨウミツバチよりも概してコロニーが小さく、生産する蜂蜜の量も少ない。そのためセイヨウミツバチはアジアに輸入され、いまでは膨大な数が養蜂家に飼育されていて、トウヨウミツバチといっしょに飼われていることも多い。不運なことに、ミツバチへギイタダニは宿主を乗り換えて、外来のミツバチを好むようになった。このダニがセイヨウミツバチに寄生していることが初めて記録されたのは一九六三年で、シンガポールと香港でのことだった。感染したミツバチと巣箱を不用意に世界各地へ移動させたことがダニの西への拡散につながり、一九六〇年代後半には東ヨーロッパ、一九八二年にはフランス、一九九二年にはイギリス、一九九八年にはアイルランドまで広がった。ほかの地域を見ると、ブラジルでは一九七〇年代、北アメリカでは一九七九年にアメリカのメリーランド州で初めてミツバチヘギイタダニが発見された。厳しい輸入規制をかいくぐり、ニュージーランドには二〇〇〇年に、ハワイには二〇〇七年に侵入した。現時点では、世界の主要国のなかでこのダニの侵入を許していないのはオーストラリアだけだ。

セイヨウミツバチは過去の進化の過程でミツバチヘギイタダニに遭遇してこなかったため、このダニの攻撃を防ぐ手立てをほとんどもっていない。このダニはミツバチの幼虫にも成虫にも寄生して、チヂレバネウイルスをはじめとするウイルスなどの病原体をハチからハチへと広げる。ダニとウイルスが巣箱の中で増殖するにつれて、ミツバチはだんだん弱り、通常一〜二年のうちにコロニーは崩壊して死滅する。ミツバチヘギイタダニとそれに関連するウイルスはミツバチが直面する大きな問題の一つであり、世界中の養蜂家がミツバチの群れを失い続けている理由の一つであることは間違いない。

ミツバチヘギイタダニはマルハナバチなどほかの昆虫に付着している事例もときどき確認されているのだが、さいわい、ほかの昆虫では増殖できないようだ。とはいえ、これがほかの大部分の寄生体や病原体に当てはまらないのが残念である。たとえば、チヂレバネウイルスはゴキブリやハサミムシ、社会性カリバチ、ハナバチのほか、ミツバチヘギイタダニの体内にも感染して増殖することがわかっている。名前から想像できるように、このウイルスに感染したミツバチは翅がちぢれて不自由になり、飛翔できなくなる。このウイルスは最初にミツバチで発見されたために長くミツバチのウイルスと考えられてきたが、ほかの宿主と比べてミツバチと特別深い関連があると考える理由は特になく、昆虫全般に感染するウイルスであるようだ。

チヂレバネウイルスが最初に確認されたのは日本で、一九八〇年のことだった。それ以降、世界のあらゆる地域で検出されてきたが、このウイルスがもともと世界中に分布していたのか、それとも、かつて特定の地域に分布する昆虫の病原体だったものが人間によって世界中に拡散されたのかはわかっていない。はっきりしているのは、いまやミツバチの巣箱がこの病原体の保有宿主のように機能し、ウイルスが巣箱からマルハナバチなどの野生の送粉者に拡散していることだ。それがどの程度の害を及ぼしているかは明確でない。野生の送粉者の病気を監視している人はいないから、一種あるいは多数の種で病気が流行したとしても、おそらく誰も気づかないだろう。ミツバチの場合、ウイルス自体はコロニーでたいした害を及ぼすことなく残存するのだが、ミツバチへギイタダニと組み合わさると症状が出るようで、感染が深刻な個体は付属肢が変形して不自由になり、最も大きな影響は翅に現れる。マルハナバチの巣で一部の個体の翅が変形しているのは珍しくないし、変形した翅をもつマルハナバチのなかにはチヂレバネウイルスの検査で陽性になった個体もいるものの、この病気にかかっているマルハナバチがどれだけいるかはわかっていない。しかもこれは、ミツバチが感染するウイルスのなかで最もよく知られている種類に限った話だ。

ミツバチから野生の送粉者に広がったことが確認されている病原体は、少なくとももう一つある。ミツバチの腸に感染する単細胞生物で微胞子虫の仲間であるノゼマ・セラナエだ。ミツバチへギイタダニと同様、これはもともとトウヨウミツバチと関連のある寄生体だったようだが、二〇〇四年に台湾で新種として初めて発見された。研究者たちが調査に乗り出すとまもなく、ノゼマ・セラナエはヨーロッパと北アメリカのミツバチに広く見られることが明らかになった。欧米では新しく入った新興感染症として広く見なされているのだが、実際のところ、この病原体がどこから入ってきたのかを特定するのはきわめて難しい。ミツバチの古い標本で遺伝子が調査された結果、アメリカでは一九七五年、ブラジルでは一九七九年の標本からノゼマ・セラナエが検出されたから、チヂレバネウイルスと同じでその起源も、どうやって世界中に広がったかもよくわからない。科学者たちはいまも全容を解明しようと取り組んでいるが、起きてしまった被害を元どおりに戻すには明らかに手遅れだ。

チヂレバネウイルスとの共通点はほかにもある。それは宿主への影響にばらつきがあるということだ。ひょっとしたら、感染した個体のほかの面での健康状態に左右されているのかもしれない。一部の研究ではノゼマ・セラナエに感染したミツバチは八日以内に死ぬとされ、蜜や花粉を集める採餌(さいじ)バチが最も深刻な影響を受けるため、コロニーはしばしば女王と育児バチ(子の世話をする比較的若い働きバチ)ばかりになり、蜜や花粉を持ち帰る経験豊富な採餌バチはほとんどいなくなるという。チヂレバネウイルスと同様、ノゼマ・セラナエもマルハナバチで頻繁に検出されているようで、これまでに中国、南アメリカ、イギリスの野生のマルハナバチで確認されている。ミツバチよりもマルハナバチに対して毒性が強いとみられ、感染すると死ぬ個体も多い。最近、イギリスでは自由に飛び回る野生のマルハナバチのおよそ四分の一がこの病原体に感染しているとの証拠が提示されたが、これは憂慮すべき状況だ。

チヂレバネウイルス、そしておそらくノゼマ・セラナエの拡散もミツバチを不注意に移動させたことが原因であるのはほぼ間違いないのだが、工場で飼育されたマルハナバチのコロニーの輸出入もまた、この問題に拍車をかけている。マルハナバチ工場の衛生環境はここのところ向上してきたようだが、この産業が始まった一九八〇年代と九〇年代には、出荷された巣箱の多くには各種の寄生体が混じっていた。ヨーロッパの工場で飼育されたハチの気管に潜んでいたアカリンダニが、日本の自然環境に逃げ出し、いまでは日本原産のマルハナバチに感染している。同様に、ヨーロッパからチリに移入されたセイヨウオオマルハナバチが南アメリカ全域に広がり、マルハナバチに感染する病気のうち少なくとも三種類をもっているようだ。いまのところこれらの病気の起源が確実に特定されているわけではないが、はっきりしているのは、アンデス原産の世界最大のマルハナバチ（*Bombus dahlbomii*）はその病原体への耐性をもっていないため、セイヨウオオマルハナバチの移入で深刻な影響を受けているとみられることだ（詳しくは拙書『ビー・クエスト（*Bee Quest*）』をご覧いただきたい）。

ハナバチに感染する新たな病原体はいまも見つかり続けているが、自然界の宿主の生息域や、地理的な範囲、基本的な生態についてわかっていることは少ない。しかし、ほかの昆虫の病気に比べればまだ、ハナバチの病気について解明されていることははるかに多い。人間が世界各地に移動させている昆虫はハナバチだけではない。マルハナバチを飼育している企業はまた、寄生バチ、捕食性のダニ、ハナアブ、クサカゲロウ、テントウムシといった、生物的防除に利用するさまざまな生物も飼育しており、それらすべてが影響をたいして顧みることなく世界中に出荷されている。こうした生物がどのような病気をもっているかはわかっていない。人間はまた、国境を越えて観葉植物を日々出荷し続けることで、知らず知らずのうちに膨大な規模で昆虫を移動している。輸送用のコンテナに潜んでいる昆虫はほかにもいる。中国から鑑賞用陶器に潜んでフランスのボルドーまで輸送されてきたアジア産のツマアカスズメバチは、たちまち広がって西ヨーロッパの大部分にすみついた。過去数世紀にわたる広範囲の国際貿易をはじめ、人間の活動が多数の昆虫の寄生体の分布域を大幅に変えたのは確かであるように思えるものの、それがどのような影響を及ぼしてきたかはおそらく知りようがない。私たちが昆虫の病原体やその宿主に対する影響についてどれほど無知なのか、どれだけ誇張しても足りないぐらいだ。昆虫の種の九九・九%について、そもそも私たちは何も知らないのだ。人間が知らず知らずのうちに広めた、昆虫の外来の寄生体や病原体の地域的な流行によって昆虫の個体数が激減した可能性はあるし、いまも減少し続けている可能性も大いに考えられる。こうした現象に、私たちはまったく気づいていないだけかもしれない。

自爆するシロアリ

仏領ギアナの辺境にある高温多湿の森林には、じつに奇妙な昆虫がすんでいる。学名で*Neocapritermes taracua*と呼ばれるシロアリだ。

シロアリは非常に興味をそそる生き物で、アリとはまったく異なる系統の昆虫だが、生態は似ていて、一匹の女王とワーカー（働きアリ）からなるコロニーを地下に築く。コロニーは時には広大になる。ワーカーの役割は何種類かあり、それぞれの個体が特定の作業を行なう。アリと異なるのは、シロアリが厳格なベジタリアンだということだ。多様な植物を食べ、腸に共生させている微生物の助けを借りて、消化しにくいセルロースを分解している。シロアリはオオアリクイからアリまで、多くの生物が好む獲物にもなり、長い歳月のあいだに身を守るためのさまざまな手法を進化させてきた。しかし、仏領ギアナのシロアリの防御法ほど献身的なものはない。年をとってくると、この種のワーカーの腹部には青い斑点が現れ、そこには銅に富んだタンパク質が詰まっている。年とともに顎はすり減って鈍くなり、コロニーで限られた役割しか果たせなくなる一方で、こうしたワーカーは攻撃性を増し、あらゆる侵入者を攻撃する。戦いで形勢が不利になると、この年老いたワーカーは爆発し、青いタンパク質が唾液腺に蓄えられていたヒドロキノンと反応して、きわめて毒性の高いベンゾキノン（ホソクビゴミムシが尾部から噴射するのと同じ化合物）を形成する。科学者はこの行動を「自殺的な利他行動」と呼んでいる。これはミツバチのワーカー（働きバチ）が一度刺したら死んでしまうことに似ている（ミツバチは針にかえしがあり、刺した相手から離れるときに針を抜こうとして体がちぎれてしまうため）。どちらの場合も、ワーカーはコロニーの役に立つために堂々とみずからの命をささげるのだ。

11章　迫りくる嵐

二一世紀の人類が直面している大きな環境問題のなかでも、気候変動は最もよく知られているだろうし、最も差し迫った問題の一つであることは間違いない。

とはいえ、人間の活動によって生じた温室効果ガスが気候を変えているという見解に対して科学者のあいだで合意がとれたのは一九九〇年代になってからだ。いまでも、残念ながらアメリカの大統領経験者やその支持者の多くをはじめ、気候変動を否定する人々はいるし、地球は平面でできていると主張する人々もまた存在する。[*] 現実世界に生きている私たちにとって、人間が気候を変えていることは確かで、変動のスピードが速いこともはっきりしている。一九〇〇年から現在までに地球の平均気温はおよそ一℃上昇した。これはたいした上昇ではないようにも思える。イングランドでいえば、中部のバーミンガムから南部沿岸のブライトンに引っ越した場合の気温の変化とだいたい同じだが、この変化は一〇〇年余りの歳月をかけて起きているため、同じ場所に住み続けている普通の人はその変化に気づかないだろう。シフティング・ベースライン症候群の好例だ。一方、バーミンガムのすぐ北で生まれ、ブライトンの近くに引っ越した私が、その違いに気づけたのは、変化が急だったからだ。

もちろん、気候の面から考えると、涼しくて穏やかな気候に暮らしている私たちのような人からすれば、バーミンガムからブライトンへの移住はまったく悪くないように思える。イギリスなどの寒冷で多湿な国に暮らす多くの人が気候変動に関心がないように見える背景には、こうした意識があるのではないかと、私は常々考えてきた。とはいえ、こんな意識には気候変動の脅威の深刻さに対する視点がまったく欠けている。すぐにでも温室効果ガスの排出量を大幅に減らす取り組みを始めないと、いまの子どもたちが生きているうちに地球の平均気温はおそらく三〜四℃上昇するだろう。気温は地球全体で均一に上昇するわけではない。大方の予測では、大部分の海洋の上では気温はわずかに上昇するだけで、極地と、アフリカやアジアをはじめとする大きな大陸の上では上昇幅が平均よりも大幅に大きくなるとされている。したがって、アフリカやアジアの多くの地域は程度の差はあるものの人間の居住、そして当然ながら大部分の野生生物の生育に適さなくなる。そうした地域はまさに、人口の大部分がいま居住している場所だ。

気候変動の行方を予測する試みはおそらく、科学者たちによる人類史上最大の取り組みだろう。数千人にも及ぶ世界中の科学者の頭脳を数十年にわたって使ってきた試みだ。気候変動の科学研究は厳密なものではない。気候は複雑な「フィードバックループ」の影響を受け、数理モデルで正確にとらえて理解することが難しいというのが、その大きな理由だ。正のフィードバックループが気候変動を加速させ、ひょっとしたら早くて二〇三〇年には、地球温暖化は制御不能になって人類では止められない状態になるとの予測まである。たとえば、極地や山岳地帯にある氷や雪は太陽光を反射して、温暖化を軽減する一助となっている。しかし、氷や雪が解けると反射される太陽熱が減り、すると氷や雪の融解のスピードが上がり、それによってまた氷や雪が解けて減る。これが正のフィードバックループの一例だ。同様に、はるか北の地で永久凍土が融解した結果、それまで氷の下に閉じ込められていたメタンが放出されるという現象もある。メタンは地中の有機物が無酸素の環境で何千年もかけて非常にゆっくり腐敗して形成され、二酸化炭素よりも温室効果がはるかに高いガスだ。だから大気中のメタンが増えれば温暖化も加速し、それでまたさらに多くのメタンが放出される。その繰り返しだ。土壌の温度が上がると有機物が酸化して二酸化炭素をつくる反応の速度が上が

＊一笑に付すのは簡単だが、これには真面目にとらえるべき側面もある。イギリスを拠点とする「地球平面協会」という団体が現実にあり、カナダとイタリアにも同様の団体があるのだ。会員たちは地球が円盤状で、北極は中心に位置する穴であり、南極大陸は高さ約四五メートルの縁として円盤の外周を囲んでいると信じている。彼らの主張によれば、世界各国の政府は地球が球体であることを私たちに納得させようと陰謀を企てているという。ソーシャルメディアで自分と同じ意見ばかり目にする「エコーチェンバー現象」がこうした荒唐無稽な信念をいっそう強くしているようで、同協会の会員は近年増えて五〇〇人を超えた。すべての会員が真剣に活動しているわけではないとは思うが、それでも、明らかにばかげた説を信じる人がこれだけ多いのは確かに懸念すべきことで、多額の資金をつぎ込んだ陰謀が現実にあったらどんなことを成し遂げるのかと考えてしまう（選挙の不正操作や、見せかけの環境配慮「グリーンウォッシュ」による環境破壊など）。

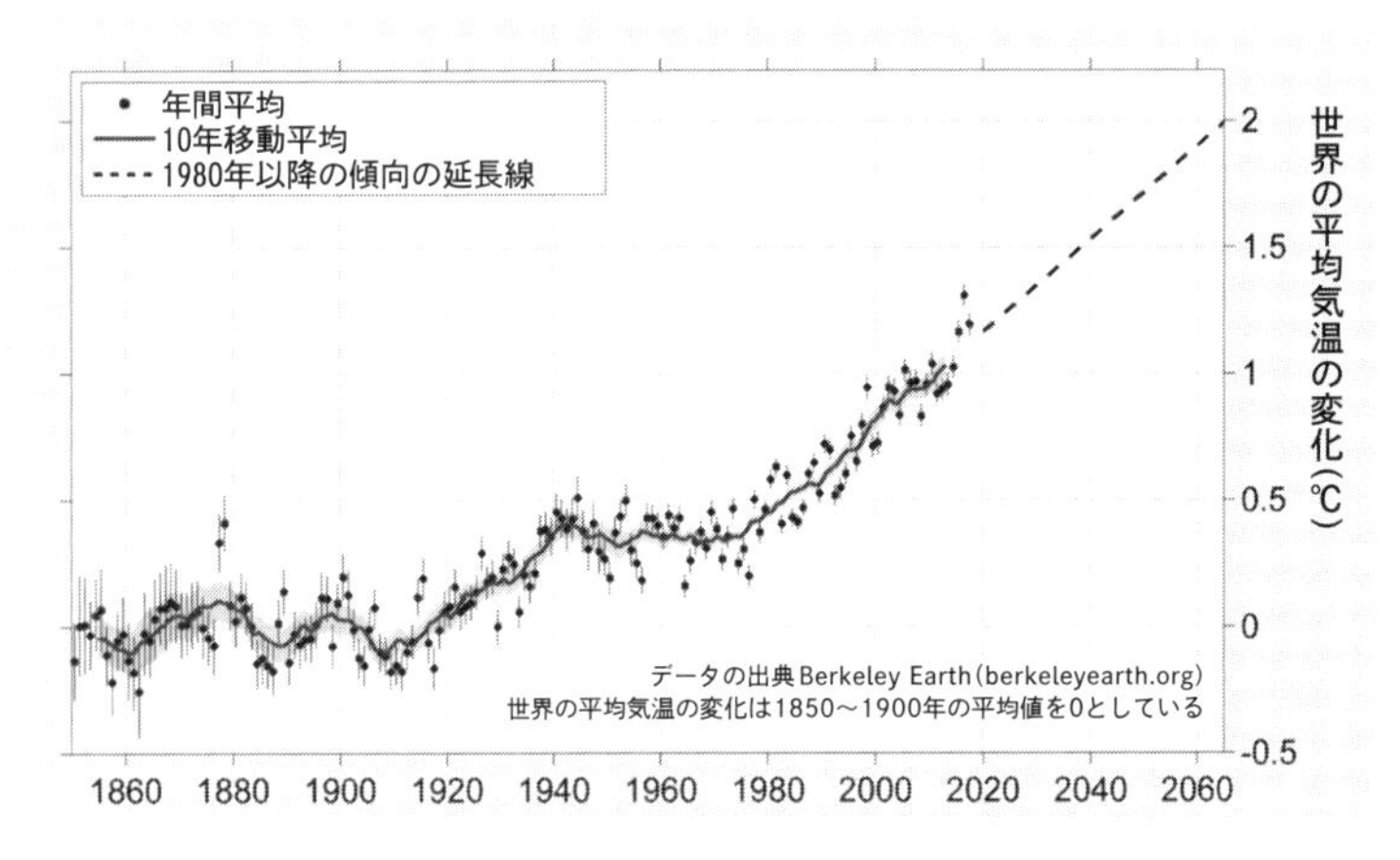

1860年から現在までの世界の気温と、2065年までの予測

現在のペースだと、地球の長期的な平均気温の上昇幅は1850〜1900年の平均値と比べて2040年までに1.5℃、2065年前後に2℃になると予測される。

出典は https://berkeleyearth.org/global-temperatures-2017/

り、土壌の健全性が低下するとともに温室効果ガスの排出を増やす。温暖化はまた、森林火災が起きる頻度も高めるとみられる。そうなれば、木々が一気に二酸化炭素と煙に変わってしまう。

その一方で、気候変動を遅くさせる可能性がある負のフィードバックループもある。なかでも注目したいのは、地球の気温が上がるにつれて、宇宙に放出される熱の量も増えるという現象だ。また、二酸化炭素濃度の上昇が植物の生育を早める一助となり、その結果、植物に吸収される二酸化炭素が増える。こうしたフィードバックループは正も負も含めてほかにも多くあり、広く認められているものもあれば憶測の域を出ないものもあるのだが、気候科学者のあいだでは、正のフィードバックループの影響のほうが負のループよりもはるかに大きいという見解で強く合意がとれている。つまり、この先気温が上昇することは間違いないが、上昇のスピードがどの程度かははっきりせず、今後の気温上昇の度合いは私たちが次に何をするかに大きく左右されるということだ。

さらに予測が難しいのは、将来の気候に関するその他の側面だ。特に、降雨の強さや頻度、ハリケーンなどの極端気象の強さや頻度の予測が難しい。気温が上昇すると、地表や海面から蒸発する水分が増える。上に昇ったものは下に落ちてくるから、それによって必然的に降水量が増え、特に豪雨の頻度が高まって、洪水の増加につながる。私たちはすでに大西洋でハリケーンの頻度と威力が増しているのを目の当たりにしていて、その一部はアメリカ南部やカリブ諸国に壊滅的な被害をもたらしてきた。大部分のモデルでは、二一世紀末までに雨が降る場所に大きな変化があると予測されている。全体的に降水量は増えるが、雨が降る場所自体が変化するため、なかには降水量が減る場所もあると予測されている。サハラ砂漠は拡大して北はヨーロッパ南部、南はアフリカの赤道地域の大部分まで達すると予測される一方で、アマゾン盆地の一部地域は降水量が減るとみられ、これまでに残った熱帯雨林もいずれにしろ消滅してしまう可能性が高い。

予測される海面上昇もまた、大きな議論の対象となっている。極地付近の陸地や世界の大山脈を覆っている幾層もの氷が解け、その水が海へと流出していることは確かだ。アメリカ・モンタナ州のグレイシャー国立公園では一八五〇年に一五〇の氷河があったが、いまでは二六しかない。近いうちに、グレイシャー（氷河）という名前を変えなければならなくなりそうだ。それと同時に、すでに海にある水は温まると体積が増す。大半の推定では、海水面は二一世紀末までに一〜二メートルほど上昇するとみられている。二メートルというとたいしたことがないように思えるかもしれないが、インド洋のモルディブや、太平洋のマーシャル諸島、バングラデシュの大部分（人口一億六八〇〇万人で、人口密度は世界屈指の高さ）、アメリカのフロリダ州の大部分、ジャカルタや上海といった多くの大都市が跡形もなく消えてしまう。二一〇〇年までに、アメリカだけで二四〇〇万世帯が水没すると推定されている。しかし、海面上昇の規模がもっと大きくなるおそれがあるとの懸念は現実にある。いくつかの研究によると、グリーンランド氷床の融解が避けられない転換点に近づいているという。これだけで海水面は六メートルも上昇する。気候変動に関する大半の予測は現在から二一世紀末までに世界がどうなるかに着目しているが、気温が安定したとしても、海水面はこの先何世紀も上がり続けるだろう。これは単純に、南極大陸を覆う膨大な量の氷の融解速度が遅いという理由によるものだ。南極大陸は場所によっては厚さ四キロもの氷に覆われている。埋蔵されているすべての化石燃料を燃やすと、やがて南極大陸を覆っている氷がすべて解けると推定されている。ただし、その水がすべて海に流出し終わるまでには一〇〇〇年の年月を要するかもしれない。これで海水面は五八メートル上昇し、生き残った陸上生物がすめる陸地はかなり縮小することになるだろう。

いずれにしろ、洪水が起きる頻度は着実に高まりそうだ。豪雨で河川の堤防が決壊して起

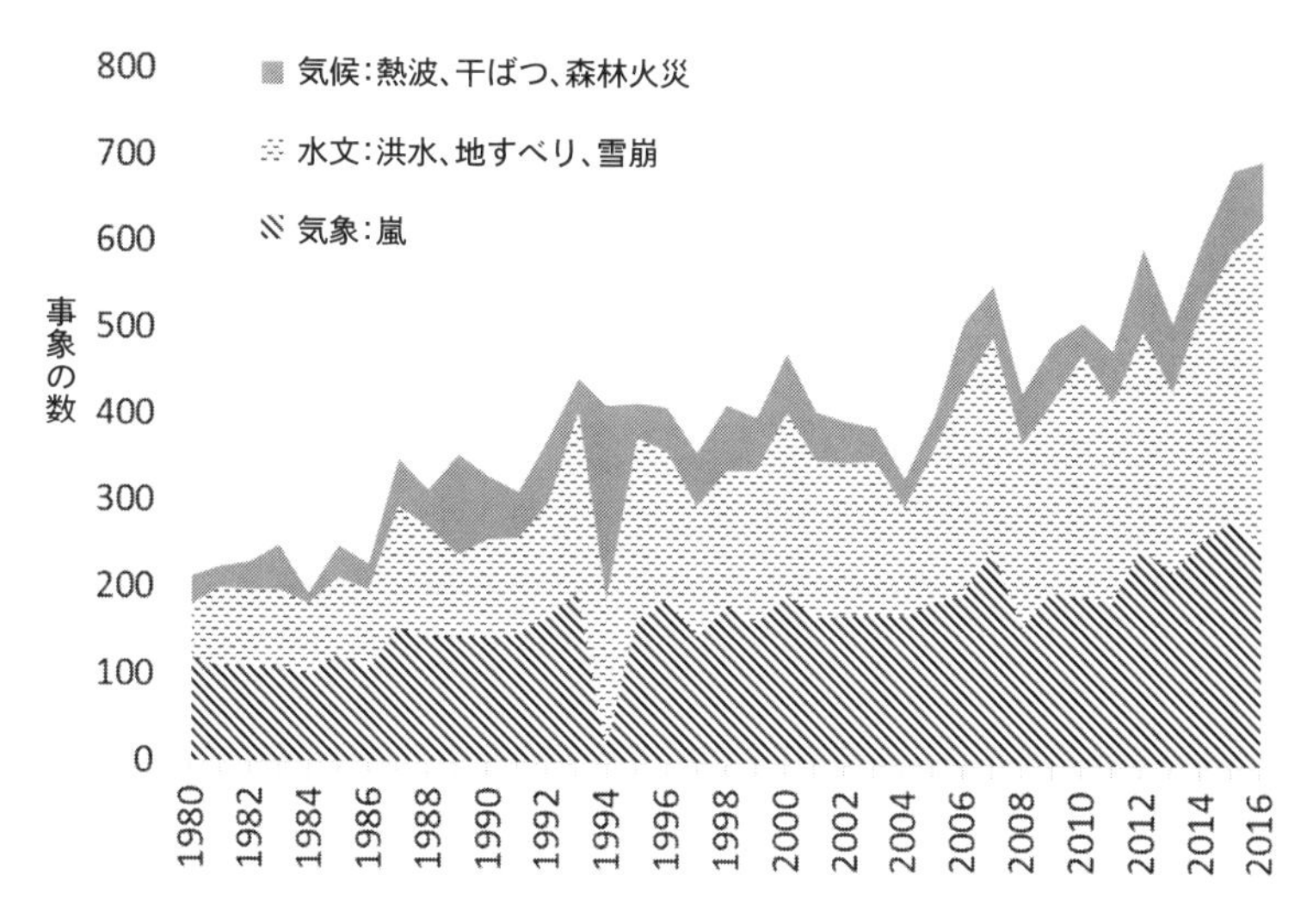

1980年から2016年までの自然災害の頻度

洪水、嵐、森林火災に起因する自然災害の頻度は1980年以降、3倍以上に増えた。データは保険損失にもとづいている。人間に影響を与える災害は昆虫にも多大な影響を及ぼす。データの出典：Economist

きた鉄砲水に襲われる場合もあるし、沿岸部では海面上昇や頻度を増す高潮で浸水することもある。

洪水が多くの場所に脅威をもたらす一方で、ほかの場所では火災の頻度が高まるだろう。二〇一九年には、アメリカ西海岸のカリフォルニア州や、スペインなどの地中海沿岸諸国で、それまでにないほど多くの森林火災が発生した。泥炭（ピート）も干拓や干ばつによって乾燥すれば、燃えることがある。たとえば一九九七〜九八年には、エルニーニョ現象の発生中に降水量が異常に少なかったために、東南アジアのボルネオ島やスマトラ島の多雨林で起きた火災が広がって泥炭に燃え移り、何カ月も燃え続けた末に六〇〇万ヘクタールの多雨林が全焼し、およそ二ギガトンの二酸化炭素が放出された[*]。東南アジアではそれ以降も二〇〇二年、二〇一三年、二〇一四年、二〇一五年に泥炭地で火災が起きた。ブラジルでは最近の火災の大部分が開発目的の人為的なもので、その背景には、アマゾンで農業や鉱業の開発を熱心に奨励するポピュリストのボルソナロ大統領の意向がある。当然ながら、こうした火災でも樹木や葉、土壌に蓄積されていた炭素が二酸化炭素と汚染物質の煙（人間の健康にきわめて有害な粒子状物質の主要な汚染源）に変わり、世界全体の温室効果ガスの排出量が増加する。世界全体では、熱帯林の伐採によって毎年およそ四・八ギガトンの二酸化炭素が排出されている。これは温室効果ガスの排出量全体の八%に当たる。

こうした温暖な地域は乾燥していることも多いから、火災が起きても驚かないかもしれないが、二〇一九年には驚くべきことに寒冷なシベリアやグリーンランド、スウェーデンでも広大な土地が炎に包まれ、やがてその熱で乾燥した泥炭層が発火し、ほとんどの場合、鎮火できずに夏のあいだずっとくすぶり続けた。極地で火災が起きるとよく、すすが雪の上に降り積もる。雪は黒ずむと熱の吸収量が増えて解けやすくなる。

火災と洪水が、同時にではないにしろ起こりやすい場所もある。カリフォルニア州では二〇一八年、それ以前の森林火災で植生を失った丘陵の斜面を豪雨が襲い、大規模な土石流が発生して何千トンもの泥や巨石が急な斜面を流れ下り、二三人もの死者を出した。

気候変動が数々の難題を私たち人間に突きつけてくるのは明らかだが、それでは、昆虫やほかの野生生物への影響はどうだろうか。最近まで、気候変動が昆虫の個体群に大きな影響を及ぼしてきたことを直接示す証拠ははっきりしていなかった。昆虫のなかには気候に対応して生息域を移し始めたものもいる。ヨーロッパと北アメリカのマルハナバチはその生息域の南端から姿を消し、山岳地帯では標高の高い場所に移る傾向がある。また、花粉を媒介する草食昆虫のなかには春に現れる時期が、それが採餌する植物の現れる時期とずれてきたものもある。たとえば、アメリカ・コロラド州の山岳地帯に育つ一部の植物は、そこで採餌するマルハナバチが冬眠から目覚める前に花を咲かせるようになってしまった。以前は冬眠明けに花が咲いていた。ひょっとしたら変化がゆっくり進めば、マルハナバチか花が適応できるかもしれない。いまのところ変化はごくわずかなものだが、二一世紀のうちに気候変動が加速すれば、この変化もいまよりはるかに速く進むと予測される。

昆虫のほとんどのグループは熱帯で最も多様であるのだが、マルハナバチは全体的に比較的涼しい気候に生息していることが多い。そうした環境で体温を保つための適応として、大きな体が毛で覆われている。したがって、直感的には、気候変動はマルハナバチにとりわけ悪い影響を及ぼしそうだ。野生生物の将来の分布域を推定する際には、現在の生息域の気候条件にもとづいた気候予測を利用することができる。かいつまんで言うと、気温や降水量な

＊これがどれぐらいの規模かを見てみると、一九九七年に世界全体で化石燃料の燃焼によって排出された二酸化炭素は合計でおよそ二四ギガトンだった。つまり、泥炭の火災でその一〇％が加わったことになる。

どの年間のパターンに着目して、ある特定の種が現在分布している地域の気候をコンピューターモデルで正確に導き出してから、将来その気候になりそうな地域が世界のどこにあるかをはじき出す。予想がつくかもしれないが、ほぼすべての種の生息域が赤道から遠ざかる方向に移動すると予測される。こうした計算はヨーロッパのすべてのマルハナバチ（そしてほかの多くの生物）について行なわれ、ご想像どおり勝者もいれば敗者もいると予測されている。たとえば、南ヨーロッパの山岳地帯の花々が咲く牧草地にすむ、灰色の腹部と黄金色の尾部をもった美しいマルハナバチ（*Bombus mesomelas*）は理論上、将来イギリスに移動すると考えられる。一方、コモン・カーダー・バンブルビー、アーリー・バンブルビー、レッド・テイルド・バンブルビー、ガーデン・バンブルビーといったイギリスでおなじみのマルハナバチはイギリスの低地地方やヨーロッパの大部分から二〇八〇年までに姿を消すが、スカンディナビアやスコットランドでは何とか持ちこたえるはずだ。二〇〇一年にヨーロッパ大陸からイギリスに入ったばかりのツリー・バンブルビーは二一世紀末には再び姿を消すと予測されている。

チョウのように、もっとなじみ深く、高温を好むほかの昆虫のグループはどうだろうか。そうした昆虫にとって温暖化は朗報だと考えられそうだ。多くの種にとってその生息域の北限に当たる、イギリスのような温帯の国にとっては特にそうだろう。非営利団体「バタフライ・コンサベーション」のマーティン・ウォーレンらは、イギリスで生息域の北限にいる四六種のチョウの個体数がどう変化するかを分析した。これらは温暖化の恩恵を受けると予測される種だ。その結果、一九七〇年から二〇〇〇年のあいだに四分の三の種で個体数が大幅に減ったことがわかった。この傾向は定住性のハビタット・スペシャリスト（非常に限定された環境を好み、移動性が小さい種で、研究では二八種が該当。以下「スペシャリスト」）と移動性の高いジェネラリスト（一八種）とでは異なる。スペシャリストの八九％が減少する一方で、ジェネラリストで減少したのは半分にとどまり、数種は数を増やした。この結果から、いまのところ気候変動が温暖な気候を好むチョウにさえも恩恵を与えていない理由に関する手がかりが得られる。移動性の高いジェネラリストは温暖化に対応して比較的容易に移動することができ、移動した先で生存できる場所を見つける可能性が高い。一方、スペシャリストは移動を避ける傾向にあり、たとえどうにか移動したとしても、到着した先で適切な生息地を見つけられなければ、やっぱり死んでしまうだろう。

ここで少し立ち止まって、こんなことを考えてみよう。気候はこれまでも常に変動してきたし、種の生息域の移動は幾千万年にもわたって起きてきた自然の反応なのではないかと。氷河時代が何度も到来しては去っていくなかで、マルハナバチやチョウだけでなく、オークの木やトナカイまであらゆる生物がそれほど苦労もなく生息域を移動してきた。オークは数メートル北に実を落とすこともできるし、幸運が重なればカケスが実を数百メートル運んでくれることもあるから、一万年の期間があれば歴代の木々の連携によって分布を北へ一〇〇キロ進めることもできるだろう。マルハナバチやチョウは翅があるから、移動ははるかに簡単なはずだ。問題は、今回の気候変動がきわめて速く進んでいるうえ、自然の生息域はすでに著しく劣化し、その分布も途切れ途切れになっていることである。その結果、大部分のチョウやマルハナバチは北へ移動していないように見える。ヨーロッパや北アメリカでは生息域の南端から姿を消す一方で、期待されていた北端の北への移動はごく一部の種を除いて進んでいないようだ。さらに、オークの木やカタツムリ、ワラジムシといった拡散能力が低い種は、分布域をゆっくり北や南に広げていく場合にはある程度連続した生息域が必要で、人類がいなかった頃には問題がなかった。しかし、陸地の大部分で集約的な農業が行なわれ、ほかの土地の大部分も道路やゴルフ場、住宅地、工場に使われている現在、野生生物が生息域を移動することは以前よりはるかに難しくなった。オークの実が落下した地点で実をつけるまで十分に成長できそうな場所は、だんだん少なくなってきている。マルハナバチのように、やろうと思えば高速道路や耕地を軽々と越えていくことができる飛翔する生物でさえ、移動した先で生息に適した場所をどうにか見つけなければならない。いまや多くの生物が自然保護区など、程度の差はあれ孤立した生息域の狭い場所で、以前よりはるかに小さな個体群として生き残っているというのが現実だ。そうした生き物は特に、採餌に利用する花の群落を当てにして移動していくことから、気候変動に先んじて北へ飛び飛びに生息地を移動できる可能性は小さい。ヒメシジミというチョウを例にとってみよう。美しい青紫色をした小さなチョウで、翅の裏側はクリーム色やオレンジ色に黒い斑点という華やかな模様をもち、飛翔能力は低い。気候モデルの推定では、イギリスの大部分が最近ヒメシジミの生息に適するようになった。しかし、ヒメシジミはいまのところ北をめざすわけではなく、イングランド南部のお気に入りの生息地である、荒れ地の数カ所に身を潜めているだけだ。気候はもっと北のほうが適しているのかもしれないが、荒れ地はごくわずかしかないため、自力でそこまでたどり着ける可能性は低い。同様に、前述した南ヨーロッパのマルハナバチは現在イタリアとその周辺国の丘陵地帯にある牧草地にすんでいる。理論上、イギリス南部の気候は二一世紀末までにこのハチに適した気候になるとみられる。だが、そこまでどうやって移動するのか。仮に移動できたとしても、イタリアの牧草地に育つ適切な植物群がイギリス南部に到達してマルハナバチを迎えるだろうか（可能性はほとんどない）、あるいはハチが移動先で見つけた植物に適応できるだろうか（可能性はある）。私が思うに、それより可能性が高いのは、ヒメシジミもこのマルハナバチも気温が徐々に上がって生存に適さなくなっていくなか、そのまま現在の生息地で徐々に数を減らしていくということだ。

種の将来の分布域を予測する気候モデルは平均値（月間の平均気温や平均降水量など）にもとづいていることが多い。しかしこうしたモデルでは、干ばつ、熱波、森林火災、嵐、洪水といった極端気象の影響を考慮に入れることができない。これらはすべて将来、頻度と威力を増すとみられる現象だ。極端気象が昆虫に及ぼす影響についてわかっていることは非常に少ないが、よい影響を及ぼす要素はほとんどないだろう。森林火災が起きれば昆虫は死ぬだろうが、一部の生態系では火災後に新たな花々が一気に咲くことで恩恵を受ける種もいるだろう。夏の嵐はチョウなどの傷つきやすい成虫をたたき落とすだろうし、鉄砲水はマルハナバチなどの地中の巣を破壊するだろう。干ばつで水不足に陥った植物は花で蜜を生産することをやめる。当然ながらそれが送粉者に害を及ぼすし、寒冷な気候を好むマルハナバチなどの昆虫は熱波を受けると体温が上がりすぎて、採餌ができなくなるだろう。干ばつが長引くと、植物はしおれてイモムシが食べられるものではなくなる。たとえば、一九七六年のイギリスで起きた猛暑では、アドニスヒメシジミの多くの幼虫が、食物となるマメ科のホースシュー・ベッチが暑さでしおれると死んでしまった。そのため翌年には成虫の数が激減し、一部の個体群は消滅した。もちろん昆虫は過去に起きたこうした現象に常に対処してきたが、多くの昆虫がすでに減少するなかで極端気象の頻度と威力が高まったことが最後の一撃となった昆虫もいるだろう。

大部分の生物にとって気候変動は概して悪い知らせではあるのだが、少数の昆虫には恩恵をもたらすこともある。イエバエなど、たくましくて移動や適応の能力が高い生物は温暖化した未来には繁殖スピードを上げるだろう。イエバエは人間や家畜の排泄物、ごみ埋め立て地で腐敗する使用済みおむつの中で繁殖する。このまま人間や家畜の数が増え続ければ、イエバエが手に入れられる食物も増えることになる。温暖化が進むと害虫が一年間により多くの世代を重ねられ、そのぶん農薬への耐性を進化させるスピードも以前より上がる。個体群の規模を以前より大きくした状態で、繁殖が遅くなる冬を迎えられるし、冬の寒さが穏やかになるにつれて一年中繁殖できる害虫も出てくるだろう。北アメリカで小麦の生産がさかんな地帯においては、（当然のことではあるが）現状が小麦にとってだいたい最適な気温であるため、害虫の被害を考慮に入れなくても、気温が一℃上がるごとに作物の収量がおよそ一〇％

減少すると予測されている。さらに、アブラムシやイモムシといった害虫の繁殖スピードが加速すると、気温が一℃上がるごとに収量がさらに一〇～二五％減少すると推定される。この推定は米やトウモロコシといった、世界中で栽培されているほかの主要作物にも当てはまる。

作物の害虫に加え、都市部での暮らしに適応できる生物も今後は数を増やすとみられる。人口が増加して一〇〇億人以上にもなると予測されるなかで、都市部の生息域は必然的に拡大していくだろう。ネッタイシマカは都市化にうまく適応し、詰まった屋根のとい、捨てられたタイヤ、たる、バケツといった、水がたまる廃棄物の中で繁殖して、都市で子孫を残している。この蚊はデング熱、チクングニア熱、ジカ熱、黄熱といった厄介な病気の主な媒介者の一つだ。マラリアの病原体の主な運び屋であるハマダラカもまた、人間活動の拡大から恩恵を受けている。農業のために森林を伐採した地域では、マラリアへの感染が頻度を増す傾向がある。それはハマダラカが日当たりのよい水たまりや溝で産卵するのを好むからだ。こうした場所は木々が生い茂った森では見つかりにくい。予測される気候変動からは、コロンビアやケニア、エチオピアなどの熱帯の高地にマラリアが広がる可能性が高いことが示唆される。こうした地域は近年までおおむねマラリアとは無縁だったこともあり、人口密度が高くなっている。アメリカ南部の州、ヨーロッパ南東部、中国の一部地域、そしてブラジルのサンパウロやリオデジャネイロを取り囲む人口密度の高い地域はすべて、二〇五〇年までにマラリアが発生しやすい地域になるだろう。同様にデング熱も北アメリカでは分布域がさらに広がり、北はカナダ南部まで到達すると予測されている。ある推定では、ネッタイシマカおよびそれと近縁のヒトスジシマカによって広がるウイルス性感染症のリスクがある人の数は、二一世紀末までに一〇億人増えるとみられている（人口が増加せず現在と同じ水準とした場合）。唯一よい知らせは、一部の赤道地域の低地は暑くなりすぎてマラリアの感染が起こらなくなりそうだということだ。しかし、そうした地域はいずれにしろ暑すぎて人間も生存できなくなるだろう。

気候変動が将来、昆虫に多大な影響を与えるのは確かなようだが、これまでの昆虫の減少も気候変動で説明できるだろうか。クレーフェルト昆虫学会が発表した論文の著者らは、ドイツの自然保護区で昆虫の生物量が七六％も激減した原因が気候変動であるかどうかを具体的に調査した。昆虫の捕獲数は採集日の気象パターンに大きく影響を受けるとはいえ（ご想像どおり、昆虫の捕獲数は晴れの日のほうが多い）、ドイツの気候は二六年という比較的短い研究期間では、総合的に見てあまり変化していなかった。気候変動では昆虫の減少を説明できないと、論文の著者らは結論づけ、科学界からも異論はほとんど出なかった。ほかに考えられる原因はたくさんあるのだ。

ドイツでの研究が発表されたのと同じ二〇一七年、カナダのマギル大学のサラ・ロボダがグリーンランドに生息するハエの個体数の変化に関するデータを発表した。ハエは夏が非常に短く寒冷で風の強い環境に適応した強い昆虫だ。ハエに興味がある人がいないからか、その論文はあまり注目されなかったのだが、そのデータによると二〇一四年までの一九年間で全体の個体数が八〇%減少したという。ドイツでの研究よりもわずかに減少スピードが速い。ロボダはこの個体数の激減の原因を気候変動だと考えた。極地ではほかの地域に比べて気候変動が顕著であるほか、グリーンランドではほかの人為的な影響はほとんどない。そして二〇一八年、アメリカの昆虫学者ブラッドフォード・C・リスターによるプエルトリコでの研究成果が発表され、気候変動が昆虫減少の一因として再び注目された。前に述べたが(4章)、リスターは一九七六年と七七年に多雨林で昆虫のサンプリング調査を実施し、三四年後の二〇一一〜一三年に同じ場所を再び訪れて、まったく同じサンプリング調査を行なった。その結果、昆虫の生物量は捕虫網を用いたサンプリングでは八〇%減少したほか、粘着トラップを用いたサンプリングでは何と九八%もの減少が見られた。調査地の森林は知られている限り、過去三〇年のあいだに伐採されたことも人間が直接手を加えたこともなく、調査地やその周辺で農薬が使われたこともなかった(それはグリーンランドの調査地でも同じだ)。表面上、森林はまったく変化していなかったが、昆虫だけがほとんどすべて消えていた。しかしドイツと異なるのは、森林内の気象観測所によると、一九七〇年代後半以降に気候が変化していることだ。日別の最高気温の平均は二℃上昇している。これがプエルトリコでの減少の原因である可能性が最も高いと、リスターは暫定的に結論づけた。この論文の「査読者」の一人として(私は論文の質を評価するよう依頼された)、私はこれよりよい説明を思いつけなかったが、完全に納得したわけでもなかった。気温だけが変化した要因であるように思えたとしても、それだけで気温の変化が昆虫の個体数急減の原因であると言い切ることはできない。たとえば、昆虫に感染する未知の病気の大流行、未確認の汚染物質による森林の汚染、昆虫を食べる宇宙人軍団の到来（さすがにこれはあり得ないだろうが）といった原因も考えられる。言いたいのは、ほかにも多くの原因が考えられるということだ。

リスターの論文には厳しい検査の目が注がれ、その結果、気温が変動したという証拠に不備があることが判明した。リスターがプエルトリコを訪れた二回のあいだのどこかで気温の測定器具が置き換えられ、気温の上昇は徐々に起きたのではなく、器具を置き換えたタイミングで起きたように見えたのだ。つまり、気候は実際にはリスターの記録が示すほどには変動しておらず、見かけの気温上昇は少なくともその測定方法の変更による面もあるということだ。いくつか批判的な論評が発表され、リスターの論文には致命的な欠陥があると指摘された。とはいえ、気候の問題を除けば、昆虫の個体数が大幅に減ったという、この論文で示された主要な発見には不備の指摘はなかった。その原因に対しては依然として議論があるということだ。

いまのところ、地球の気候の行方はまだ私たちが握っている。私たちはすでに気候を大きく変えてきたものの、断固とした行動をとれば、大幅に悪化する事態を防ぐことはできるだろう。二一世紀末に恐ろしい世界が待っているという予測を現実のものにする必要はないのだ。二〇一六年、一九六カ国がパリ協定で、産業革命以前からの気温上昇を最高でも二℃未満、理想的には一・五℃未満に抑えることで合意した。それ以降、パリ協定の合意を満たす軌道に乗った主要な工業国は一つもない。環境にやさしいエネルギー源（風力、太陽光、波力など）の急増、燃料効率の高い自動車への移行、住宅の断熱性能の向上など、これまで気候変動に対処するために導入されてきた対策はどれも、二酸化炭素の排出量に目立った効果をもたらしておらず、排出量の上昇は年々加速する一方だ。* これは私たちのエネルギー使用量が、気候変動対策に導入された新たな技術の恩恵を上回るほど増えたということだ。環境にやさしいエネルギー源を開発すれば化石燃料によるエネルギーへの需要が減るとの期待もあったが、いまのところそうした成果は出ていない。エネルギーを貪欲に必要とする経済社会は手に入るエネルギーを利用し尽くすだけでなく、さらに多くのエネルギーを求めている状況だ。

その一方で、当時のドナルド・トランプ大統領の決定でアメリカはパリ協定から離脱した（さいわい、後任のジョー・バイデンは大統領に就任したその日のうちにパリ協定への復帰を決めた）。世界の国々が取り組んでいる気候変動対策は「クライメート・アクション・トラッカー」というウェブサイト（https://climateactiontracker.org）で閲覧や比較ができる。公約を満たす軌道に乗っているのはモロッコとガンビアだけだ。いまのところ実質的な排出量がゼロに近い二つの小さな国に限られている。気候変動対策がお粗末で、四℃以上の気温上昇を引き起こしそうな国にはアメリカ、サウジアラビア、ロシアがある。これら三国が世界の三大産油国であ

＊執筆中の二〇二〇年一一月時点で、世界では新型コロナウイルス感染症の大流行によるロックダウンで経済活動が停滞している。これによって温室効果ガスの排出量が一時的に多少落ち込むだろう。

ることは偶然ではないかもしれない。これらの国々が気候変動対策にまったく乗り気でないのではないかと疑っても許してもらえそうだ。アメリカの場合、トランプ政権のもとではそれが非常にはっきりしていた。興味深いのは、ロシアには気候変動の脅威を無視するほかの理由があることだ。現在、ロシアの多くの港は冬のあいだ海氷が漂着するために何カ月も利用できなくなるが、近いうちに一年中あるいは一年の大半は海氷が漂着しなくなるだろう。さらに、いまは寒すぎて作物を生産できない北部地域の広大な土地が穀物栽培に適するようになる。その頃にはアメリカで小麦が不作になり始める。しばらくのあいだは、ウラジーミル・プーチン大統領が気候変動対策に力を入れると期待しないほうがいい。

パリ協定の根本的な問題は実効性がまったくないことだ。すべては各国が国内の排出量削減を決断するかどうかにかかっていて、目標を達成できなくても罰則はない。一国の政府が長期的な約束をするのはきわめて簡単で、何らかの評価を受けるまでに担当する政治家がころころ代わるからできるのだ。一九九二年にリオデジャネイロで採択された生物多様性条約を見てみればいい。この条約には、パリ協定に調印したのとほぼ同じ一九六カ国が調印している。リオでの条約では、二〇二〇年までに世界で生物多様性の喪失を止めると約束された。しかし実際のところ、一九九二年から二〇二〇年までのあいだに、地球全体の生物多様性は少なくとも過去六六〇〇万年で最も大きな喪失となった。地球を救うためには、私たちの政府の空約束を当てにしていてはいけない。

私の好きな虫

葉脈を切断するオオカバマダラ

北アメリカのオオカバマダラはその美しさと、カナダからメキシコの越冬地まで渡りをするという非凡な習性で知られているが、その幼虫の習性もまた独特だ。幼虫はトウワタの葉を食べるのだが、その葉は傷つくと乳液（ラテックス）と呼ばれる白い液体を出す。

乳液は多くの植物が生成し、なかにはゴムの原料として収穫されるものもある。自然界では、この乳液に二つの役割がある。一つは、かさぶたのように乾燥して傷口をふさぐ役割。もう一つは、植物の葉を食べようとする草食動物に付着して毒を盛る役割だ。多くの昆虫はこの毒にひるむのだが、オオカバマダラの幼虫を含めた数種の昆虫はこの防御をかわす方法を見つけだした。幼虫は葉の根元を噛んで溝を刻み、乳液を含んだ葉脈を切断して、乳液を流出させるのだ。そうして残った葉の毒のない部分を、幼虫はむしゃむしゃ食べることができる。

12章　光り輝く地球

人工衛星が夜に撮影した地球の写真で、何十億もの照明が放つオレンジ色の光に縁取られた陸地を誰もが目にしたことがあるだろう。クリスマスツリーを飾る球状のオーナメントが宇宙に浮かんでいるようだ。とりわけ北アメリカ、ヨーロッパ、インド、中国、日本がきらびやかに輝いている。一つひとつの都市が目に見え、大都市はひときわ明るく光っている。ほとんどの海岸線が開発され、細長くかすかな光を放っている。真っ暗な陸地はほとんどない。暗闇に包まれているのは、極地付近の氷に閉ざされた地域、大きな砂漠、アマゾン川とコンゴ川流域のごく一部ぐらいだ。人間が夜間に放つ光の量は毎年二〜六%上昇していると推定されている。世界の人口は毎日およそ二二万五〇〇〇人ずつ増加している。毎晩新たに一つの都市が生まれているようなもので、宇宙から見える光の点は日に日に増えていく。

ドイツのクレーフェルト昆虫学会の研究で昆虫の捕獲調査が行なわれた自然保護区の大部分は、都市部にかなり近い位置にある。明るい光が保護区から必ずしも直接見えなくても、都市上空の大気中で光が散乱して夜空が明るくなる光害「スカイグロー」は数百キロ離れていても見えることがある。こうした光害は昆虫が激減した一因かもしれないと考える科学者もいるが、果たしてその説明は妥当だろうか？

光害が昆虫にどんな害を及ぼしそうか考えてみよう。無脊椎動物の六割以上は夜行性で、その大部分が星や月の光を手がかりに進む方向や体の向きを決めている。人工照明はガやハエといった飛翔性昆虫を引き寄せる。そうした昆虫は明らかに方向感覚を失い、光源に激突してやけどしたり傷ついたりして、体力を奪われ、捕食者に捕まりやすくなる。もう何年も前にオーストラリアの熱帯地方でキャンプしたときのことを、いまでも鮮明に覚えている。そのキャンプ場には、トイレのある場所までの道を照らすために、支柱の低い位置にライトが付いていた。夜になると、どのライトでも少なくとも一匹はまるまる太ったオオヒキガエルが下に座り、ライトにひっきりなしにぶつかる昆虫を捕って食べていた。同様にスペインでは、腹をすかせたヤモリがライトに群がり、目がくらんだ昆虫をせっせと食べているのを目撃したことがある。クモはよく屋外のライトの上や下に巣をつくり、その巣にハエなどの小さな昆虫がびっしり捕まっていることがあるし、コウモリは昆虫たちの集団が混乱しているところに襲いかかり、獲物を仕留めることがある。朝になってオオヒキガエルやクモ、コウモリ、ヤモリがいなくなると、生き残った昆虫たちはたいていぼうっとして、街灯の柱やその付近の壁で身をさらしているので、昆虫を好む鳥に簡単に食べられてしまう。ガをトラップで熱心に捕まえている読者なら、明け方にトラップを空にしておかないと、ミソサザイやシジュウカラがそこに侵入して豪華な朝食を平らげ、トラップには翅しか残っていないという事態になることを知っているはずだ。

昆虫が夜間にライトに引き寄せられる理由はまだ完全にはわかっていない。ガはもともと月に向かって飛ぼうとしているわけではない。いくつか相反する説があるが、最も広く受け入れられて説得力があるのは、昆虫が長距離を移動するときに月を利用しているという考え方にもとづいた説だ。遠くへまっすぐに移動しようとしている昆虫は、月をめざして一定の角度で飛び、夜が深まって月が夜空を動いていくに従い、体内時計のようなものを使って少しずつ角度を調整しているとも考えられている。ハナバチは花が咲いている場所から別の場所へ移動するときに太陽を同じように使う。この説によると、夜行性の昆虫は明るい光を月と勘違いするが、その光は月と違って何千キロも彼方にあるわけではないので、まっすぐに飛ぶ昆虫は光源への角度をめまぐるしく変化させる。それを補正するため、光をめざしてらせんを描くように飛び、そのカーブをだんだん狭めながら近づいて、やがてライトに衝突してしまうというのだ。* どんな説明が正しいにしろ、人工照明が毎年無数の昆虫を早すぎる死へ導いていることは疑いようがない。あらゆる照明が夜な夜な昆虫を環境から吸い込むように引き寄せ、個体数を減少させている。

人工照明がさらに油断ならない問題につながっている可能性も高い。昆虫によっては光には突っ込んでいかないのに、方向感覚を失うものもいる。たとえば、糞虫は夜空に浮かぶ天の川のぼんやりした筋を検知して、自分の体の方向を決め、糞の球を転がしているときにまっすぐ進む手がかりにしている。そのルートが人工照明の近くを通る場合に、糞虫がどのような混乱を受けるのかはまだわかっていない。ひょっとしたらもっと重要なのは、主に昼間に活動する種を含めた大部分の昆虫は体内時計を作動させる重要な合図として光を利用していることかもしれない。一例として、多くの生物は昼間の長さを利用してライフサイクル（生活環）を進める時期を把握している。だから一年の適切な時期になると休眠から目覚めるし、卵を産む。昆虫のなかには、一カ月のうちで月が最も明るい時期に食物を探したり、あるいは採餌を避けたりするものがいる。カゲロウは満月の時期に羽化して成虫になる。こうしたサイクルの時期は種の存続にとってきわめて重要だ。成虫としてたった数時間、長くて数日しか生きられないカゲロウが羽化の時期を誤ったらどうなるかを考えてみよう。交尾の相手は一匹もおらず、その繁殖能力を生かすことなく独りで息絶えていくのだ。光害がこうした昆虫のライフサイクルに及ぼす影響について、科学的な研究はこれまでほとんどないものの、明るい光の近くにすむ昆虫が街灯を満月や日の出と勘違いし、サイクルのタイミングを間違えて不幸な結果を招くおそれがあるというのはきわめて妥当な考えであるように思える。

いくつかの特異な昆虫にとって、人工的な光は交尾相手を見つける際にとりわけ大きな障害になることがある。ホタルやツチボタルは異性を引きつけるために光を放つ。たとえば、ヨーロッパのホタルの仲間（英語で「グローワーム」と呼ばれるが、実際には甲虫の仲間）は、雌

＊この説やほかの説については拙書『ガーデン・ジャングル（*The Garden Jungle*）』に詳しく記した。

が尾部から緑がかった魅力的な光を放って、雄を夢中にさせる。何百万年ものあいだ、その光る尾部は夜の暗闇の中で簡単に見つけられたに違いない。しかし、いまは人間が放つはるかに明るい照明と競わなければならなくなった。雄のホタルにとって、都市のまばゆい光に引き寄せられるのは災難でしかない。

人工照明がもたらすリスクは、おそらく使われる照明の種類にも左右される。ガの収集家は昔から、紫外線を大量に放つ光がガを最も引き寄せることを知っていた。ヨーロッパの街灯には最近まで、大量の紫外線を放つ高圧ナトリウムランプや水銀灯が主に使われてきた。しかしエネルギー節約のため、多くの街灯がＬＥＤ（発光ダイオード）に置き換えられている。ＬＥＤは概して多様なスペクトル（波長域）の白い可視光を放ち、紫外線はほとんど出さない。これは昆虫にとってよい知らせのように思えるかもしれないが、ＬＥＤとひと言で言っても多種多様で、どの波長がどの程度含まれているかの割合は種類によって異なり、なかには波長の短いブルーライトを多く放つ「クールホワイト」という種類もある。この種のＬＥＤは従来のナトリウムランプよりも多くの昆虫を引き寄せるようだ。ややこしいことに、光に対する反応は昆虫のグループによって異なる。ＬＥＤはナトリウムランプと比べて引き寄せるガやハエが多いが、甲虫は少ない。

人工照明が昆虫界に死と混乱を引き起こしていることは間違いないが、果たして個体群レベルで大きな影響を及ぼしているだろうか？　これもまたよくあることだが、その答えはわかっていない。飛翔性昆虫を対象に、要件を満たす大規模な実験を実際の環境で計画するのは難しい。理想的には、照明ありの生息地と照明なしの生息地をそれぞれ複数の区画に用意し、その経年変化を一つひとつ詳しく観察する。しかし、照明なしの区画に光が届かないように、区画と区画の間隔をかなり長くとらなければならないし、コンゴ川流域の奥地のようなきわめて辺鄙な場所で実験しない限り、スカイグローが問題になってくる。助成金の申請書は非常に興味深いものになりそうだが、助成金を出してくれる機関はおそらくすぐには現れないだろう。

私の好きな虫 ヒカリキノコバエ

ニュージーランドの洞窟には学名で*Arachnocampa luminosa*と呼ばれる奇妙な生き物がすんでいる。そこは大人気の観光スポットとなり、何千人もの観光客が列をなして微小な生き物を見に来る。それはたいてい洞窟の天井にくっつき、青緑色のやわらかな光を放つ。この生き物がたくさんいる洞窟では、星空の下に立っているような錯覚を覚えるほどだ。

この生物は英語で「スティッキー・ケイヴ・グローワーム」と呼ばれるが、ヨーロッパにすむグローワーム（ホタル）の仲間ではないし、北アメリカや熱帯地方にすむホタルの仲間でもない。ホタルは甲虫の仲間だが、ニュージーランドのグローワームは「キ

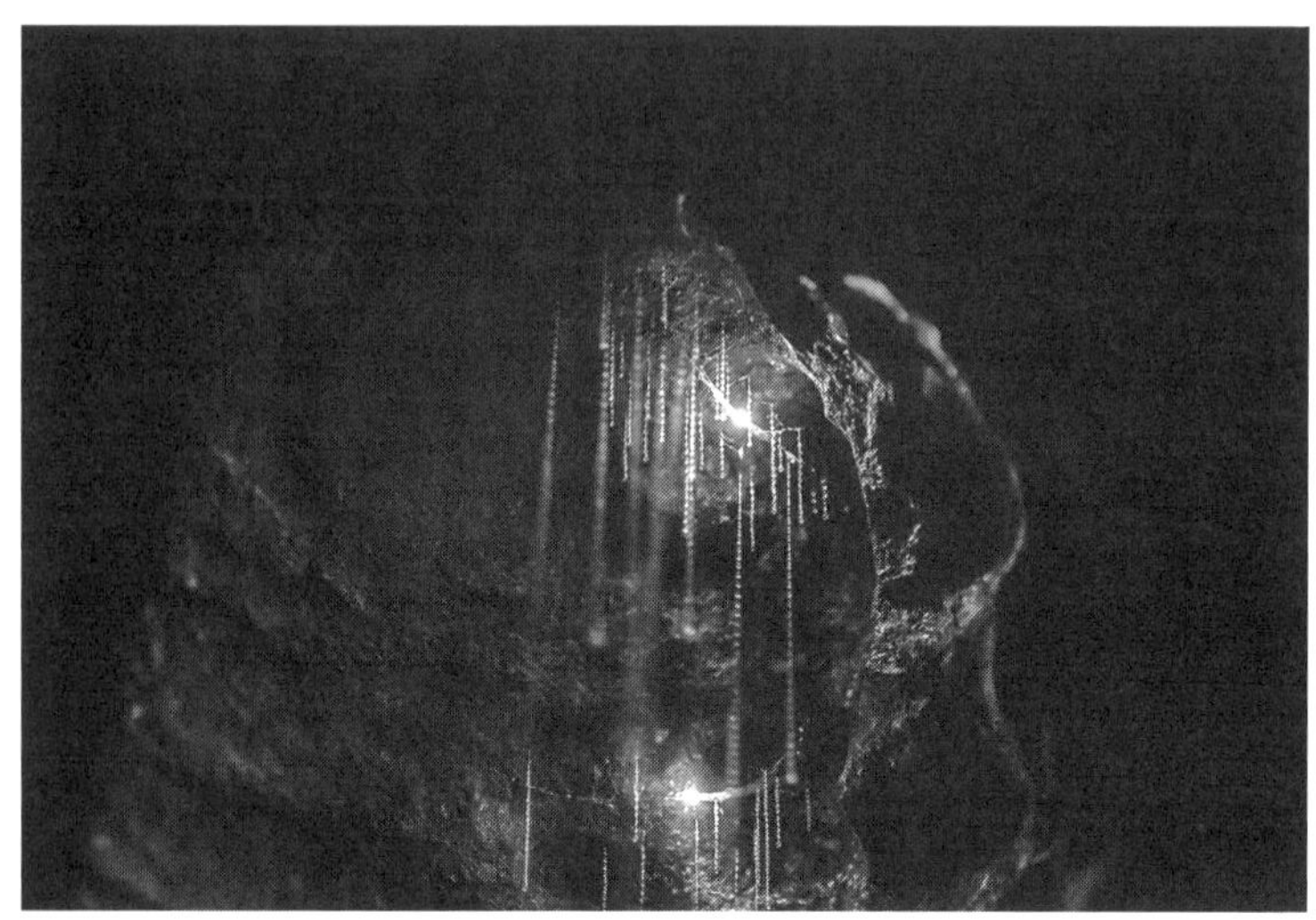

洞窟の天井にくっつき、青緑色のやわらかな光を放つヒカリキノコバエの幼虫（photo ⓒ Samurai / PIXTA）

ノコバエ」と呼ばれるハエの仲間である。菌類を食べて暮らす大部分のキノコバエとは異なり、ヒカリキノコバエは肉食の生物だ。幼虫（ハエの仲間の幼虫だからウジと呼んでもいい）は孵化するとすぐに光を放ち始める。幼虫は洞窟の天井に絹のような糸で巣をつくり、糸を何十本もぶら下げる。その一本一本はねばねばした滴で彩られ、幼虫が放つ光で真珠が連なっているように輝く。その光に引き寄せられた小さな飛翔性昆虫は、ねばねばした滴にくっついてしまう。ヒカリキノコバエの幼虫はその糸を食べながら引き寄せ、もがいている昆虫を生きたまま貪るのだ。

13章　外来種

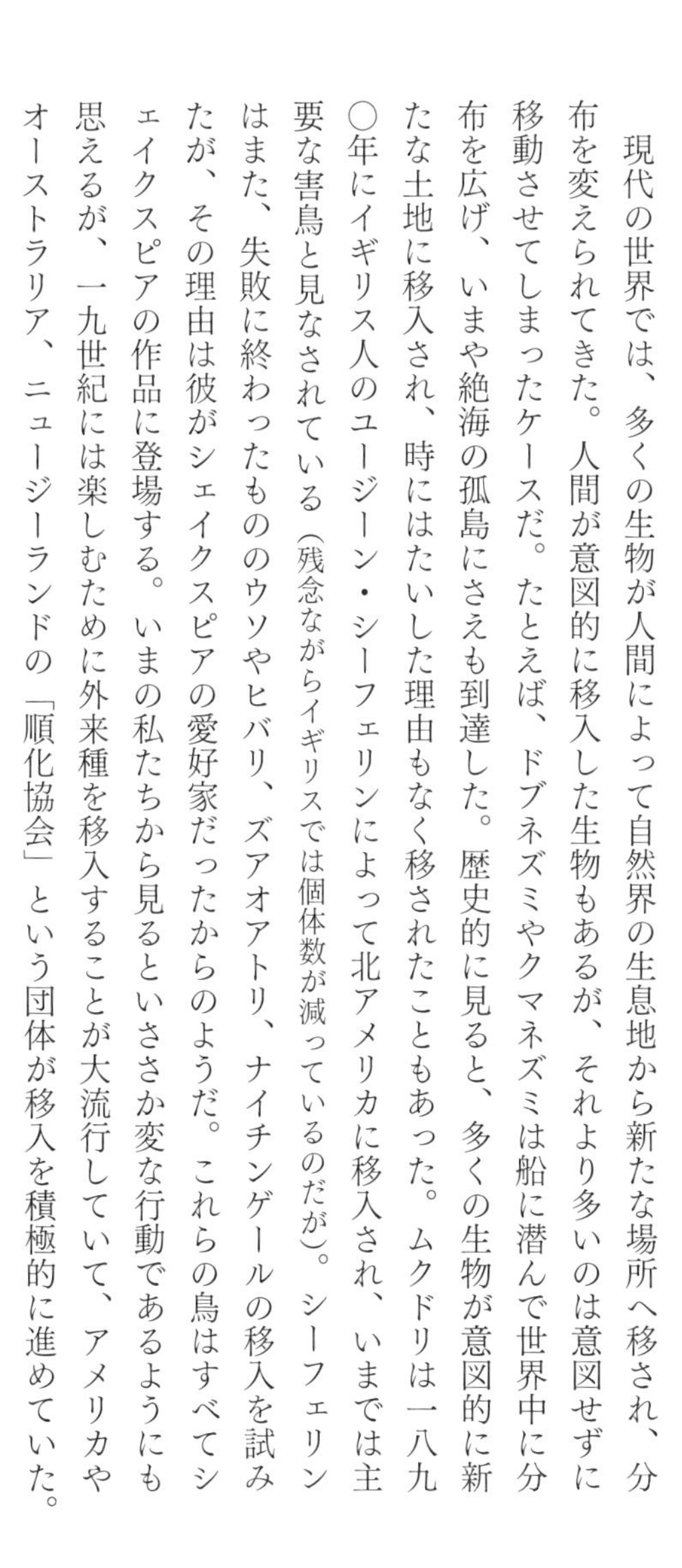

現代の世界では、多くの生物が人間によって自然界の生息地から新たな場所へ移され、分布を変えられてきた。人間が意図的に移入した生物もあるが、それより多いのは意図せずに移動させてしまったケースだ。たとえば、ドブネズミやクマネズミは船に潜んで世界中に分布を広げ、いまや絶海の孤島にさえも到達した。歴史的に見ると、多くの生物が意図的に新たな土地に移入され、時にはたいした理由もなく移されたこともあった。ムクドリは一八九〇年にイギリス人のユージーン・シーフェリンによって北アメリカに移入され、いまでは主要な害鳥と見なされている（残念ながらイギリスでは個体数が減っているのだが）。シーフェリンはまた、失敗に終わったもののウソやヒバリ、ズアオアトリ、ナイチンゲールの移入を試みたが、その理由は彼がシェイクスピアの愛好家だったからのようだ。これらの鳥はすべてシェイクスピアの作品に登場する。いまの私たちから見るといささか変な行動であるようにも思えるが、一九世紀には楽しむために外来種を移入することが大流行していて、アメリカやオーストラリア、ニュージーランドの「順化協会」という団体が移入を積極的に進めていた。

このように気まぐれな理由で移入される種もいたが、食料源や趣味として狩猟する目的で持ち込まれる種もいた。ウサギはオーストラリアに放たれると、子を次々と産み、生態系や経済に多大な影響を与えた。キツネも移入されたが、その理由はオーストラリア在住のイギリス人が赤いハンティング・ジャケットを着て、猟犬の一隊とともに自然を駆け回る口実をつくるためだった。キツネは猟犬をものともせず、好物のウサギが簡単に手に入ることもあって、次々に子孫を残した。そのままウサギを食べ尽くしてくれればよかったのだが、当然ながらキツネはたちまち在来の野生動物に目を付けるようになった。とりわけ、ミミナガバンディクート〔フクロウサギとも呼ばれる〕（キツネ移入の結果、いまは絶滅の危機に瀕している）やチビミミナガバンディクート（一九五〇年代に絶滅）といった地上性の有袋類を好んだ。

ニュージーランドは陸生の哺乳類が生息せず、飛べない大型の鳥類ジャイアントモアはヨーロッパ人が到達する頃にはマオリの人々がすでに食べ尽くしてしまっていたため、入植者が狩猟の対象にできる動物がいなかった。その状況を何とかしようと、ヨーロッパから来た入植者は少なくとも七種のシカ（アカシカ、ニホンジカ、ダマジカ、オジロジカ、サンバー、ルサジカ、ワピチ）のほか、アルプス産のシャモア、ヒマラヤタール（山岳地帯にすみ、ヤギに似た大型動物）を移入した。なかでもアカシカは増殖して大きな群れを形成するまでになり、牧草を食い荒らして環境に多大なダメージを与えている。

二〇世紀になると、害虫防除の目的で捕食性の種を意図的に移入する事例が数多くあった。しかし、計画どおりにはうまくいかないことが多かった。そのなかでも、いぼのある茶色い皮膚をしたオオヒキガエルは最もよく知られている事例かもしれない。サトウキビ畑を荒らす害虫を食べると期待されて、南アメリカからオーストラリアに移入された。残念なことに、オオヒキガエルは移入の目的を誰からも聞いてなかったからか、害虫ではなく、オーストラリア原産の昆虫を片っ端から食べ、驚異的なスピードで子孫を増やすと、オーストラリア東部のあちこちで跳びはねる姿を見せるようになった。いまやオーストラリアだけで二億匹以上がいると推定されている。

あまり知られていないだろうが、ヤマヒタチオビの事例も紹介しよう。アメリカ合衆国南部原産で(カタツムリにしては)動きの速い生物で、ほかのナメクジやカタツムリの種を食べる。ヤマヒタチオビは食用に移入されたアフリカマイマイを駆除する目的で、一九五〇年代にハワイに移入された(人間は何とややこしいことをしてしまったんだ)。アフリカマイマイは作物を食い荒らして手がつけられなくなっていたが、ヤマヒタチオビはアフリカマイマイの駆除にはほとんど役に立たず、木に登って樹上性のカタツムリを食べることを好んだ。数年のうちに八種もの在来のカタツムリが絶滅に追い込まれた。

動物を意図的に移入するこうした行為はいまや多くの国で違法となっているものの、10章で述べたように私たちは世界中でハナバチを移動し続けている。また、園芸用の外来植物の貿易についても目をつぶっているように思える。こうした貿易では大量の植物が国や大陸を越えている。園芸植物は外来の雑草として深刻な影響を及ぼすことがある。イギリスでよく知られた例はツツジ、イタドリ、ジャイアント・ホグウィード(バイカルハナウド)、オニツリフネソウだ。植物の移動には、植物の病害虫を意図せず運んでしまうリスクもある。その一例がオーストラリアに持ち込まれたフトモモ科植物のさび病だ。これは南アメリカの菌類による病気で、ゴムの木や、ブラシノキ、ティーツリー（ギョリュウバイ）、その他多くのオーストラリア産低木をしばしば枯らし、二〇一〇年にオーストラリアに入って以来、自然の生態系で猛威を振るってきた。同じように、普通なら無害なアジア産の地味な昆虫、ツゲノメイガは二〇〇七年に誤ってヨーロッパに入り込み、装飾用の垣根や希少な野生のツゲを食い荒らしている。病害虫が進化してきた原産地では、宿主自体も長い歳月をかけて適応してきたので、病害虫の影響を受けにくい。しかし、病害虫がほかの土地へ入り込むと、元の生態系よりもはるかに壊滅的な影響を及ぼすことが多く、たいていはどうやっても駆除できない。

動物や植物を意図的に輸送しなくても、ありとあらゆる商品が取引される国際貿易の規模を考えれば、この先も外来種が誤って移入される事態は避けられない。なかには輸送用のコンテナに忍び込んで入り込む外来種もいる。クサギカメムシ*は一九九八年にアジアから機械類の積み荷とともにアメリカ大陸に上陸したとみられ、その後たった一五年でアメリカ合衆国全域に広がった。クサギカメムシは盾の形をした茶色いまだらの昆虫で、リンゴやアンズ、サクランボをはじめ多くの作物の液汁を吸い取り、果実に傷痕やくぼみを残して、商品価値をなくしてしまう。果樹や一部の野菜にとって主な害虫の一つで、年間およそ三七〇〇万ドルもの損害を与えている。前述したアジア産のスズメバチ（ツマアカスズメバチ）は中国から輸入された陶器の積み荷に潜んでフランスに入り、そこから西ヨーロッパの大部分に広がったと考えられている。タブロイド紙には不正確きわまりないどぎつい見出しが並び、人類への脅威だとあおり立てるが、決してそんなことはない。だが、このスズメバチが大型昆虫の主要な捕食者であることは確かだ。養蜂家にとって不運なことに、ツマアカスズメバチはミツバチに目がない。巣を見つけると、働きバチが何度もそこを訪れ、そのたびにミツバチを一匹ずつ捕まえて巣へ持ち帰る。そのため、ミツバチのコロニーは徐々に規模が小さくなってゆく。

新鮮な農作物の国際貿易が莫大な規模になったこともあり、食料品の積み荷に潜んで入り込んだ害虫もいる。二〇〇八年にカリフォルニアで発見された日本産のオウトウショウジョウバエがその一例だ。体長わずか三ミリのこのハエはやや未熟な果実に産卵するため、熟した頃には大量のウジが湧く。一年に一三もの世代を重ねることができるので、大繁殖する可能性を秘めている。サクランボ、ベリー、モモ、ブドウといった皮の薄い果物を好み、アメリカに最初に到達した年にはフルーツ業界に五億ドルもの莫大な被害を出したと推定されている。カリフォルニア州デーヴィス在住の私の友人は毎年、自宅の庭にある木からおいしいサクランボをたくさん摘みとっていたという。しかし、オウトウショウジョウバエが入り込

*クサギカメムシは盾状の紋章に似た形状から、イギリスでshield bug（盾状の虫）と呼ばれるカメムシ科に属する。アメリカでは、この虫が攻撃を受けたときにくさい液体を放出することからstink bug（悪臭を放つ虫）という、あまりかわいらしくない名前で呼ばれている。

んでからというもの、食べられるサクランボを一つも収穫していない。実という実からウジが湧いているからだ。

こうした事例が昆虫の減少とどう関係があるのかと思う読者もいるだろう。害虫と言われる昆虫の多くはむしろ増えすぎているぐらいだから。しかし当然ながら、外来の害虫が引き起こした変化はしばしば、昆虫を含めた在来の野生生物に大きな悪影響を及ぼすことがある。ツマアカスズメバチやオオヒキガエルといった一部の外来種は昆虫を食べる。たとえば、アメリカ大陸原産のカダヤシという魚は蚊を防除するために世界中に移入された。しかし、カダヤシは蚊の幼虫のボウフラだけでなく、ほかの水生昆虫も手当たりしだいに食べる。ニュージーランドに移入されたネズミやその他の齧歯類は、固有種のジャイアント・ウェタ（動きが遅くて飛べないカマドウマの仲間で、いまは絶滅が危惧されている）にとって大きな脅威となっている。イギリスでは、アジア産のナミテントウが入ってきてから在来のテントウムシの個体数が激減した。ヒアリやアルゼンチンアリといった、意図せず移入されたアリの種は在来の昆虫に多大な影響を及ぼすことがある。とりわけほかのアリへの影響は大きく、たとえばアルゼンチンアリ*はその名のとおり南アメリカ原産で、南ヨーロッパ、アメリカ合衆国、日本、南アフリカ、オーストラリアのほか、イースター島のような孤島も含めて多くの海洋島にも侵入してきた。ほかの地域に入り込むなかで、在来種のアリを多かれ少なかれ絶滅に追いやり、種子の拡散を鈍らせる（在来のアリのなかには種子を運ぶ種もいる）など、生態系に連鎖的に影響が出ている。南カリフォルニアでは在来のアリの数が大幅に減ったことが、希少なツノトカゲの減少の原因になっている。ツノトカゲはアリだけを好む捕食者だが、残念ながらアルゼンチンアリは好みではないようだ。**

ツマアカスズメバチのような外来の競争者や捕食者がほかの昆虫に直接的な影響を与える一方で、植物に付く害虫の拡散はその植物と関係のある種に間接的な影響を及ぼすことがある。よく知られている例がニレ立枯病（オランダエルム病）だ。ニレはかつてイギリスやヨーロッパ北西部、北アメリカの大部分でありふれた巨樹だった。ヨーロッパのニレは樹高およそ四五メートルまで成長し、画家ジョン・コンスタブルの「ソールズベリー大聖堂の南西からの眺め」など、イギリスの象徴的な風景画に描かれていたものだ。一九一〇年、ヨーロッ

*アルゼンチンアリは全長何百キロにも及ぶ広大な「メガコロニー」を形成する独特な習性があり、そこには何兆匹もの個体がすんでいる。この習性から、ほかのアリを駆逐する能力を説明できるかもしれない。たいていのアリの場合、コロニーには厳密な縄張りがあり、互いに戦って相手を殺すことも多い。ある意味で、アリにとっての最悪の敵は同種のアリなのだ。対照的に、アルゼンチンアリ（の侵入個体群）は遺伝的な多様性に欠け、同じ巣の仲間と近くのコロニーの個体を見分けることができない。その結果、たくさんの女王がいる個体群全体が大まかに協調的な一つの集団となる。ヨーロッパには、ポルトガルからイタリアまで大西洋と地中海の沿岸に沿って六〇〇〇キロも続くメガコロニーがある。

**アルゼンチンアリのような種がなぜ原産地ではほかの種と比較的協調して暮らしているのか、不思議に思う読者もいるだろう。その一因として考えられるのは、侵入した土地にはいない捕食者や病原体によって数が抑制されていること、原産地ではほかの種が長い時間をかけてアルゼンチンアリの存在に適応したことが考えられる。

パ大陸でニレの樹冠に枯れた枝が見え、病気の兆候が現れ始めた。一九二一年には、その病気の原因がアジア起源の菌類であることをオランダの研究チームが特定し、そこから「オランダエルム病」というちょっとわかりにくい病名が付いた。この病気はおそらく材木の積み荷からヨーロッパに入り込み、さまざまな在来のキクイムシによって木から木へ広がったとみられている。一九二八年にはヨーロッパから北アメリカに、やはり材木の積み荷に混じって侵入した。ヨーロッパでは初期の流行は穏やかで枯れた木はほとんどなかったが、一九六七年にはより感染力の強い株が、造船のために日本経由で輸入されたカナダ産の材木に混じってイギリスに到着した。それから一〇年たたないうちに、イギリスだけで二五〇〇万本もの木が枯れた。一九六五年生まれの私は、子どもの頃、葉を落とした枯れ木や枯れかけた木がいたるところに立っていたのを鮮明に覚えている。この病気は小型の植物には感染しないため、イギリスのニレは生け垣の吸枝（きゅうし）〔根本から生えた若枝〕として生き残ってはいるのだが、成長した木はイギリスにほとんど残っていない。

ニレのような主要な植物種が大規模に失われると、それと関係のある昆虫に影響するはずだ。イギリスでは一〇〇種以上の昆虫がニレと関係している。なかでもよく知られているのがカラスシジミとヨーロッパヒオドシチョウで、前者は数がきわめて少なく、後者は一九六〇年以降、定住して繁殖する種としては絶滅した。ニレに関連する昆虫の苦境はおそらく、病気の拡散を抑えようと、病原体の菌類を広げるキクイムシを狙って殺虫剤を散布する善意の試みによって悪化した。アメリカでは一九五〇年代と六〇年代にＤＤＴとそれに近いディルドリンが一年に三回ニレに散布され、森林にすむ鳥が大量に死ぬ事態を招いた。記録には残っていないが、大量の昆虫も消えたのはほぼ間違いない。

いま、このニレと同じような事例がトネリコの木で起きているようだ。トネリコの立ち枯れもアジアから入った菌類による病気で、アジアでは自然界でトネリコの在来種に感染するものの、ほとんど害を及ぼさない。この菌類は二〇〇六年になって初めて記載されたが、ポーランドで立ち枯れが最初に確認された一九九二年頃にはヨーロッパに到達したと思われる。この病気がヨーロッパ大陸で十分に認識され、トネリコにとって重大な脅威となることが知られても、イギリスは二〇一二年までヨーロッパ大陸からトネリコの苗木を輸入し続けていた。その年には、輸入された苗木を受け取った場所の近くで最初の感染例が記録された。政府はそれ以降の輸入を禁止し、一〇万本以上の苗木を処分するように命じたものの、その頃までに病原体となる菌類は入り込んでいた。

さいわい、トネリコのごく一部、もしかしたら五％ほどがこの病気に耐性をもっているようだ。だからトネリコの大部分を失ったとしても、少なくとも耐性のある株の子孫を植え直すことはできる。残念ながら、そうした株がアジアから向かってくるとみられる別の病気によって全滅するおそれはある。その原因となっているのが、アオナガタマムシという美しい緑色の金属光沢をもつ小さな甲虫で、二〇〇二年以降に北アメリカ全域で猛威を振るい、何千万本ものトネリコを枯らしてきた。二〇一三年にはモスクワから西におよそ二五〇キロ離れた地点で観測され、一年に約四〇キロの速さで広がっていることから、ヨーロッパ全域に広がる可能性は大いにある。サセックスにある私の庭には美しいトネリコの成木が二本ある。どちらもいまは立ち枯れていて、私はこの先何年かかけて徐々に枯れていく姿を見届けることになる。ニレの喪失と同じく、トネリコの立ち枯れも野生生物に影響を及ぼすことは間違いない。トネリコの木には少なくとも二三九種の無脊椎動物と五四八種類の地衣類が生息していることがこれまでに確認されている。そのうち二九種の無脊椎動物と四種類の地衣類がトネリコにしか生息しておらず、大きな打撃を受けるだろう。たとえば、幼虫がトネリコで採餌するヤガ科のセンター・バード・サロー・モスは、イギリスでは一九六八年から二〇〇二年のあいだに個体数が七四%減少したと推定され、すでに「危急種」〔絶滅危惧種に次ぐ危険度〕に分類されている。

在来の昆虫は外来植物の拡散によっても悪影響を受けることがある。外来植物によって、昆虫が採餌の場としている植物が駆逐されてしまうためだ。アメリカの国立公園のうち二六〇万エーカー（約一〇五万ヘクタール）には、ブッフェルグラスやクサヨシといったイネ科の草本のほか、タンポポやヤグルマギク、フランスギクといったヨーロッパ産の多くの野草など、外来の雑草がはびこっている。アジア産のクズ（葛）はアメリカ南部の州で在来の森林を覆い尽くしている。同様に、ランタナという南アメリカ産の美しい低木はいまやオーストラリア東部の国立公園で繁茂している。外来植物は悪影響を及ぼす傾向にあるものの、必ずしもそうとは限らない。テキサスA&M大学のアンドレア・リットは、節足動物（昆虫、クモ類、甲殻類など）に対する外来植物の影響についての研究事例を検証した結果、研究の四八

%が外来植物の蔓延した地域で節足動物の種の数が減少したと報告し、研究の一七%が種の数の増加を報告していることを見いだした。時には外来植物と外来の送粉者が手を組むことがある。オーストラリアではランタナとシベナガムラサキは主にヨーロッパ産のミツバチが受粉している。また、私はタスマニアでミツバチとヨーロッパ産のセイヨウオオマルハナバチが外来のルピナスとアザミの花粉を運んでいる場面を目撃した。こうした事例では外来の植物とハナバチがどちらも恩恵を受けているが、おそらくその裏ではかつてそこに分布していた在来の植物と送粉者が犠牲になっているのだろう。

植物や動物、病気を不注意に際限なく移動し続けることにより、世界の動物相と植物相を大幅に単純化し、画一化してしまうおそれがある。危険なのは、どこを見ても生命力の強い同じような種だけが分布するようになることだ。在来の植物は外国から入った病原体に襲われ、外来の雑草に駆逐され、外来の害虫にむしばまれて、ほとんど存在しなくなる。在来の昆虫は宿主植物が姿を消したり、外来の捕食者に襲われたり、外来の病気に感染したり、強い競争者に駆逐されたりするうちに数を減らしていく。ハワイやニュージーランドといった世界の一部地域では、在来の動植物の群集がまるごと一掃され、世界中から集まった種々雑多な生物に置き換えられた。現在の国際貿易の規模を考えれば、この先も植物や動物が誤って移動される事態は避けられないが、そのリスクを軽減するためにできることはもっとあるはずだ。オーストラリアとニュージーランドが国境での検査や検疫規則を厳格にしていることがその一例である。

私にとって、旅をしているときに何よりも嬉しい経験の一つは、見たことのないチョウや鳥、ミツバチ、花に出合うことだ。旅する場所によって異なる野生の在来種を見るのが嬉しい。私たちの惑星がこれほど多種多様な生命をはぐくむようになった理由の一つには、こうした地理的な多様性もあるだろう。地球のそれぞれの地域で動植物の独特な集団が徐々に形成されるまでには何百万年もの進化が必要だった。それを私たちはたかだか数百年で混乱に陥れた。私たちがすでにしてしまったことは元には戻せないが、十分に気を配っていけばこの先外来種が侵入する事態を大幅に減らすことができるし、そうすれば窮地に陥った生物多様性への圧力が緩和されるだろう。

私の好きな虫

ベニスズメガ

空腹のひなに与える食べ物を探す多くの親鳥にとって、ガやチョウの幼虫であるイモ

ムシはごちそうであり、好んで狙う獲物だ。その結果、イモムシは驚くほど多様な擬態の能力を進化させてきた。多くのアゲハチョウの幼虫は黒と白の模様が鳥の糞そっくりだ。見かけを小枝に似せるイモムシは多いが、シャチホコガの幼虫は小さいときにはアリ、大きくなるとうずくまったクモのように見える（多くの鳥はクモを食べるので、この擬態は不思議だ）。アメリカ・アリゾナ州のアオシャクの幼虫には二種類の形態がある。春は採餌するオークの尾状（びじょう）花序にそっくりなのだが、次の世代は尾状花序が落ちる夏に姿を見せるため、棒にそっくりな見かけになる。

鎌首をもたげたヘビのように見えるベニスズメガの幼虫（photo Ⓒ rishiya / PIXTA）

私のお気に入りはベニスズメガというガだ。子どもの頃、アカバナを食べている幼虫を見つけたときの楽しい思い出があるからかもしれない。茶色がかった大きな幼虫は十分に成長すると、ゾウの鼻のようにも見える。イングランドではたいして役に立たない擬態だと思うかもしれないが、ちょっかいを出すと、幼虫は体の前のほうを膨らませ、一対の目のような模様を大きく見せる。それが、全体的に鎌首をもたげたヘビのような印象を与えるのだ。

14章　「既知の未知」と「未知の未知」

二〇〇二年、サダム・フセインと大量破壊兵器保持を関連づける証拠がないことを問われたとき、当時のアメリカの国防長官だったドナルド・ラムズフェルドが放った不可解な発言を聞いて、私は思わず噴き出してしまったのをよく覚えている。こんな発言だ。「私たちは既知の未知があることも知っている。つまり、私たちが知らないことがあるとわかっている状況だ。しかし一方で、未知の未知もある。私たちが知らないことさえ知らない何かだ」。当時の私はこの発言をばかにしていたのだが、よくよく考えてみると、ラムズフェルドは妥当かつ重要とも言える指摘をしたと思う。実際に起こるかどうかはわからないが、合理的に想定することができる未知の何かと、起こる可能性は論理的に否定できないが過去の経験からは想定することのできない何かを区別しようとしていたのだ。昆虫に害を及ぼすことがわかっている多くの要素（既知の既知）のほかに、存在がわかっていて、昆虫に害を及ぼすと十分に予期できそうだがデータが不足しているその他多くの要素（既知の未知）がある。また当然ながら、単にこれまで考えてもいなかったか、現在の科学知識を超えた要素で、将来発見できるかどうかもよくわからないもの（未知の未知）もある。

私も「ラムズフェルドのたわごと病」に侵されているんじゃないかとお考えの読者がいるかもしれないので、いくつか例を挙げてみよう。昆虫の減少に関して言えば、既知の未知は新たな農薬の影響や、鉱山や工場から排出される水銀のような重金属など、人間がつくり出すその他多くの汚染物質がそれに当たる。人間は毎年一四万四〇〇〇種類もの化学物質を合計でおよそ三〇〇〇万トン製造している。その目的は農薬、薬剤、難燃剤、可塑剤、防汚（ぼうお）ペイント、防腐剤、染料など無数にあり、それらの多くは地球環境に拡散している。最近、高濃度のポリ塩化ビフェニル（ＰＣＢ）とポリ臭化ジフェニルエーテル（ＰＢＤＥ）がマリアナ海溝の水深一万一〇〇〇メートル近くにすむ甲殻類（カニ、エビなど）の体内から検出された（同時にポリ袋も山のように見つかった）。汚染物質の大部分については、昆虫やほかの野生生物、さらに言えば人間に対する影響がこれまで研究されていない。深海でＰＣＢを体内に取り込んだカニが平気なのかどうかはわからない。もっと研究の難しい生物はほかにもあるだろう。少なくとも、化学物質の一部はどこかにすむ何らかの昆虫に影響を及ぼしているとは考えてもよさそうだ。化学物質の種類は単純に多すぎて、科学者たちにはとてもじゃないが調べる時間がない。新たな化学物質も次々に開発されるので、そのスピードに科学研究がまったく追いつかない状態だ。少なくとも部分的には把握されている化学物質はあるが、それらが有害かどうかまではわかっていない。これが既知の未知だ。

昆虫に対する交通の影響もまた既知の未知を示す一例だ。道路脇や環状交差点に野草を植えている光景はよく見られるようになった。見た目にもきれいだし、花が豊かな生息環境を増やして、町や都市をつなぐこともできる。一方で、このやり方には明確な問題が二つある。一つはこうした花に引き寄せられた昆虫が通行中の車にぶつかる問題、もう一つは昆虫が汚染物質の被害を受けるおそれがあるという問題だ。道路沿いに植えられた花々にはよい面よりも悪い面が多いのだろうか？　私はかつてこの問題を研究しようと助成金を申請したのだが、却下されてしまった（提案していた調査手法に十分説得力があるという自信がなかったので、まあ妥当な結果だろう）。近年、送粉者に関する科学論文は何千本も発表されてきたが、この問題を研究しようとしたものはほとんどない。道路沿いの花々が実際にどんな影響を及ぼしているのかはそもそもわかっていないとはいえ、おそらくその答えは道路の状況によって異なるというのが実情だろう。車との衝突による危険は車のスピードによって異なるに違いない。私が所属している大学の近くに、ブライトンへ向かうルイスロードの中央分離帯に沿って野花が咲く美しい一帯がある。道路の制限速度は時速三〇マイル（約四八キロ）だが、たいていは渋滞していてほとんど動かないから、車と衝突する昆虫はほとんどいないと想像される。カタツムリでも無傷で花の咲く中央分離帯まで到達する可能性は十分にある。一方で、一日の大部分を車が時速一三〇キロ近くでひっきりなしに飛ばす分離帯付き幹線道路A27のそばにも、花々が咲き乱れる美しい一帯がある。最近、昆虫が車のフロントガラスに激突することがめっきり減ったのは昆虫の少なさが原因だとよく言われるのだが、車の空力抵抗の改善や交通量の増加でも説明できる部分はある。交通量が増えると、多くの車がスピードを出しても車間距離が短くなり、昆虫は車の流れからはじき出されてしまうのだ。排ガスの影響もまた、はっきりわかっていない。加鉛ガソリンは昆虫にどんな影響を及ぼしただろうか？実験室での研究では、無鉛ガソリンの排ガスでさえもハナバチが花粉や蜜の多い花の香りを学習・記憶する能力を損ねるほか、ディーゼルの排煙そのものは花の香りを弱めて、ハナバチが好みの香りを嗅ぎ分けにくくすることが明らかになった。ルイスロードの中央分離帯にいるハナバチはスピードを出す車にぶつかって死ぬことはないだろうが、のろのろ運転している車の排ガスを両側から浴びているので、最良の花を見分けて蜜と花粉を効率的に集めるのに苦労しているかもしれない。ひょっとしたら、集めた蜜と花粉がひどく汚染されていて幼虫が死んでしまっているかもしれないが、それはわからない。

似たような視点で、大気の粒子汚染が昆虫に及ぼす影響もまだ調査されていない。粒子汚染は空気中に漂う微小な塵の粒子による汚染で、車の排ガス、車が巻き上げた塵、発電など多くの産業活動のほか、火山噴火や森林火災（「自然」に起きる火災と気候変動が誘発した火災）によって起きる。こうした微小粒子は人間の健康に多大な影響を及ぼすことが知られていて、二〇一六年だけでも推定で四二〇万人を早すぎる死に追いやった。人間の場合、大気中の微小粒子を吸い込むと脳卒中や心臓病、慢性閉塞性肺疾患、がんを患うだけでなく、知能の低下なども起きる。昆虫も呼吸をしなければならないのは人間と同じだが、そのやり方は異なる。昆虫は空気をポンプのように出し入れする肺ではなく、気門と呼ばれる小さな穴を体の側面にいくつも備えている。気門は体内に張りめぐらされた細い気管につながり、それが枝分かれしながら組織全体を通って空気を全身に行き渡らせている。酸素の取り込みと二酸化炭素の排出は主に「拡散」という現象に頼っているが、スズメガやマルハナバチといった数種の比較的大きな昆虫は、必要に応じて体をポンプのように動かして空気を出し入れできる。昆虫の体内に微小粒子（有害物質であることもある）が入り込み、気管を詰まらせたら昆虫の健康に害が及ぶのは明らかだと直感的には思えるのだが、この問題については意外にもこれまで科学研究がまったく行なわれてこなかったようだ。

大気の粒子汚染で議論の的となることの多い問題の一つが、ジオエンジニアリング（気候工学）と呼ばれる手法だ。航空機から意図的に微小な粒子を散布して雨粒の核にしたり、太陽光を宇宙空間に向かって反射させたりすることで気象を操作する試みである。二〇一五年、私はキール大学のクリス・エクスレイと共同で小さな論文を発表し、イギリスのマルハナバチの組織に驚くほど高濃度のアルミニウムが含まれていることを明らかにした。マルハナバチに害を及ぼしかねない状況だ。人間の場合、アルミニウムはアルツハイマー病など、さまざまな疾患との関連が指摘されてきた。論文を発表した時点では、マルハナバチがもっているアルミニウムの起源まではわからなかった。しかし論文の発表からほどなくして、これは「ケムトレイル」説を裏づける証拠だと確信した数人から連絡をもらった。政府と航空業界が気候を操作する地球規模の陰謀を共謀して進めているという説だ。この説の始まりは、上空の航空機が後ろに残す飛行機雲は水蒸気の筋だから自然に消えるはずなのに、一九九五年頃からそれまでより長く残るようになったことだ。それは、大企業や政府が人々や環境を操作するために導入した化学物質が飛行機雲に大量に含まれているからだという。この説の支持者は、いまや旅客機のほとんどあるいはすべてが化学物質のタンクを積んでいて、飛行中に後部から化学物質を散布する装置を搭載していると信じているようだ。アルミニウムのほか、硫酸などの化学物質が地上に降り注いで、昆虫を殺し、樹木を枯らすだけでなく、ひょっとしたら人間も死に追いやっていると彼らは主張している。

私は、ケムトレイル陰謀論の支持者の一人と、アメリカのコロラド州ボルダーを訪れたときに会うことにしぶしぶ同意した。彼女はどこから見てもまともで理性があり、バーの外にある庭に座って話しているあいだ、親切にもビールを何杯かおごってくれた。そこで見せられたのが人工的に見える奇妙な形の雲の写真で、ケムトレイルで生じたものだという。彼女は駐車場の周りに葉が黄色くなった弱々しい木々が立っているのを指さして、これもケムトレイルの証拠だと言ったが、そのときは九月だったから、葉が自然に黄色くなる時期であり、その主張にはあまり説得力がないように感じた。とはいえ、興味をそそられた私は科学論文を検索してみた。数はそれほど多くなかったものの、二人のアメリカの昆虫学者マーク・ホワイトサイドとマーヴィン・ハーンドンによる論文を発見した。二人は状況証拠から、石炭の飛散灰（石炭火力発電所から生じた廃棄物で、重金属など、さまざまな有毒物質を含む）が北アメリカ上空でケムトレイルに使われ、それが昆虫減少の主な原因の一つだと主張している。

ケムトレイル陰謀論の支持者は概して変人扱いされているが、確かにそのとおりで、彼らが主張するような規模の陰謀が秘密裏に実行できると信じるのはばかげた話だ。妥当性で言えば、地球が平らだという主張とたいして変わらない。とはいえ、ジオエンジニアリング自体は実際に行なわれている。これまで小規模な実験はあったし、より大規模な実験の計画もある。二〇一七年、ハーバード大学は二〇〇〇万ドルを投入し、気候変動に立ち向かう方法の一つとして大気上層に水と炭酸カルシウム、酸化アルミニウムを散布する小規模な実験を始めると発表した（この実験は二〇一九年前半に計画され、私が本書を執筆している段階でも計画から一年以上たっていたが、その結果の報告は見つけられなかった）。一部の気候科学者はこの研究の妥当性に疑いの目を向けている。国連の気候変動に関する政府間パネル（ＩＰＣＣ）の執筆責任者の一人であるケヴィン・トレンバースはこのように発言したと伝えられている。「ジオエンジニアリングは解決策ではない。入射する太陽放射を削減すれば気象と水循環に影響が出る。干ばつを助長し、それによって物事が不安定になり、戦争を引き起こすおそれがある。副作用は多い。私たちのモデルは結果を予測するには十分でないのだ」。ジオエンジニアリングがまずい考えであることは明らかなようだが、私たちすべてに影響しうる多くのテクノロジー（人工知能の開発など）のように、規制することは難しい。理論上は、一つの小さな国が全世界の気候を改変することができる。気候変動の壊滅的な影響が出始めたら、大惨事を防ごうと必死になり、窮余の策としてジオエンジニアリングが利用されることは容易に想像がつくが、それによって状況が改善するどころか悪化するおそれも十分にある。昆虫にどんな影響が出るのかは推測することしかできない。これが、ラムズフェルドが言うところの既知の未知だ。

昆虫への脅威になりそうな現代のテクノロジーはほかにも多くあるが、証拠が不十分だったり、まったくなかったりする。あらゆる電気回路からは電磁場が発生し、アリなどの昆虫はそれを検知できることがわかっている。同様に、ミツバチの認知能力が高圧線の周囲に発生する強い電磁場によって損なわれることも確認されている。ハナバチは（もしかしたらほかの多くの昆虫も）地球の磁場を手がかりにして飛ぶ方向を決めている。マルハナバチやミツバチといった社会性のハチの場合、蜜や花粉を持って巣へ帰れなかったら仲間たちがたちまち死んでしまうため、巣へ帰る方向を見つけられる能力はきわめて重要だ。農村地帯を横切る高圧線から生じる電磁場はハチのナビゲーション能力にどのように影響するのか？　電磁場がハチの行動に多大な混乱をもたらすかもしれないという考えは妥当なように思えるものの、それについて調べた人はまだ誰もいない。

電子機器の周囲に生じる電磁場は局所的なほうではあるが、携帯電話の基地局や無線LAN、携帯電話からの高周波の電磁波は多かれ少なかれ身の回りのあらゆる場所でひっきりなしに飛び交い、私たちの体を通過している。こうした電波は、生物の組織にとって非常に有害なガンマ線やX線など、より高い周波数の電磁波に比べればエネルギーは低い。一方で、テクノロジーが進歩し、使用帯域への需要が高まるにつれて、高周波の電磁波への曝露は急激に増えてきている。新たな5G技術では三〇～三〇〇ギガヘルツという、これまでより高周波の電磁波が使われる。これは電子レンジで生み出される周波数と同じで、これまで電気通信には使われてこなかった帯域だ。この周波数の電波はそれほど遠くまでは届かないので、

5G技術では小さな送信機を通りに沿って等間隔で何十万個も設置する必要があり、二〇二五年までに一〇〇〇億台ものデバイスをつなぐと予測されている。携帯電話にきわめて近い体の部位はごくわずかながらこの電波によって熱せられる。この影響は5G送信機の近くではより強くなるだろう。

私はハチの減少をめぐって公の場で講演したりインタビューを受けたりすることが多いので、ハチ減少の原因について独自の理論をもつ変わった人たちから連絡をもらうことがよくある。ケムトレイル陰謀論の支持者と同様、彼らの理論には説得力のある証拠がほとんどないか、まったくない場合があるのだが、それでも彼らは熱心に信じている。なかには、ハチも人間も携帯電話が発する電波を浴びると、脳腫瘍や、白血病などのがんを含め、さまざまな病気になると主張する人もいる。実際、私は携帯電話や無線LANから出る電磁波を浴びると気分が悪くなると信じている人に会ったことがある。いわゆる「電磁波過敏症」というものだ。残念ながら、この症状を裏づける科学的な証拠は強固ではないようだ。携帯電話の使用に発がん性があるかどうかを検証するための大規模な疫学研究はかなりの数があり、なかには弱い関連性が見られた研究もあったものの、ほとんどの研究は携帯電話の使用には発がん性がないと結論づけている。影響が強ければはっきりと検出されているはずだから、影響はそれほど強くないのだろう。二〇一一年には、世界保健機関(WHO)傘下の国際がん研究機関(IARC)が、この分野の専門家グループに委託して、手に入るすべての証拠を検証するよう依頼した。彼らが出した結論は、携帯電話の使用は「人間に対して発がん性をもつ可能性がある」というものだった。それ以降、議論はあまり進んでいない。

電気通信による電磁波が昆虫やほかの野生生物に及ぼしうる影響を調べる研究は、これまであまり行なわれてこなかった。スペイン北西部の都市バリャドリードの複数の地域で行なわれた興味深い研究では、電磁波の強さとイエスズメの個体数のあいだに非常に強い負の相関が認められ、ヨーロッパ全域の都市部でスズメの数が最近激減している現象はこれで説明できるかもしれないと著者らは述べている。しかし、相関関係を探るこの種の研究は決定的な要素に欠ける。電磁波の強さに関連する要因はほかにもあるかもしれないからだ。電子機器が多い場所はおそらく人の数も多いから、スズメが敬遠しているのかもしれないという点が、真っ先に考えられる。ほかの研究では、ミツバチの巣の中に携帯電話を置いたところ、働きバチによる「パイピング」の増加が検出された。パイピングとは、巣の中で騒動が起きたときによく発せられる高音のノイズだ。しかし、この研究は再現性が低いうえ、携帯電話が巣の中にある状況はあまり現実的ではないために批判されている。

何よりも懸念すべきなのは、この分野で研究がほとんど行なわれてこなかったことだ。人間は地球規模の電気通信ネットワークを構築したことで、地球上のほぼあらゆる生物が高周波を浴びる一度限りの大実験を、その影響もよくわからずに始めてしまった。そうした高周波は急増する一方であり、5Gの普及でどの都市の住民も高エネルギーの電磁波を絶えず浴びることになる。私がソーシャルメディアで見た動画では、5G送信機の下の地面でミツバチが何十匹も死んでいるとする場面を映していたが、もちろんこれは説得力のある科学的な証拠ではなく、フェイク映像とも考えられる。私のところには、コロナウイルスのパンデミックはなく、新型コロナウイルス感染症もフィクションで、これらすべては5Gに起因する症状だと信じきっている人々からも連絡が来た。明らかにおかしな話で、真に受ける人がいたら危険かもしれない。このことは人間がいかに間違った信念を抱きうるかを示す事例で、かなり不安になる。とはいえ、変な人がいるというだけで5Gが人間や野生生物の健康に影響しないと言うことはできない。この問題については本格的に進める前に適切に調査するのが賢明ではないかと、私には思える。いまある4G技術でも見事な技術であり、地球上のほとんど誰もが目を見張るスピードでちょっとした雑学やたわいもない会話をひっきりなしに受信できるようになった。ソーシャルメディアのフィードの更新に数秒かかることがたまにあるからといって、それが耐えがたい苦痛になるだろうか？　あと数年だけがんばって安全性に関する調査をもっと行なってから、5Gを導入することはできないのか？

既知の未知という曖昧な世界から離れる前に、最大の議論の的とも言える問題に触れないのは怠慢とも受け取られかねない。それは遺伝子組み換え生物（GMO）によるリスクの問題だ。GMOは、ある生物の遺伝子を別種の生物のDNAに挿入するなどして人間が意図的にDNAを改変した生物のことである。きわめて危険な「フランケンシュタインの怪物」だという人がいる一方で、受け入れるべき有望な技術だという人もいる。概して、農薬の使用に反対する運動をしている人は反GMOに傾き、どちらも危険で「自然に反した」技術だと見なしている。確かに、遺伝子組み換え作物が野生の近縁種とかけ合わさって、挿入された遺伝子がほかの種に流出してしまうリスクなど、深い懸念はある。たとえば、流出した遺伝子が除草剤への耐性を与えるものである場合、雑草の抑制がはるかに難しくなるかもしれない。一方で、大きな恩恵が得られる可能性も遺伝子組み換え作物にはある。たとえば、干ばつに強い作物や栄養価の高い作物をつくり出すことができた場合だ。昆虫からの攻撃に強い作物をつくることができれば、殺虫剤がいらなくなり、野生生物に恩恵をもたらす可能性がある。個人的には、遺伝子組み換え技術を切り捨てるべきだとは思わない。とはいえ、いまのところほとんどの遺伝子組み換え作物は大企業によって開発され、その目的は明らかに金もうけであり、人々や環境に恩恵をもたらすことではない。「ラウンドアップ対応」の作物がその好例で、その開発元であるモンサントはラウンドアップ（グリホサート系の除草剤）のメーカーでもある。その作物が導入されるとラウンドアップの使用量も大幅に増加した。これは明らかに環境に害を与えるし、人間の健康も害している可能性がきわめて高い（8章参照）。また、遺伝子組み換え作物の収量は概して従来の作物と同じか、わずかに多いぐらいであることがわかっているが、種子を購入するために農家が支払う額は従来の作物よりはるかに高い。要するに、遺伝子組み換え技術は善良な組織が取り扱えば、恩恵をもたらす技術になる可能性を秘めているが、残念ながら現状はそうではない。

妥当性がさらに不明確な遺伝子技術も登場しつつあるようだ。今後の生物多様性に脅威をもたらすおそれがある要素を収集・分析した最近の調査で、新たなRNAベース*の「遺伝子

*RNAはリボ核酸の略称。DNA（デオキシリボ核酸）と同類で、遺伝情報の伝達などを行なう。

抑制」農薬が注目された。この農薬を作物に散布し、それを食べた害虫の遺伝子発現を改変させるのが目的だ。この方法で害虫のほぼすべての遺伝子を効率的に抑制する、つまり遺伝子の働きを阻害することができる。健康や生殖にとって欠かせない遺伝子が阻害されれば、害虫は死ぬか、子を残せなくなる。理論上、この技術を使えば特定の害虫の特定の遺伝子にそれぞれ的を絞った多種多様な農薬を生産することができる。こうした農薬は、ターゲットにされる遺伝子と似た遺伝子を持っていない限りほかの昆虫には無害だろう。とはいえ、私たちがゲノム解読を終えたのはごく一部の生物にすぎず、害虫と同じ遺伝子をもっていそうな種の特定は簡単でない。この農薬が人間自身の遺伝子の発現を阻害することはないと思ってもいいのかもしれないが、人間の体の表面や体内にすんでいる有益な微生物に影響を与えないと確信できるだろうか？

そして最後に、未知の未知について書きたいと思うのだが、もちろんそれはできない。もし私が一つ思いついたら、その瞬間にそれは既知の未知になるからだ。私たちがまだ気づいていない方法で昆虫の健康に影響を及ぼす人間の活動はほかにも多くあるだろう。意図しない結果を予測する科学者たちの能力をはるかに超えるペースで、新たなテクノロジーの開発と導入が進んでいるからだ。人間が理解していないだけで、昆虫に影響を及ぼしている自然の要素もおそらくたくさんあるだろう。たとえば、まだ発見されていない種類の病気があるかもしれない。ラムズフェルドが言う「未知の未知」はあるだろうが、その定義上、当座は未知のままでなければならない。とはいえ、それが存在するのはほぼ間違いないだろう。私たちの無知という暗闇の中で不気味に影を潜めているのだ。

静電気を使うマルハナバチ

ハナバチは昆虫界の知の巨人だ。太陽と地球の電磁場をコンパス代わりにして長距離を移動でき、地上の目印の位置を記憶し、蜜や花粉が最も多い花やそこから効率的に食物を集める方法を学習している。

私自身の研究では、マルハナバチがにおいの跡を花に意図せず残していること、そしてほかのハチは最近の訪問者のかすかなにおいが残っているかどうかを確かめて、花に止まるべきかを判断していることを発見した。新しいにおいが残っている花は蜜や花粉が残っていない可能性が高い。最近の研究では、マルハナバチが備えたもう一つの優れた力が明らかになった。静電気を検知して有益な情報を手に入れることができるのだ。マルハナバチは飛行中、人間がカーペットの上を歩いているときと同じように、正の電荷を集める。花は負の電荷をもつ傾向があるので、ハチが近づくと負に帯電した花粉が花から離れてハチの体にくっつくことが多い。ハチが花に止まると、その正電荷と花の負電荷が打ち消し合う。これはつまり、誰かが訪れてまもない花は訪問者のにおいが残っているだけでなく、負の電荷が弱いということでもある。マルハナバチはどうやら体を覆う微小な毛が静電気によって逆立つ現象を利用して、静電気を検出できるようだ。これもまた花が空っぽであることを示す手がかりとなり、蜜を探して花に止まる貴重な時間を節約することができる。

15章　いくつもの原因

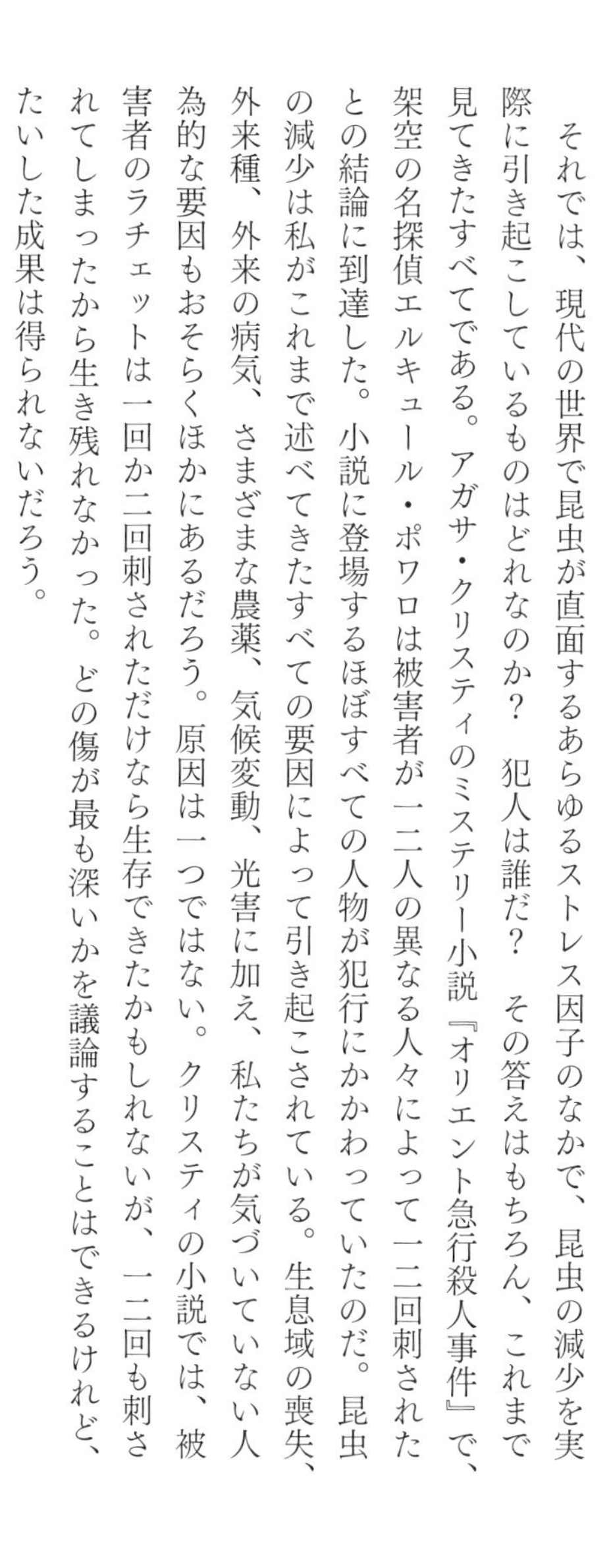

それでは、現代の世界で昆虫が直面するあらゆるストレス因子のなかで、昆虫の減少を実際に引き起こしているものはどれなのか？　犯人は誰だ？　その答えはもちろん、これまで見てきたすべてである。アガサ・クリスティのミステリー小説『オリエント急行殺人事件』で、架空の名探偵エルキュール・ポワロは被害者が一二人の異なる人々によって一二回刺されたとの結論に到達した。小説に登場するほぼすべての人物が犯行にかかわっていたのだ。昆虫の減少は私がこれまで述べてきたすべての要因によって引き起こされている。生息域の喪失、外来種、外来の病気、さまざまな農薬、気候変動、光害に加え、私たちが気づいていない人為的な要因もおそらくほかにあるだろう。原因は一つではない。クリスティの小説では、被害者のラチェットは一回か二回刺されただけなら生存できたかもしれないが、一二回も刺されてしまったから生き残れなかった。どの傷が最も深いかを議論することはできるけれど、たいした成果は得られないだろう。

これら二つの事象の類似点は限られている。一人の嫌われ者の乗客が殺された事件とは異なり、昆虫の減少は地球全体で何十年にもわたって続いてきたからだ。昆虫の一つひとつの種はおそらくそれぞれ異なる時期と場所で、異なる要因の組み合わせに影響を受けてきた。重要なのは、昆虫に害を及ぼすストレス因子の多くはそれぞれ個別に作用しているわけではないと、いまはわかっていることだ。すでに述べたように、ある種の殺菌剤は単独では昆虫にほぼ無害であるのに、昆虫の体内に入ると解毒機構を阻害することがある。昆虫が殺菌剤と殺虫剤に同時にさらされると、その殺虫剤の毒性は一〇〇〇倍にも高まる可能性があるのだ。同様に、ミツバチ一匹も直接殺せないほど微量のネオニコチノイド系殺虫剤がミツバチの免疫系を破壊し、その結果、ハチの体内のウイルスが急速に増殖して宿主のハチは死んでしまう。その同じ殺虫剤はハチが自身の体温とコロニーの温度を調整する能力を低下させるようだ。健康なミツバチは暑すぎるときには自分で体を冷やし、寒すぎるときには体を温めるが、少量の殺虫剤を投与されたハチは体温の調整能力が低下する。このため、殺虫剤によってミツバチが熱波に耐えにくくなるかもしれない。少量のネオニコチノイドを投与されたマルハナバチの巣では、卵や幼虫の温度を一定に保つ仕事の質が低下する。殺菌剤と除草剤はハチの腸内フローラを改変して、間接的にハチの健康と病気への耐性に対して複雑な影響を及ぼす。これらすべての事例で、二つの異なるストレス因子が組み合わさった影響は、それぞれのストレス因子の個別の影響を足したものより大きくなる。

ここまで触れてきたのは二つのストレス因子のあいだの複合作用だけだが、それは科学的にうまく調べられるのはこの程度だからというのが主な理由だ。たとえば、ハチに対する農薬の影響を調べる優れた実験をしようと思ったら、複数のハチかコロニー全体をさまざまな濃度の農薬にさらすことになるだろう。仮に、Xという新たな化学物質のハチのコロニーに対する影響を調べることにしよう。実験対象のコロニーの食物に混ぜる化学物質Xの濃度を、たとえば一、五、一〇、五〇ppbとしよう。実験では「再現性」が必要だから、それぞれの濃度についていくつかのコロニーを用意する。コロニーは一つひとつ微妙に異なるし、反応の仕方も違ううえ、結果を統計的に分析するにはそれぞれの濃度について少なくとも三つのコロニーが必要であるためだ。小さな影響を検出しようと思ったら、理想的にはそれぞれの濃度について一〇のコロニーを用意する。ほかに「対照群」とするコロニーも必要だ。そこには化学物質を含んでいない健康的な食物を与える。ここまでで五〇のコロニーが必要になる。さらに、病原体の影響と、それと化学物質Xとの複合作用を調べようと思ったら、実験の規模はたちまち二倍以上になる。それぞれの濃度の農薬を投与されたコロニーを各二〇準備したうえで、その半分を病原体にさらし、その半分は病原体にさらさない。これで必要なコロニーは一〇〇になる。三つ目の要因を追加すれば実験の規模はさらに倍になり、科学者が膨大な予算と多数の助手を確保していない限り、おそらく実験は実務上不可能になるだろう。とはいえ、現実の世界では昆虫は四六時中、複数のストレス因子にさらされている。農地にすんでいるハナアブのことを考えてみよう。春にはセイヨウアブラナの花で食物を集め、複数の農薬にさらされる。アブラナの花が終わると食べるものがほとんどなくなるので、空腹で有毒物質を抱えたハナアブは農地を離れ、遠くへ飛んでいく。高圧線が放つ電磁場を通り過ぎ、花々が咲く道路脇へ向かうが、その途中で車をよけ、ディーゼルの排煙にさらされる。そのあいだ、ハナアブの免疫系は病原体がいる花から感染した外来の病気と闘おうとしていただろうが、以前体内に取り込んだ殺菌剤によって腸内フローラが乱されたために、病原体との闘いは難しくなっていた。どうにか卵を産んだとしても、外来のナミテントウに食べられるか、夏の熱波で卵が死んでしまうだろう。これらすべてのストレス因子がどのように作用し合っているかはほとんどわかっていないが、ハナアブが最終的に死んでしまうか、子をほとんど残さなかったとしても意外ではないはずだ。

複雑に相互作用する複数の要素が昆虫の生存にどのような影響を及ぼしうるのか。それについてよく研究された例がオオカバマダラだ。北米でカリスマ的な人気を誇るこの美しい昆虫は数が急激に減っている。その原因を特定しようと、多数の科学研究が行なわれてきた。第一に考えられるのが、除草剤のグリホサートとジカンバの使用量が増えていることだ。この状況は、除草剤に耐性をもつように遺伝子が改変されたトウモロコシと大豆が開発されたことによって生じた。「普通の」作物を栽培している農家は、除草剤を使うと作物も枯らしてしまうおそれがあるため、雑草を簡単には防除できない。一方、除草剤で枯れない遺伝子組み換え作物を栽培している農家は、除草剤を作物に直接かけても作物に影響を与えることなく、雑草を防除できる。このように、農家は突如としてほぼ雑草のない畑で作物を育てられるようになった。オオカバマダラの幼虫はトウワタ属のミルクウィードだけを好んで食べる。ミルクウィードはかつて耕地でよく見られたが、いまは大幅に減ってしまった。オオカバマダラの食物が減ったということだ。

しかし、スタンフォード大学の最近の研究によると、オオカバマダラ減少の原因はそれだけではない。ミルクウィードは有毒物質のカルデノリドを生成して葉と液汁に行き渡らせることで、草食動物から自身を守っている。オオカバマダラの幼虫はカルデノリドに耐性をもつように進化し、それを体内に蓄えて捕食者に食べられないようにしている。食べてもまずいということを警告するため、体は鮮やかな黄色と黒の縞模様になっている。幼虫の体内のカルデノリドにはもう一つの役割があり、オフリオキスティス・エレクトロスキッラ（*Ophryocystis elektroscirrha*）という発音しにくい名前の単細胞の寄生虫を抑える効果もある。この寄生虫を放っておくと幼虫は腸を損傷し、そのまま死んでしまうか、成虫まで育ったとしても翅が変形して生存の可能性がほとんどなくなってしまう。生態学者のレスリー・デッカーは、二酸化炭素濃度の高い環境で育ったミルクウィードは異なる種類のカルデノリドを生成するため、幼虫が体内に取り込んでも寄生虫に対する効果をあまり得られないことを発見した。

環境保護団体はよく、オオカバマダラを助ける手段として、持ち家に住んでいる人に対して庭にミルクウィードを植えるように勧めている。栽培されることが最も多いのはメキシコ産のトウワタ（*Asclepias curassavica*）で、オオカバマダラがふだん採餌する北アメリカのミルクウィードよりもカルデノリドの濃度が高い。その濃度は幼虫が耐えられるちょうど上限にある。ルイジアナ州立大学のマット・ファルディンが、わずかに温度を上げた環境でこの植物を栽培する実験をしたところ、生成されるカルデノリドの濃度が高まり、オオカバマダラが食べられないほどまで上がることがわかった。「この有毒物質の濃度には適正な範囲があるんです」とファルディンはインタビューで答えている。「毒性が高すぎもせず、低すぎもしない範囲です。気候が変動すると、毒性がこの限界点を超えて、適正な範囲を外れるおそれがあります」

気候変動によってオオカバマダラの生息地がこれまでよりさらに北のカナダにまで及び、毎年秋に越冬地のメキシコへ向かう渡りの距離が延びることになる。このように気候変動は、採餌する植物の質に影響を及ぼすだけでなく、毎年の渡りの距離を延ばすことによっても、オオカバマダラにとらえがたい影響を与える可能性が高い。

越冬地に戻ったとしても、すべてが順調というわけではない。カリフォルニアでは、オオカバマダラの越冬地のうち二〇カ所が人間の活動によって過去たった五年間のうちに損なわれたうえ、その他の越冬地も住宅開発の脅威にさらされている。メキシコのシエラマドレ山脈に位置する越冬地では、森林伐採や採鉱が脅威だ。越冬地の保全活動を主導してきた人物の一人で、伐採作業員から保護活動家に転身したオメロ・ゴメス・ゴンサレスは二〇二〇年一月、地元でチョウ観光のガイドをしているラウル・エルナンデス・ロメロとともに謎めいた状況下で殺害された。

ここまで見てきたように、明らかな要因やとらえがたい要因が複数組み合わさって、オオカバマダラの減少を引き起こしている。このチョウを研究している生態学者たちは、個体数が重要な一線を下回って絶滅が避けられなくなる転換点に近づいているかもしれないと考えている。リョコウバトと同じように、かってよく見られた昆虫が早晩、永遠に姿を消すかもしれないのだ。

ハナアブ、オオカバマダラ、ミツバチ、人間といった生物、さらには社会性昆虫のコロニーである「超個体」の健康を「レジリエンス」の観点で考えることが多くなってきた。レジリエンスはストレスや混乱にさらされたあとに回復する能力を意味する。これらすべての生物や超個体には、安定した平衡状態、つまり現状を維持しようとする機構がある。人間の体温やハチの巣内の温度が高くなりすぎた場合、この機構が働いて最適な温度に戻そうとする。人間ならば汗をかいたり日陰を探したりするし、ミツバチならば翅を羽ばたかせて涼しい空気を巣に取り込む。人間の体が食料不足に陥ったら、空腹を感じて食事をとるし、ミツバチの巣で食物の蓄えが少なくなったら、蜜を集める働きバチをもっと多く投入するだろう。

ここで、生物の健康を、底が丸い鉢の底に置かれたビー玉にたとえてみよう。あるストレス因子がビー玉を鉢の底から脇のほうへ押しやっても、ビー玉はすぐに底の中央に戻る。しかし、ストレスが一つ加わるごとに、鉢はだんだん平たくなってくるのだと考えてほしい。するど、ビー玉は簡単に脇へ押しやられ、中央へ戻るスピードもだんだん遅くなることになる。やがてビー玉がある場所は平たい皿のようになり、少しでも振動を加えれば皿の端から外へ転がっていってしまう。私たちの体は熱波や病気、有毒物質、けがといった一つのストレス因子にさらされるたびに、自分のエネルギーを使って元どおりに回復するが、その直後は対処能力が低下し（鉢が平たくなった状態）、新たなストレス因子に襲われてもあまりうまく対処できない。有毒物質に侵され、飢えているうえに、感染症で苦しんでいるときに熱波に襲われれば、それがとどめの一撃となって命が尽きてしまう。同じ考え方は個体群全体や生態系にも当てはめることができる。どちらのレジリエンスも限界を示す傾向がある。海で取る魚の量がある程度までならその個体群は回復するが、あまりにも多く取ってしまうと、残っている魚の数が少なくなりすぎて個体群は維持できない状態に陥り、やがて消滅してしまう。こうした状況は海が汚染されていたり、重要な産卵域が失われていたりすれば、さらに起きやすくなる。多雨林の木を数本切り倒しただけなら、新たな木々が育って、森は回復するだろう。しかし、森の木をすべて伐採し、土壌が流出してしまうと、森は再生できず、低い木がまばらに生えているだけの貧弱な草原に置き換わってしまい、元に戻ることはない。野生生物が豊かな澄んだ湖が化学肥料で汚染されると、有害な藻類の大発生が繰り返し起こって水は濁り、生物多様性もきわめて乏しくなる。この状況は程度の差はあれ永久に続くだろう。

　これまでのところ、私たちの惑星は人間がもたらした怒濤の変化にも見事に対処してきたが、今後も対処してくれると思うのは愚かな考えだ。これまでに実際に絶滅した種の割合は比較的小さいものの、野生生物のほぼすべては個体数が以前の何分の一かになり、劣化と断片化が進んだ生息環境でどうにか生きている状態で、人間が次々にもたらす多数の新たな問題に翻弄されている。衰弱した生態系にどれくらいのレジリエンスが残っているのか、あるいは崩壊が避けられなくなる転換点にどこまで近づいているのかを予測できるほど私たちの理解は進んでおらず、その段階にはほど遠い。2章で紹介したポール・エーリックによる「飛行機のリベット」のたとえを使えば、私たちの翼は落下する寸前なのかもしれない。

私の好きな虫

謙虚なミノムシ

ミノガはほとんど知られていないが、世界中に分布するガのグループであり、木の葉や小枝を絹糸でまとめて防御用の巣をつくる幼虫、いわゆるミノムシからその名が付いた。池で生き物を観察するのが好きな人ならおなじみのトビケラも、同じ手法を使っている。巣に使う材料はミノガの種によって異なるため、ミノムシの巣を見るだけで多くの種を同定できる。

なかでも最も独特なのはヨーロッパのミノムシで、土壌の粒子と自分の排泄物を使ってらせん状の美しい殻をつくる。それは巻き貝の殻にそっくりだ。ミノムシは殻から頭を出して木の葉や地衣類を食べ、十分に成長するとその殻の中で蛹になる。成虫のガは機能する口器をもっておらず、数日しか生きられない。翅をもつ雄は雌を探して飛び回るが、雌は定住性で、巣からわずかな時間だけ出て交尾するか、巣にこもったまま雄の腹部を巣に導き入れて交尾する。その後、雌は巣の中で産卵した直後に息を引きとる。雌にとってはつまらない一生だったに違いない。生まれてから死ぬまでにせいぜい数センチしか動かないから、生息域も徐々にしか広げられないだろうと思うかもしれないが、じつはこのガは昆虫としては特異な拡散手段をもっている。まず、交尾後に卵を抱えた雌が鳥に食べられると、頑丈な卵はブラックベリーなどの植物の種子と同じように鳥に消化されず、ひょっとしたら親が食べられた場所から何キロも離れた場所で糞に混じって排出される。そしてもう一つ、多くのミノムシはクモの「バルーニング」という習性をまね、幼虫の最初の段階で絹糸を出して、風に乗って運ばれるようにする。

第4部

私たちはどこへ向かうのか？

私は子どもが三人いて、生物多様性に乏しい衰えた地球を彼らが受け継ぐことになるのを深く懸念している。産業革命以降の親たちは、子どもは概して自分より良い生活を送れるはずだと安心して、将来に期待することができた。しかし、今後はそういうわけにはいかないのではないかと心配だ。いまや未来は不確かになった。私たちの文明が崩壊し始めたという明らかな兆候がある。

もちろん、二一世紀の文明はメソポタミアやローマといった、過去に崩壊した文明とは大きく異なる。私たちはツイッターから、核兵器、ジオエンジニアリング、遺伝子工学まで、過去に生きた人々が想像もできなかったようなテクノロジーをもっている。こうしたテクノロジーを使えば現状をよい方向へ変えられるかもしれないが、もしかしたら私たちの凋落を加速させてしまうおそれもある。おそらくローマ人は自分たちが頭脳明晰と考えていて、文明が終わるなど想像できなかったのだろうが、結局は終わってしまった。私たちの行く先にも暗黒の時代が待ち受けているかもしれないし、迫りくる激変の根幹には私たちの周りにすむ小さな生き物たち、つまり昆虫の死がある。

ここからは、どのように方向転換すれば、環境にやさしく汚染が少ない、よりよい世界へ向かって進めるのか、私なりの展望を伝えていきたい。でもその前に、私たちが限りある地球の資源を浪費し続けたら、子どもたちはどんな世界を受け継ぐことになるのか、その姿を探る旅に付き合ってほしい。

16章　ある未来の光景

疲れて、目を開け続けるのもつらい。いまは午前三時だが、まだかなり暖かい。蒸し暑くて静かな夜は近ごろ普通になってしまった。コオロギの声も聞こえず、頭上でホーホーと鳴くフクロウもいない。私は古い木製の椅子に腰かけ、膝の上にはライフル銃を置いている。家の中からクッションを持ってきてもよかったのだが、快適すぎると寝落ちしてしまうと思ったのだ。

半月の光の下で、苗床をかさ上げした野菜畑がかすかに見える。ポロネギ、パースニップ、ニンジン、ビーツがずらりと並ぶほか、丈が二メートルを超えるキクイモ、そして、ウリやカボチャが苗床からはみ出るほど繁茂し、まるまる育った実はもうすぐ収穫できそうだ。その向こうには小さな果樹園がある。リンゴ、セイヨウナシ、モモ、ネクタリンが枝から下がっている影が見える。四月と五月には、何週間もかけて花に手で授粉する。私の三人の孫たちはサルのようにリンゴとセイヨウナシの木に登り、枝を折らないように、そしてつぼみを落とさないように気をつけながら、上のほうに咲いた花に花粉をつける。リンゴは一部の木とは違って、異なるリンゴ品種の花粉を花に与えないと実をつけない。そのため、私たちはそれぞれの木の花の雄しべから花粉をブラシでジャムの容器に集めてから、異なる品種の木の雌しべに花粉をつけなければならない。そのときには父親の古い絵筆を使った。貴重なクロテンの毛を使った筆で、いまとは違う時代に父親が水彩の風景画を描くのに使っていたものだ。

毎年、それぞれの作物についてすることは同じ。カボチャやウリ、サヤインゲンはていねいに手で授粉する。ウリは雌花が数個しかないので簡単だが、サヤインゲンはそれよりはるかに手間がかかる。ニンジン、ポロネギ、パースニップなどは冬に数本を土の中に残し、翌年に花を咲かせると手作業で授粉し、収穫を終えたら種子を乾燥させて、その次の春にそれをまく。ごちそうを得られるか、飢えに苦しむかにかかわる問題だから、よく準備して効率的に作業しなければならない。私たちは主に保存が利く果物と野菜を栽培し、収穫のない冬と早春の食料を確保するようにしている。カボチャは一月の終わりにはカビが生え始めるが、傷んでしまうまでは食べ続ける。リンゴは盗まれないよう屋根裏に保存する。いつもは二月末まではもつのだが、年々冬が暖かくなってきているのか、保存できる期間がだんだん短くなっている。いずれにしろ、最近ではリンゴがたわわに実る年はほとんどない。ここイングランド南部ではリンゴにとって気候が暖かくなりすぎたからだ。この新たな気候の下ではオリーブやアーモンド、イチジク、ネクタリンがよく育つが、うちにはあまりない。三〇年前に気候変動を見越して計画し、植えておくべきだった。

三月と四月は最も厳しい月だ。この時期には、前年の作物がなくなるうえ、春の作物はまだ実をつけていない。パープル・スプラウティング・ブロッコリーはまさにこの頃に花を咲かせる格好の食材で、それにイラクサの芽やタンポポの根、ヤエムグラ、ハコベ、保管庫に残ったカビ臭い古い野菜を加える。若いカバノキやシナノキの葉をサラダに入れれば量が増える。子どもたちは不満を口にするが、たいていの人よりも恵まれているほうだ。

私はこの寝ずの番をするには年をとりすぎた。生まれたのは二一世紀に入った直後で、来年八〇歳になる。私のくたびれた骨は暖かい天候でも痛むし、冬になるとはるかにひどくなる。耳元で蚊のブーンという音が聞こえ、見えない昆虫をぴしゃりと打つ。蚊は以前より数がぐっと増えた。数を増やしているとみられる数少ない昆虫の一つだ。蚊を食べるコウモリはいないし——私はもう何十年も見ていない——夏の大雨で蚊が産卵できる水たまりがあちこちにできるうえ、気温が上がって繁殖のスピードが速くなった。最近では、村でマラリア患者が出ている。マラリアはヨーロッパを北上し、二〇六〇年代にはイングランドに到達した。マラリアを予防できる薬は手に入らないから、一度刺されただけでも命にかかわるおそれがある。

私の父親は、役に立つ生物や美しい生物はほとんどが消えていったのに、害虫が数を増やしていくのは皮肉なことだと言っていた。イエバエは捕食者のツバメやイワツバメがいなくなったから、毎年夏になると大発生する。ナメクジもますます目につくようになった。かつてその数の抑制に役立っていたアシナシトカゲやハリネズミ、オサムシが消えてしまったからだ。夏にはアブラムシが野菜や果樹にたかって、ときどき豆類を全滅させたり、まだ熟していない果実を木から落としたりする。私がいまよりずっと若かった頃は、こうした害虫はテントウムシやハナアブ、ジョウカイボン、ハサミムシが食べてくれた。食物連鎖の上位にいる生物は下位の生物より数が少なく、繁殖に時間がかかるため、決まって最初にいなくなる。トラ、ホッキョクグマ、オウギワシは、その獲物となるシカやアザラシ、サルよりもずっと前に姿を消した。アブラムシ、コナジラミ、ナメクジ、蚊、イエバエといった害虫は繁殖スピードが速く、進化も速いため、農薬への耐性を発達させ、気候変動に適応してきた。残念ながら、ハナバチやテントウムシはその変化についていけなかった。

私は再び腕時計に目をやった。時間はほとんど進んでいないように思える。午前四時になったら息子が交代するから、残り時間はそれほど長くない。

私はどれだけの変化を見てきたのか。ティーンエイジャーの頃は食料がたくさんあった。少なくとも欧米では、私たちみんなそうだった。スーパーマーケットに食材が山積みになっていたのを覚えている。パッションフルーツ、パイナップル、マンゴー、アボカド、さらにはキンカンやライチといった異国のフルーツが世界中から輸入され、一年中、店で買えたものだ。いま考えると信じられないが、そんな状況を私たち全員が当たり前と思っていた。食料は安かったから必要以上に買い、冷蔵庫でカビが生えると、購入した食料の大部分を捨てていた。プラスチック容器は回収用の大きなごみ箱に満杯に入れられ、使用済みのおむつや壊れたプラスチックのおもちゃといっしょに、地面に掘られた巨大な穴に捨てられ、そこで腐ったまま永遠に放置された。いちばん食べたいのはパイナップルだ。黄金色に熟れたブラジル産のもので、ナイフで切ると甘い汁がしたたり落ちる。もちろん、チョコレートも食べたくて仕方がない。その味を孫に伝えようとしたことがあるが、お察しのとおり、できなかった。栄養たっぷりの食料ばかり食べたので、世界中の人々のあいだで肥満が蔓延し、みずから引き起こした糖尿病が流行した。いま太っている人はほとんどいない。

小便がしたくなったので、こわばった体で何とか椅子から立ち上がり、コンポスト容器に向かってよたよた歩いた。膝がうまく動かない。ライフル銃を容器の脇に立てかける。コンポスト容器は荒く切った材木で作った大きな箱で、集めた落ち葉や残飯、雑草といった身の回りで出る有機物を何でも放り込んである。堆肥用のトイレにたまった排泄物や、鶏小屋で集めた糞も入っている。庭全体ではこうした堆肥の山が一〇カ所ほどある。そこに小便をすることで、貴重なリン酸塩をはじめとする栄養分が多少なりとも加えられ、堆肥化の作用を速めることができる。石油化学産業がついに四〇年代に崩壊すると、安い化学肥料が手に入らなくなり、作物に肥料を施すため旧来の方法に立ち戻る必要があった。あらゆる有機物を大切に活用し、分解させて、土に栄養分を戻す。土壌の栄養分を使い果たし、化学肥料に完全に頼っていた多くの農家は作物を育てられなくなり、畑を放棄した。私たちは一〇月になると近くの森、というよりその生き残りとでも言うべき場所に入り、落ち葉を集め、袋に詰めて帰ってくる。最終氷期のあと何千年ものあいだイギリスで最もよく見る木だった原産のオークは、変わりゆく予測不可能な気候に適応できなかった。多くは二〇四二年の干ばつで枯れ、いまやほとんどすべてが枯れ果てて、すっかり葉を落とした幹や枝がこの地域ではおなじみの光景となった。私たちにとって幸運なのは、自宅の小屋からわずか数メートルのところから始まるいちばん近い森に、ヨーロッパグリの木がたくさん生えていることだ。この木は気候にうまく適応できた。その実が食事に入ると嬉しいし、集めた落ち葉は堆肥となって庭の土に栄養を与えてくれるので、父が七〇年近く前にこの小屋と庭を買ったときに始めた仕事を、私たちはいまも続けていける。父は健全な土壌の価値をよく知っていて、野菜畑の土が地中深くまで栄養豊かで黒々となるように有機物の成分を増やしていった。父がそれをしていなければ、この〇・八ヘクタールの土地に頼る私たち一二人を養うことはできなかっただろう。

再び腰かけようとしたとき、生け垣の中でさらさらという音が聞こえた。ウサギであってほしい。父の時代には、夜になると庭にウサギがたくさんやってきたものだが、おいしい肉を目当てに捕獲され、いまや希少な生き物となった。リスもネズミとともに大部分が食肉目当てに捕獲された。銃を持ち上げ、銃身の先をじっと見る。だが、視力が落ちて、音を立てているものの正体が見えない。的を外すわけにはいかない。カートリッジの残りは数十個しかないし、今後も手に入る望みはほとんどないからだ。この二二口径のライフルは私が三〇代の頃に購入した。その当時、肉の小売価格が上がっていたのだ。食事の足しにしようと、主にハトやウサギなどを仕留めるために使った。このライフルは入念に手入れしてきたし、自分の所有物のなかでもとりわけ貴重な品となった。しかし、カートリッジがなくなれば、相手を脅かすぐらいしか使い道はなくなってしまう。何よりも、生け垣の音の主がくぐり抜けてくる人間でないことを願った。庭はサンザシの密生した生け垣に囲まれているうえ、父がそこに有刺鉄線を載せたワイヤーの柵を設置した。それでも、泥棒が闇に紛れて忍び込み、作物を盗んでいくことはあるだろう。

ここはかつて裕福な国だったが、いまでは人々が数個のジャガイモのために命を懸けるような状況になってしまった。その兆候ははるか昔からあったのだが、目に見えて歯車が狂い始めたのは四〇年代のことだ。当時は何が問題なのか誰も正しく理解していなかった。これほど豊かな知識とテクノロジーをもつ、地球全体に広がった文明が崩壊するなど、誰も信じられなかったのだ。だが、それほど意外だと受け取るべきではなかった。文明の崩壊は昔からあったからだ。実際、これまでに興ったあらゆる文明は崩壊してきた。帝国の最盛期に生きたローマ人にとって、莫大な規模を誇る優れた文明が北方からやって来た野蛮な部族に乗っ取られ、強大な都市が大混乱に陥って廃墟になるなど思いもよらなかっただろう。大規模な文明の栄枯盛衰は歴史にも表れている。漢王朝、マウリヤ朝、グプタ朝、メソポタミアはどれも当時としてはきわめて高度で多様な側面をもった帝国を築いたが、一つ残らず崩壊した。ほとんどの人はそうした文明が存在したことさえも気にしていない。

私が生まれるはるか前の一九六〇年代と七〇年代に、科学者たちは人間が気候を変化させるおそれがあるほか、土壌や河川、海を汚染し、かつて生命であふれていた美しい熱帯雨林を伐採していると警告し始めた。一九九二年には世界中の一七〇〇人の科学者たちが「人類への警告」を発表した。人間は生存に欠かせない土壌を浸食し、劣化させているうえ、オゾン層を破壊し、大気を汚し、多雨林を伐採し、海で乱獲し、酸性雨をもたらし、海洋に汚染された「死の領域」をつくり、空前のスピードで種を絶滅させ、貴重な地下水資源を枯渇させてきたうえに、今度は明確に気候を変えようとしていて、大惨事は避けられないというのだ。「人類の大惨事を避けたいのならば、地球とそこにすむ生命を管理する方法を大きく変えなければならない」。温室効果ガスの排出量の削減、化石燃料の段階的な使用停止、森林伐採の削減に取り組まなければならないほか、生物多様性が崩壊しつつある傾向を逆転させる必要もあると訴えた。

世界各国の政府、そして人類の大半はこの警告にほとんど耳を傾けなかった。それから二五年後の二〇一七年、科学者たちは再び警告を発し、人類は増え続ける人口が地球に及ぼしている害を軽減する取り組みをほとんど進めてこなかったと指摘した。今回の警告には二万人を超える科学者が署名し、そのなかには私の父もいた。家の本棚のどこかに、その報告書の古いコピーがある。オゾン層と酸性雨の問題は部分的ながら解決したが、ほかのすべての問題は大幅に悪化したうえ、新たな問題も加わったと、科学者たちは指摘している。彼らが発表した新たな報告書には、悪化しつつある危機の規模が詳しく記されている。最初の報告書から二五年のあいだに、一人当たりの淡水資源は二五％減少し、海洋の「死の領域」の数は六〇％増え、野生の脊椎動物の数はさらに三〇％減り、二酸化炭素の年間排出量は約二二ギガトンから三六ギガトンまでおよそ六〇％も増加し、地球の平均気温はおよそ〇・五℃上昇し、げっぷでメタンを排出する反芻動物の数は約三二億頭から三九億頭に増えたうえ、人口は約五五億人から七五億人にまで膨れ上がった。気候変動は手に負えなくなるおそれがあり、人類は、六六〇〇万年前に恐竜を絶滅させた第五の大量絶滅に続く、第六の大量絶滅を引き起こそうとしている、と彼らは警告した。「近いうちに、この誤った軌道を修正するには手遅れになるだろう。時間はなくなりつつある。日常生活でも、政府機関においても、あらゆる生命が勢ぞろいした地球が私たちの唯一の故郷であると認識しなければならない」。しかし、誰も耳を傾けなかった。

同じ年、ドイツの昆虫学者のグループが、私の父の微力も借りつつ、こんなデータを発表した。ドイツの自然保護区でトラップによって捕獲された昆虫の生物量（重量）が二〇一六年までの二六年間で七六％減少したというのだ。この研究の著者たちは、このまま昆虫が減り続ければ、生態系は崩壊し始めると警告した。昆虫は生態系で無数の大切な役割を果たしているからだ。科学者たちのこの警告は顧みられないおそれもあったが、メディアがこの研究成果を取り上げると、世界中に報道された。当時私はティーンエイジャーで、父がその研究についてラジオや新聞記者から電話でひっきりなしにインタビューを受け、昆虫の減少がなぜ私たち全員にとって大惨事となりうるのかを根気強く説明していたのを覚えている。電波や新聞を通じて渾身の報道があったにもかかわらず、政治家もその他の人も誰も有意義な行動をとらなかった。

なぜ私たちは行動をとれなかったのか？　私たち人間は物事の全体像をとらえるのがあま

り得意でないようだ。気候変動や種の絶滅、汚染、土壌の浸食、森林破壊など、個々の問題については認識していても、それらが組み合わさった影響でどれだけ壊滅的な事態がもたらされるかを理解することができなかった。人類に対する二つの警告を発表した科学者たちでさえ、全体像を完全には理解していなかった。科学者は自分の専門分野のなかでしか物事を考えない傾向にある。気候変動を専門とする科学者は気候の乱れによる影響を警告し、生物学者は生物多様性の喪失の影響について話し、漁業を専門とする科学者は水産資源の枯渇に警鐘を鳴らし、環境毒物学者は重金属による中毒やプラスチック汚染を研究する、といった具合だ。これらすべての作用がつながり合って、誰も想定できないような相乗効果を生むと十分に予測した人は誰もいなかった。

この危機を回避できなかった原因は、政治家が長期的な計画の作成よりも次の選挙に集中せざるを得ない政治制度にあるのかもしれない。多くの人は、欲に駆られた資本主義制度に原因があると指摘している。巨大な多国籍企業が、政治家や、さらには国家全体さえもはるかに凌駕する大きな力を集めることを許し、人間や環境が負う代償を顧みることなく利益を最大化するように世界を形成したというのだ。それを助長したのは、経済が無限に成長するというほぼ全世界的な信念のほか、経済成長と幸福が結びついているという前提もあったのだと思う。それは経済が成長し続ける限り生活は年々よくなるという考えであり、長いあいだそういう時期もあった。また、テクノロジーが問題を解決してくれるだろうし、未来にはSF映画のように銀河を自由に旅することさえできると信じていた人も多かったのではないか。地球の資源を使い果たしたら、火星に移住すればいいのだと。人類が一九六〇年代以降、月に行くのもままならなかったという事実は、宇宙開発の進歩が鈍っているという警告だったに違いない。

ほとんどの科学者が警告していたにもかかわらず、なかにはジオエンジニアリングで気候を修正しようとした人もいた。大気中に化学物質を散布して、雲の形成を促すとともに、太陽光を反射させるのが目的だ。だが、気候はそんなやり方ではとうてい制御できないほど複雑であることが明らかになった。彼らが成し遂げたのは、汚染の問題を増やし、気象をはるかに予測しにくくしたことだけだった。大気中から二酸化炭素を除去する装置が開発されたが、問題の規模があまりにも大きかったため、実際に除去できた量はお粗末なほど微々たるものだった。大規模な植林や土壌の保全といった、よりわかりやすくて高度な技術を必要としない炭素貯留技術は無視される一方で、意図的な森林破壊は急激なペースで続けられ、気候変動と森林火災の増加によって森林の消失がいっそう進んだ。父は二〇年代に次のようなことを言っていた。科学者たちは消えつつあったハナバチの代わりに小さな飛行ロボットを使って作物の受粉を助けようとしたものの、ロボットは本物のハチと比べてコストが高いうえに成果が上がらなかったため、やがて使われなくなった。さらに、科学者たちは農薬に耐性をもつように遺伝子を改変したミツバチも生み出そうとしたものの、そうした「スーパーミツバチ」は病気に弱くなるという予期しない副作用が出たために、その試みも長くは続かなかった。

二〇二〇年代初め、COVID‐19という新型コロナウイルス感染症のパンデミックが発生して経済は大打撃を受け、おびただしい数の人々が命を落とした。野生動物を食用や薬用に取引する慣行によって、人間が新たな病気と身近に接する機会が生まれたのだ。さらに一〇年が経過すると、気候変動が猛威を振るい始めた。これは予測されていながらも無視されていた現象だ。ハリケーンはアメリカ東部とカリブ海諸国を繰り返し襲い、森林火災はオーストラリアやアメリカのカリフォルニア州、地中海沿岸部の大部分を焼き尽くした。スカンディナビア半島の森林でさえも炎を上げ始め、亜寒帯の泥炭層も煙を上げて、さらに多くの温室効果ガスを大気中に放出した。こうした火災によって生じたスモッグと、工場や自動車による大気汚染が原因で毎年何百万人もの人々が死んだ。気候難民は人でひしめき合う臨時の施設に追いやられた。そこはさらなる病気の大発生に理想的な環境となった。

おそらく二〇三〇年代までには手遅れになっていた。海面の上昇を止められなくなり、豪雨や高潮の影響も相まって、洪水対策施設が決壊する事態が日常的に起き始めた。洪水による壊滅的な被害で、世界の大都市の多くが機能不全に陥った。とりわけ大きな打撃を受けたのは、ロンドン、ジャカルタ、上海、ムンバイ、ニューヨーク、大阪、リオデジャネイロ、マイアミだ。新たな洪水対策施設の設置費用は膨れ上がる一方で、感染症のパンデミックによって弱った経済ではそれを支えられなくなった。そうした施設の大部分はコンクリート製で、その製造過程ではさらに多くの二酸化炭素が排出された。災害の規模があまりにも大きくなって保険会社は倒産し、損害保険は過去のものとなった。バングラデシュの大部分、モルディブ、フロリダ州の大部分、イングランドのフェンズ（沼沢地帯）など、地域全体が水没する事態も起きた。

気候変動はもはや人間の手では止められなくなった。その原因は、科学者がいうところの「正のフィードバックループ」だ。極地で氷が覆う面積が減った結果、反射される太陽エネルギーの量が減って、さらなる気温上昇や氷の融解などを引き起こした。北極圏の永久凍土が融解して、地中に閉じ込められてきた膨大な量のメタンが解き放たれた。メタンは二酸化炭素よりはるかに強力な温室効果ガスだ。気象パターンが変化したためにアマゾンで降水量が減り、最後まで残っていた多雨林が枯れ果てて、五五〇〇万年も続いてきた地球上で最も豊かな生態系がついに全滅した。かつて森林が保ってきた薄い表土が塵となって消えると、そこからも温室効果ガスが放出された。

人間に決定的な打撃を与えたのは、全人類を支える食料の生産力が落ち始めたことだ。四〇年代には、北アメリカの小麦ベルトで夏の干ばつが続き、主要な穀物である小麦が一気に手に入りにくくなった。アフリカではサハラ砂漠が南へ広がって、作物の不作が続き、無数の小農が故郷を離れざるを得なくなった。だが、アフリカの赤道地方は気温があまりにも高くなりすぎて人間が生き延びることさえほぼ不可能な状況で、彼らが行ける場所はほとんどなかった。同じ時期には、花粉を運ぶ昆虫が世界中で減少するにつれ、アーモンドやトマト、ラズベリーからコーヒー豆やカカオまで、受粉を昆虫に頼るあらゆる作物の収量が低下し始めた。作物を襲う害虫の被害もいっそう深刻になった。害虫は何十年にもわたって浴びせられてきた農薬への耐性を強めたうえ、気温の上昇でより速く繁殖できるようになったからだ。テントウムシやハナアブ、クサカゲロウ、オサムシといった、害虫にとっての自然の天敵は農村地帯から姿を消して久しい。放牧地では糞虫とフンバエの数が少なくなったために、家畜の糞が分解されずにたまって牧草を覆い始めた。糞には家畜に投与された薬剤や農薬が混じっており、糞虫やフンバエはそれに適応できなかったのだ。糞を分解する昆虫がいなくなると、牧草の供給量が落ち込んだうえ、糞に混じった卵を通じて蔓延した腸内寄生虫に家畜が感染する問題がいっそう深刻になった。

これでもまだ足りないとでもいうように、一〇〇年にわたる集約農業の結果、多くの農家の畑では表土がだんだん薄くなり、土地がやせていった。表土の大部分は雨で押し流されたか、酸化して大気中に入っていった。残った土壌は慢性的に汚染され、かつて土を健全に保つ役割を果たしていたミミズなどの小さな生物は減った。カリフォルニアのセントラルバレーなど、世界でも温暖で乾燥した地域では、何十年間も作物の灌漑に使う地下水を汲み上げていた井戸が枯渇し、ほかの地域では主要な河川が過剰取水のために夏になると流れを止めてしまうようになった。

熱帯の海では、サンゴ礁が水温の上昇にとりわけ敏感であることが明らかになり、白化現象が起きて死滅する事態が起きた。私が生まれる前、両親はオーストラリア沖に広がる世界最大のサンゴ礁群、グレートバリアリーフでスキューバダイビングの講習を受けたという。そこには色とりどりの生き物がいて、驚くべき多様性があるのだという話を聞かせてくれたものだ。私が一五歳だった二〇一六年には、その一年間だけでグレートバリアリーフの半分が死滅した。二〇三五年までには、世界のサンゴ礁のほぼすべてが死滅し、かつて食用に捕獲されていた多くの魚の産卵と子育ての場が失われた。より寒冷な水域では、漁場探しがだんだん絶望的な様相を呈し、産業規模のトロール船団が漁獲制限を目的とする政府の規制を破って、どうにか残っていた世界屈指の漁業資源を取り尽くした。二〇五〇年までに、海には食べられないクラゲの群れぐらいしかいなくなった。魚がいなくなったから一気に増えたのだ。

各国の政府が科学的な証拠に耳を傾けて手を携えていたならば、二〇三五年の段階でも文明の崩壊を防ぐことはできたかもしれない。残念ながら、人類は資源と専門知識を結集して史上最大の難問を克服しなければならなかったときに、根拠に背を向けた。食料価格の上昇、生活水準の低下、失業率の上昇、そして先進国に到着する難民が増え続けたことが路上での暴動や抗議運動、過激派の政治家の選出につながった。国際的な同盟は破棄され、孤立主義的で自国中心主義的な政策が支持された。国家は人類全体の利益や私たちが共有する惑星の利益よりも自国の利益を優先した。漁獲割当量や気候変動対策に対する合意は破棄され、国際的な援助もなくなった。科学者は嘲笑され、信用を失い、彼らが提示する証拠は無視された。真実は最も大きな声を上げた人物や、それを金で買える人物によって定義された。どういう意味かははっきりしないが、私たちは「ポスト真実の世界」に入ったという者もいた。「ポスト真実（post-truth）」はオックスフォード英語辞典が二〇一六年に選んだ「今年の単語」となった。

環境の崩壊で先進国よりもはるかに直接的な影響を受けるのは発展途上国だ。洪水、火災、飢饉によって一〇億人以上が極度の貧困に陥り、家も希望も失った。飢饉では何百万人という、想像もできなかったような規模の死者が出る一方、生き残った人々は故郷を離れ、より涼しい北方や南方への大移動を引き起こした。人々が苦しみをもたらした責任を押しつける対象を探し、主義主張がかつてなく過激かつ排外的になってくると、内戦や国際紛争が勃発した。その多くは民族間や宗教間で起きた。

より人口の多い先進国では、長いあいだ国民の食料は輸入に頼っていた。たとえばイギリスは、二〇一八年には必要な食料の半分ほどを国内で生産していた。しかし、二〇四〇年までに八〇〇〇万人近い人々がこの島国にひしめき、農地を宅地に変える開発が止まらず、残った農地で収穫できる作物は減少して、食料の六割以上を輸入する状態になった。多くの発展途上国が飢饉に見舞われるようになったあとでさえも、私たちはそうした国々からの食料の輸入をやめなかった。裕福な私たちは食料を買えるが、彼らは買えないからだ。しかしそのうち、食料の生産量が世界的に激減し、どれだけお金を出しても食料が買えなくなっていった。スーパーマーケットの棚には空白ができ始め、それぞれの家庭はできる限りの食料を備蓄した。イギリス南部のドーバー郊外をはじめ、地中海沿岸のほぼすべての港にできた大規模な難民キャンプを見て、多くの人が怒りを募らせた。なぜ自分たちが飢えつつある状況で、こうした人々に食料を与えなければならないのかと彼らは主張した。

二一世紀初めの特徴の一つだった極度の不平等も、巨大な怒りの火に油を注いだ。貧しい者が空腹を満たせず、路上で生活する人々が増えているのに、裕福な者は至極快適な暮らしを送ることができていたからだ。とはいえ最後には、その富の源泉は枯渇することになる。海面が上昇し、ミツバチが姿を消すにつれて、株価も下落し、ヘッジファンドはつぶれ、銀行の経営は破綻した。やがてハイパーインフレが起きて貨幣の価値はほとんどなくなり、誰もが貧者となった。私たちは文明、そして政治家たちを夢中にした経済成長が健全な環境の上に成り立っているいう事実を見失っていたのだ。ミツバチ、土壌、糞虫、ミミズ、きれいな水と空気がなければ、食料を生産できず、食料がなければ経済もない。

私たちの文明は突然崩壊したわけではなかった。何十年もかけてゆっくりと崩れていったという表現のほうが近い。私たちは長いあいだ文明が崩壊しつつあることを十分に理解せず、しばらくすれば進歩は再開されるだろうと高をくくっていた。イギリスでは平均寿命が一六〇年間も上がり続けていた。一八五〇年に四〇歳未満だった平均寿命は、二〇一一年には八〇歳を超えるまでになったが、そこで伸び悩んだ。記録を開始して以来、初めて平均寿命は徐々に下がり始めた。とりわけ社会のなかで恵まれない人々から低下し始めたが、当時この現象に目を留める者はほとんどいなかった。それ以降の数十年間、生活水準が落ち込み、健康保険制度がひっそりと崩壊するなか、平均寿命は徐々に低下していった。人口高齢化の負担がのしかかった病院は本来の機能を果たせなくなった。二〇二〇年代には肥満とそれに関連する糖尿病などの慢性疾患の蔓延に苦しみ、二〇三〇年代には度重なる耐性菌の大発生に打撃を受けた。二〇四〇年代までに学校と病院、道路が荒廃し始め、警察官や看護師、教師に給料が支払われない事態がたびたび起きた。給料が支払われても家族を養っていけないような状況だったにもかかわらずだ。一〇〇〇年ものあいだ都市化を進めてきた末に、人々は突然都市を放棄し始めた。洪水を逃れるために都市を離れた人もいれば、生きていけるだけの食料を得られないから街を出た人もいた。法と秩序は崩壊し、略奪が始まって、人々は手当たりしだいに食料や廃品をあさったり、盗んだりした。飢えた難民がキャンプを脱出し、混乱に拍車をかけた。そのうち電力の供給量も減り始め、停電が何時間も続くようになった。停電は数日になり、やがて電力の供給は完全に途絶えた。それは厳しい年だった。大型の冷凍庫にびっしりと詰めてあった食料が全滅してしまったからだ。

水道は電力よりは続いたものの、それほど長くはなかった。ポンプ施設を稼働させる電力がなくなったため、水道が出なくなるのも時間の問題だったように思う。いちばん近い小川でも家から八〇〇メートルほど離れているし、いずれにしろ川はひどく汚染されている。だから私は兄弟といっしょに井戸を掘って、もっときれいな水を見つけようとした。ウィールド地方の重い粘土を深さ五メートルほども掘らなければならなかったが、その下にある砂岩の帯水層を掘り当てた。井戸の掘り方など知らなかったし、井戸の側面を支えるれんがもなかったから、骨の折れる危険な仕事だった。長い夏の干ばつの時期に畑の野菜に水をやるのは、途方もなく骨の折れる作業だ。昔はホースから庭に水をまけたし、電源を入れれば水まきを自動でやってくれるスプリンクラーという魔法の装置があったのだと、私は孫によく話している。

こうして私はいまここにいる。暗闇に目を凝らして、誰かを銃で威嚇せずにすんでほしいと願っている。これまではそこまで悪い事態になったことはない。さいわい、ここはかなり平穏な地域で、うちには自給できるだけの狭い土地がある。面積はちょうど守れるぐらい小さいものの、狭苦しい小屋で暮らす私たち三世代を養っていけるだけの大きさはある。ここ数十年間で、暮らしは前より楽になり始めた。二〇五〇年にはおよそ一〇〇億もの人々が地球上に住んでいたが、二〇八〇年になったいまでは、はるかに少なくなったに違いない。誰も統計をとっていないから正確にはわからないが。その間、何十億人もの人々が亡くなった。大半は餓死だが、コレラと腸チフスの大流行、耐性菌の蔓延、マラリア、そして大量虐殺を伴う戦争によって命を落とした人々もいた。いまでは世界のほかの地域で起きていることを知るのは難しいが、ここでは過去数年間で侵入者の数は減ってきた。以前は農村地帯を歩き回って手当たりしだいに必死で食物をあさる飢えた人々がいたが、いまはほとんど見かけなくなった。亡くなってしまったのだろうか。

何かが動くのを見ると、私のくたびれた心臓が高鳴った。だが、その形が人間にしては小さすぎるのに気づくと、安堵の気持ちが私の中に一気に広がった。それにしても、あれは何だ？　何か小さくて黒いものが生け垣から芝生にゆっくり歩いてきた。まさか、あの生き物じゃないだろうな？

信じられないことに、それはハリネズミだった。暗闇のなかで、ばかみたいににっこり笑ってしまう。ハリネズミを見たのはティーンエイジャーだったとき以来だ。もうずっと昔に絶滅したと思っていた動物だが、奇跡的にここに一匹姿を見せ、ナメクジを探して下草のあいだをよろよろ歩いている。世界が徐々に回復しつつある兆候かもしれない。近ごろ小川が以前よりきれいになったように見えることに、私は気づいていた。いまでは農薬も化学肥料もなく、有害な煙を上げる工場もない。今年は孫娘に初めてクジャクチョウを見せることができた。私もチョウを見たのは数年ぶりだった。トラ、サイ、パンダ、ゴリラ、ゾウはみんなとうの昔に姿を消し、もはや伝説上の動物でしかない。これらは孫娘が決して見ることのないおとぎ話の生き物になったが、ひょっとしたらミツバチは彼女が生きているうちに戻ってきてくれるのだろうか?

私の好きな虫　素数ゼミ

セミは丸々とした目が頭部の両側に離れて付き、膜質の翅を備えた昆虫で、比較的暖かい気候の地域で木の幹に止まっている姿をよく見かける。そのずんぐりした体は全長数センチで、熱帯にすむ一部の種はその二倍以上になる。体内に共鳴室と呼ばれる空洞があるおかげで、セミの雄は昆虫のなかで最も大きな鳴き声を出すことができ、ジージーやカナカナという鳴き声は最大一一〇デシベルにもなり、一キロ以上離れたところでも聞こえることがある。それは交尾相手を引き寄せるためだ。セミには多くの種があるが、北アメリカの「素数ゼミ」と呼ばれる数種のセミは成虫が一三年または一七年ごとにしか現れないという、きわめて長いライフサイクルをもっている。幼虫は地味な茶色で、地中にすみ、樹木の根から樹液を吸って、非常にゆっくりと成長する。地下の真っ暗闇のなかでもどうにか年月の経過を把握していて、時が来ると数日のうちにいっせいに地表に現れる。一ヘクタール当たり一〇〇万匹以上が郊外の庭に現れることもあり、ひどい騒音をもたらすため、住民たちは避難することも多い。成虫は数週間しか生きられないから、まもなくその騒ぎが収まると、また次の出現は一三年後か一七年後となる。周期が長く同期性のあるライフサイクルは、捕食を逃れるための特殊な方法だと考えられている。膨大な数の個体が集まることで種として存続できるようにしているのだ。食虫性の鳥にかなりの数が食べられるとはいえ、あまりにも多いためにほとんどが生き延びる。セミを食べる鳥の個体数は増えようがない。次にごちそうにありつけるのは一三年後か一七年後になるからだ。

第5部

私たちにできること

まだ手遅れではない。これまでに絶滅した地球上の昆虫やその他の生命は、割合でいえば小さい。種の絶滅は毎日のように起きているから、この先もっと多くの種が失われるのは確かだが、私たちが真剣に取り組めば数十年のうちに気候変動という巨大な現象を止められるのと同じで、生物多様性の喪失も止めることができるし、ひょっとしたら事態を好転させることもできるかもしれない。私たちの惑星を共有するすばらしい野生生物の大半は救うことができる。それは生き物を救うだけでなく、私たちの子孫が楽しめるようにするためでもある。特に昆虫はトラやサイと比べて繁殖スピードが速いから、平穏に過ごせる場所を与え、人間によるさまざまな圧力の一部を緩和するだけで、たちまち回復できる。昆虫は食物連鎖の底辺近くに位置していることから、昆虫の回復は鳥やコウモリ、爬虫類、両生類などの個体数が回復する礎となる。人間がおびただしい数の大小さまざまなほかの生き物とともに生きる、活気と緑に満ちた持続可能な未来に、手が届くようになるのだ。

そうした未来を実現する最初のステップ、そしてひょっとしたら最難関のステップは、一般の人たちとかかわり合うことだ。昆虫は大切な存在で、私たちの助けが必要なのだと、何とかして納得させる。人は自分たちの運命を心配しなければ、昆虫を助ける行動を起こさない。いったんみんなが乗り気になってくれれば、あとは簡単なはずだが……。

17章　関心を高める

昆虫の減少に歯止めをかけて事態を好転させるには、そして、私たちが直面しているほかの大きな環境問題に対処するためには、一般の人々から農家、食料品店などの事業者、地方自治体、政府の政策立案者まで多様なレベルで行動を起こさなければならない。つまり、私たち全員が行動しなければならないということだ。そもそもこの問題は私たち全員の有害な行動が組み合わさった結果として起きたものだから、問題を解消するためにはみんなが力を合わせて取り組まなければならない。いまのところ、私の印象では環境問題に真剣に取り組んでいる人の割合はそれほど多くないので、そうした状況を実現するまでには数々の困難が立ちはだかる。私が住むイギリスでは、最近の選挙やEU離脱の討論で環境に関する本格的な議論はほとんどなかった。[*] 二一世紀の人類が直面する最重要課題の多くは、地球の限りある資源を浪費している人間の活動に関連しているにもかかわらずだ。迫りくる水不足、土壌の浸食、汚染、生物多様性の危機は世界中で語られる注目の話題にするべきだ。それは経済や私たちの健康に多大な影響を及ぼすという理由だけでなく、ほとんどの人々が頑なに無視しているからでもある。私たちは危機から目を背けているのだ。

いまのところ私たちは自然界の大きな苦境を十分には理解できておらず、娯楽のために動物を殺す行為をまったく普通の許容できる趣味だといまだに見なしている。イギリスだけでも毎年三五〇〇万羽のキジが飼育されて放たれている。それも、少数の人々がこの半分飼い慣らされた純真な動物を撃って楽しむためだけにだ。** だが、それを許容できない人はとても多いから（そのうちさらに増える）、動物を娯楽のために殺す慣行をこのまま続けていくことはできないだろう。環境に対して敬意をもって接すること、そして、ごみを捨てたり、動物を殺したり、環境を汚染したりするように子どもを育てることは社会的に許容できないことだと、すべての人々をどうにか納得させる必要がある。善良だと思われる人が週末の娯楽のためだけにキジやライチョウを殺している状況で、どうすればそれを実現できるだろうか？

もちろん、いらいらを募らせているのは私だけではない。二〇一七年、懸念を抱えた二万人を超す一八四カ国の科学者たち（私を含む）が「世界の科学者による人類への警告　第二版」に署名した。その警告はきわめて率直だ。「とりわけ悩ましいのは、壊滅的な結果をもたらすおそれのある気候変動の現在の傾向である」と強調し、「私たちは大量絶滅イベントを引き起こそうとしている」と続く。「およそ五億四〇〇〇万年間で六度目であり、現存する多くの生命体が今世紀末までに絶滅するか、少なくとも絶滅への道を歩むことになるだろう」。科学者というのはたいてい保守的な人間だ。二万人もの科学者がこの声明に署名したということは、人類全員が関心を寄せるべき問題であると世界に示すものだったはずだが、大半の人々はこの警告を聞いたことがなく、心に留めた人はもっと少なかった。一方、「エクスティンクション・レベリオン（絶滅への反乱）」運動は、若者をはじめとする一部の人々が未来を奪われているという事実に気づき始めたことを示す明確な兆候だ。彼らが不満や怒りを募らせているのは、時間がなくなりつつあるからであり、また、グレタ・トゥーンベリのような若者たちが政治的な影響力をもてる地位に就ける年齢になるまで待っていたら手遅れになるからでもある。いまや「エコ不安症」という新たな精神障害が認識され、環境危機に思い悩む人々の数が増えてきている。グレタ・トゥーンベリは近年こう言った。「若い人たちに希望を与えるのは自分たちの義務だと、大人たちは繰り返し言います。でも、そんな希望なんていりません。希望を抱いている暇があったら、もっと慌ててほしいんです」

一方で、世界の人々の大部分は環境問題にまったくと言っていいほど関心をもたず、これまでと同じように暮らしている。私が思うに、世界の人々の九割以上はふだんの生活で環境

＊イギリスの二〇一九年一二月の選挙戦では、誰が最も多くの木を植えると約束できるかをめぐって政党間で活発な論戦が繰り広げられた。これは歓迎すべきことではあったが、検討不足かつ形ばかりの議論で、適切に履行されるとはとても思えない。

＊＊狩猟用に鳥を飼育することはきわめて効率が悪く、環境への害も非常に大きい。飼育されたキジの六割前後に当たる約二一〇〇万羽は撃たれずに、病気や飢餓、交通事故で命を落とすか、キツネなどの捕食者に食べられ、おそらくそうした捕食者が不自然に高密度で集まる原因の一つとなっている。生態系にも連鎖的にほかの影響が出るだろう。

問題のことを何も考えていないのではないか。私たちは月々の支払い、子どもの教育、年をとる両親の面倒をどうやってみようか、好きなチームが今シーズンに降格しないだろうか、といった事柄を気にして過ごすものだ。それはすべて理解できる。目の前の心配事のほうがはるかに切実だからだ。南極の氷床の亀裂がもたらすはるか彼方の漠然とした脅威や、栄養循環の異常、土壌の浸食、気候変動、送粉者の減少が起きるなかで世界的に作物の収穫量が減り始める可能性は想像しにくいのだ。環境について深く懸念している人たちでさえ、自転車で行けそうな距離でも車を使うことがよくあるし、冬休みに家族を車で暖かい場所に連れていきたいという誘惑に負けるものだ。ほとんどの人たちは飛行機や自動車の使いすぎは避けるべきだとわかっているが、冬に太陽を浴びたいという誘惑や、車で通勤や買い物をすることの利便性には勝てない。買い物では、無農薬の餌で放し飼いされた高価なチキンを買うべきだとはわかっているものの、金額だけに着目して環境や動物福祉のコストに目を向けなければ、工場で飼育された安いチキンのほうがはるかにお買い得に感じる。人間というものは好きなようにやらせると、たいていはなまけ者で、自己中心的な生き物だ。車で移動中に窓からごみを何げなく捨てる人はいまだに多いから、交通量の多い道路の脇にはプラスチックごみが散乱している。帰宅したあとにごみ箱に捨てようという気がないのだ。私が思わず非難したくなるこうした人々でさえ、環境問題について聞いたことはあるに違いないが、将来子どもたちがプラスチックごみに膝まで埋もれて暮らすかもしれなくても、たぶん気にしないのだろう。

こうした人や、気候変動が人間の活動によるものだという考えをいまだに強く否定している少数の人々は見込みがないのかもしれないが、大部分の人は十分まともで、現状の深刻さをあまり理解していないだけだ（と私は願う）。リサイクルをする意識は十分にあるだろうし、次に車を買い換えるときにはハイブリッド車を購入しようかと検討しているかもしれないが、それ以外は普通の生活を続けているし、これからもその暮らしが続くと思っているのだろう。

日々の暮らしで直面する問題と比べて環境問題の重要性が低いと思っているこの大多数の人々と簡単にかかわり合う方法を見つけることが、重要な課題となる。長年、私は最善の方法を模索し続けてきて、いまだに十分満足のゆく結論には至っていない。科学者としてのキャリアのなかで、ハナバチとその減少の原因に関する多数の科学論文を書いてきたが、論文は概して限られたほかの学者たちにしか読まれないので、それ自体はほとんど成果を生んでいないことはずっと前から気づいていた。だから、もっと広い層の読者に読んでもらえるよう、そして理想的には環境問題を信じない人の一部だけでも振り向かせたいと、ハナバチ、さらには対象を広げて昆虫に関する一般読者向けの科学書を執筆し始めた。この方法には非常に満足しているのだが、少しもどかしい思いもある。本を買ってくれた読者の大半はすでに環境問題に関心のある人たちだからだ。ハチにまったく関心のない人がたまたま本を手に取って興味をもってくれることもあるかもしれないが、それはかなり稀なことだと私は思う。講演に関しても依頼があればどこにでも行く。通常、年間四〇回ぐらいだ。養蜂家の組合、野生生物保護団体、造園の団体、高齢者向けの生涯学習機関、そして書籍や科学にまつわる催しなど、あらゆるグループに向けて話をするが、来てくれるのはほぼすべて昆虫や環境にすでに関心のある人だ。雑誌にも寄稿するし、ソーシャルメディアにも投稿するし、ラジオのほか、たまにテレビのインタビューも受けるのだが、まるで大きな泡の中に閉じ込められ、若輩者がその道の大家に向けて講義しているような気分になることが多く、興味のない人々に声を届かせることができない。

私たちがこの泡を破るにはどうすればいいのか？　ここで「私たち」と書いたのは、この本を手に取ってくれた読者はほぼ確実に、迫りくる環境危機への理解と対策に多少なりとも興味があるからだ。ここまで読んでくれた読者はもう私の仲間だと思っている。

もしかしたら、私たちはターゲットとする層を考慮すべきかもしれない。変化を起こせる力が最も強い人は誰なのか？　その筆頭として挙げられるのはもちろん政治家だ。環境対策に真剣に取り組む政府ならばきわめて前向きな変化を起こせることは想像に難くない。残念ながら、現在の政治家に影響を与えられる可能性について、私はいささか悲観的な見方をしている。最近、ロンドンのウェストミンスターでハナバチの重要性について講演する依頼を受けた。主催者は「38ディグリーズ」という運動組織で、イギリスの国会議員八〇人が出席する見込みだと言われていた。政界の有力者たちに影響を与えられるまたとない機会だと思い、私はわくわくしていた。しかし実際は期待外れだった。会場に来て私の二〇分間のプレゼンテーションが終わるまで座っていたのは、若手スタッフが十数人、国会議員は一人か二人だけだったのだ。ほかの人たちは騒々しく列をつくり、ハチの大きなポスターの前で写真を撮ったらそそくさと帰っていき、壇上で昆虫についてとりとめもなく話している男には目もくれなかった。昆虫について少しでも学ぼうと二〇分の時間さえも割けない浅はかな人々に対し、環境対策を最優先課題にすべきだと、どうやって説得すればいいのか。イギリスでは、緑の党に投票するのが明快な解決策だ。イギリスの小選挙区制では投じた票が無駄に終わることもあるが、緑の党への投票数がそれなりに多ければ、大きな党がそれに気づき、緑の党への票を取り込もうと、環境に配慮した政策を採用するだろう。もちろん、このやり方が効果を発揮してこの最重要課題に再び目を向けさせるには、緑の党への票が十分多くなければならないのだが、いまのところ足りないのが現実だ。

政策に影響を及ぼそうとする場合、請願書は非常によく使われる手法となった。イギリスでは政府が請願書のウェブサイトを設け、署名が一万人に達した請願書には書面で返答し、一〇万人に達した請願書は国会で議論すると約束している。請願書への署名を呼びかける投稿はソーシャルメディアにあふれ、ツイッター、インスタグラム、フェイスブックなどのエコーチェンバーで何度も投稿されている。私もこれまで長いあいだ請願書を宣伝してきたことは素直に認めるが、最近は請願するのにも疲れてきた。いまは請願書にどれだけの効果があるか疑問に思っている。一万人の署名を集めたあとに政府から来る書面の返答はたいてい当たり障りのないもので、決まり文句が書かれているだけで意味のある行動はない。一〇万人の署名を集めれば請願書は大成功だという気になるが、その後に行なわれる議論はたいてい一〇人かそこらの不勉強な政治家が国会の裏の部屋に集まり、数時間ぺちゃくちゃしゃべったら切り上げて、ジントニックでも飲みにいくのだ。私は以前、ネオニコチノイドがもたらす環境リスクについての議論を見たことがある（議会中継で視聴できるのだが、きっと不眠に悩むことになるだろう）。それはがっかりするような経験だった。議論に参加した人が誰一人、このテーマ（複雑で専門的なテーマ）に関して初歩的な知識以上のものをもっていないことが、始まった瞬間にはっきりわかる。それにいずれにせよ、こうした議論には政策を決定できる権限がない。決して請願書が時間の無駄だと言っているわけではないが（実際のところ署名にはほとんど時間がかからない）、請願書が大きな成果を上げると期待してはいけない。応援している請願書の署名が一定の数に達したというだけで、人々が満足してしまうおそれがある。どれだけ署名の数が多くても、請願書に署名するだけでは地球を救えない。署名は気休めにすぎないのだ。

この時点でがっかりしてしまった読者に、わずかな望みを与えたい。請願書が実際の行動につながった、勇気づけられる事例が一つある。二〇一九年一月と二月、ドイツの昆虫が大幅に減少していることを明らかにしたクレーフェルトの研究に刺激され、ドイツのバイエルン州の住民が一団となって請願書に署名した。請願書の文章は四ページにわたり、地域の農業を根本的に変えるために州の自然保護法を詳細に変更することを求めているほか、昆虫にやさしい生息環境のネットワークを築くべきだと訴えている。少なくとも三〇％の農場で有機農法を実施し、州域の一三％を自然保護区とし、河川の両岸から幅五メートルまでの範囲を緩衝地帯とし、すべての生け垣や樹木を法律で適切に保護するなど、その提案は思いきったものだ。快適な自宅からオンラインで署名できるイギリスの通常の請願書とは異なり、ドイツの請願書は手書きの署名が必要で、人々は寒い冬空の下で時には何時間も列をつくって自分の氏名を書いた。少しでも体を温かく保つためだったのかもしれないが、ミツバチの格好をしている人もかなりいた。二〇〇万人近い人々が署名し、有権者の一〇％以上という、州議会への提出に必要な割合をはるかに上回った。

バイエルン州の与党は右派で保守主義のキリスト教社会同盟（CSU）で、環境問題ではあまり実績がない。同党は農業圧力団体の支援を受けて法案を骨抜きにしようと試みたが、草の根運動が圧力をかけ続けたおかげで、四月三日に法案は可決された。環境保護の考え方を受け入れるのが最善の手法であることに気づいたのだろう。CSU党首のマルクス・ゼーダーは「ヨーロッパ全体で最も包括的な自然保護法」だと言って胸を張った。さらに、新たな法律を履行するために州政府機関で一〇〇人分の新たな雇用をつくり、五〇〇〇万〜七五〇〇万ユーロの予算を割り当てるとも発表した。興味深いことに、CSUのなかでも環境意識の高い政治家の一人、ヨーゼフ・ゲッペルは「生命の多様性を保護することは保守主義にとって最も大切なこと」と言っている。ほかの国でも保守派の政治家がこの発言に賛同してくれることを、私は期待している。

バイエルン州でのこの進展が中央政府を動かした。二〇一九年二月には、スヴェーニャ・シュルツェ環境相が昆虫の保護に毎年一億ユーロの予算を割り当て、その四分の一は昆虫の減少に関する研究に使うと発表した。その計画にはグリホサート（8章で紹介した悪名高い除草剤で、ハナバチの病気と人間におけるがん発症率の増加と関係がある）の全国的な禁止も含まれる。一方、ほかの州では、ブランデンブルク州、バーデン＝ヴュルテンベルク州、ノルトライン＝ヴェストファーレン州の三州が生物多様性を支えるための新たな対策について住民投票の実施を計画している。ドイツの政治家たちはいま、EUの共通農業政策によって分配されている多額の農業補助金の大部分を環境保護に割り当てることを求めている。少なくともドイツには、政治家たちがようやく乗り気になったと希望をもてる理由がある。

イギリスに話を戻すと、ドイツに追いつくにはまだしばらくかかりそうだ。イギリスでは、請願書制度はドイツほど法的な力がないし、いずれにしろ草の根運動はバイエルン州に匹敵する数の署名を集められる力をまだもっていない。『沈黙の春』の原書が出版されたアメリカも同じような状況で、トランプ政権が環境法制を改悪し、環境保護庁の予算を大幅に削減するのをまったく防げなかった。

政治に影響を与えるもう一つの方法として考えられるのは、自分自身が政治家になることだが、正直に言うと、私自身はこの思い切ったやり方を試したことがない。残念ながら、環境関連の分野について学んだことのある人で政治に興味を抱いている人はほとんどいないようだ。私が確かめた限りでは、科学や工学、テクノロジー、医学の学位をもっているイギリスの国会議員は六五〇人のうち二六人しかいない。生物学、生態学、環境科学の学位をもっている議員にいたっては一人もいない。この国で環境問題についての議論がほとんどないのは意外ではないのかもしれないし、あったとしても確かな知識にもとづいた議論はめったにない。やる気と生態学の知識がある人はぜひ、政界進出を考えてみてほしい。

政治家を味方につけるのはかなりの難題かもしれないが、次世代を担う子どもたちを味方にするのはそれほど難しくない。ただし、若いうちに仲間になってもらう必要がある。私はよく地域の公民館や公会堂でハナバチについて、あるいは野生の動植物を生かした庭づくりについて講演する。そこで目にするのは、白髪や薄毛の頭が海原のようになっている光景であることが多い。おそらく私の講演を聴きにくる人の九割は仕事を引退した人たちだ。決して高齢者を軽視しているつもりはないのだが（私ももうじき高齢者だ）、私たちはそれほど先が長くない。[*] 未来を本当に変えたいのなら、子どもたちとの交流が欠かせないし、たいていの子どもたちが昆虫への強い興味を維持し続けるようにどうにか促していくことが大切だ。子どもたちはこの先の長い人生全体でいくつもの意思決定をしていく人々であるし、世界を、少なくとも残った世界を救う可能性を秘めている。

ティーンエイジャーは年少の子どもよりもはるかに影響を与えにくい（いろいろな面でそうではあるが）。やめておいたほうがよいと思っていても、私はたまに説得されて、中等学校（中学校・高校）の生徒向けにハナバチに関する講演をすることがあるのだが、たいていは耳を傾けてくれない。多くの生徒は携帯電話を見ているか、小声でしゃべっているか、くしゃく

*ここで認めておくべきだが、高齢の方々は自然保護の世界で非常に重要な役割を果たしている。保護団体のメンバーのなかで格段に高い割合を占めているし、ボランティアや記録作業などに参加する時間がある。

しゃに丸めた紙の球を投げ合っている。とっておきのジョークと何よりも興味深い事実は、砂漠を転がる枯れ草の塊のように気づかれることなく無視される。大学生でもたいして変わらない。大学教員としての職務の一環として毎年、私は新入生のグループを受けもつように言われる。たいていは高校を出たばかりの一八歳の子どもたちだ。私はいつも大学のキャンパスに学生たちを連れ出す。森林や、花が咲く草地、いくつかの池があり、緑豊かでなかなか気持ちいい場所だ。私は歩きながら、学生たちに基礎知識がどのくらいあるかを探るためにクイズを出す。木の葉やよく見かける鳥を指さし、名前がわかるものはどれかを尋ねるのだ。結果は頭を抱えたくなるようなもので、こうした日常目にする生き物のほとんどを知らない学生が大半である。ヨーロッパコマドリやクロウタドリといったイギリスでおなじみの鳥をちょっと口ごもりながら言い当てる学生は五割ほどで（だが大半の学生はコクマルガラスやムクドリをクロウタドリと間違える）、アオガラやミソサザイの名前を正しく答えられる学生は非常に少ない。セイヨウカジカエデやトネリコといったよくある樹木の名前を言い当てられる学生はほぼ皆無だ。何よりも懸念すべきなのは、彼らが全員、大学で生態学を学びたいとみずから選択した学生たちだということだ。平均的な一八歳がもっている博物学的な知識がいかに乏しいか、考えただけでぞっとする。

動物や植物の名前を知っているかどうかがそれほど重要なのかと、疑問に思う読者もいるかもしれない。作家のロバート・マクファーレンが著書『ロスト・ワーズ（*The Lost Words*）』に書いているように、名前は単なる単語というだけではない。ある意味、その名で呼ばれている生き物の魂を呼び起こす呪文だ。ヤマキチョウを見分けられなければ、そばを飛んでいるときにおそらく気づかないだろう。名前を知らなければ、そのチョウはあなたにとって存在していないも同然で、この世の中から完全に姿を消しても、あなたは気づきもしないし心配もしない。二〇〇七年と二〇一二年には子ども向けの英語辞典『オックスフォード・ジュニア・ディクショナリー（*Oxford Junior Dictionary*）』が自然に関する単語を数多く間引く決定をして物議を醸した。ドングリ、シダ、カワウソ、カワセミ、コケ、ブラックベリー、ブルーベル、トチの実、カササギ、クローバーを指す英単語がすべて削除された。現代世界に生きる子どもたちには関係ないと思われたのだろうか。「カリフラワー」でさえも切り捨てられた。いまでも日常的に食べられる野菜の一つだが、子どもにはもう知る必要がないものと判断されたようだ。私が心配しているのは、一つの世代全体が自然の存在を気にせずに育ってしまうことである。何が何でもこれに抵抗しなければならない。

小学校は出発点にしなければならない場所で、たいていの中等学校よりも訪問するのがはるかに楽しい。前述のように、とりわけティーンエイジャーになる前の小さな子どもたちはもともと自然に興味を引かれることが多い。自分がかっこよく見えるかどうかはまだ気にしないし、生まれもった自然界への好奇心をまだもっている。そういう心は年をとるにつれてたいていの人が失っていくものだ。小学生を運動場、あるいは丈の長い草や低木の茂み、木が生えた広い場所へ連れ出し、虫捕り網と容器を与えれば、気持ち悪そうな叫び声や楽しそうな声を上げながら、ナメクジやムカデ、ハサミムシ、甲虫を捕まえようと何時間もあちこち駆け回ることだろう。ほとんどの子どもたちがこうした機会を得られないのは残念なことだ。

通常一一歳から通い始めるイギリスの中等学校では、現在のところ生態学や環境は生物学の授業で少しは学ぶのだが、あまり関心が払われていないうえ、事務的に教えられるにすぎないように思えることが多い。「学校で生態学がしっかりと教えられたり学ばれたりしているのか疑問に思う」。これは、はるか昔の一九七九年に勅任学校監査官の一人であるP・R・ブースがイギリスの生態学教育に関する学術研究で突きつけた痛烈な結論だ。「大多数の一六歳が生態学に関する学習をほとんど、あるいはまったく行なっておらず、大部分の一八歳がAレベルの生物学を学んでいても、生態学をほとんど学習していない」。それ以降、状況はむしろ悪化してきた。生物学のAレベル（大学入学資格）のカリキュラムで生態学が占めている割合は一九五七年には一二％だったが、二〇一七年は九・五％までわずかに下がり、野外実習がカリキュラムで占める割合は同じ期間で一二％からたった一％まで低下した。生徒たちが受ける数少ない野外実習には、環境条件の変化に沿ってコドラート（硬いワイヤーで決まった大きさに区切られた正方形の範囲）内の植物を同定するなど、ほとんど意味がないように思えるものが多い。私の上の息子二人はGCSE（一般中等教育修了試験）でもAレベルでも生物学を学んだが、がっかりしたことに、二人とも生態学の学習をつまらないと感じていた。

何が悪いのか？　問題の根本には野外実習の不足があるように思える。遷移、競争、栄養段階といった生態学の概念を教室で学んでも無味乾燥でしかないのだが、専門知識のある人物に野外で教えられると、とたんに面白くなってくる。ひょっとしたら何よりも問題なのは、日常よく目にする多くの動植物の名前すら知らないなど、生態学の知識がほとんどない教師がいることかもしれない。これが無知の悪循環につながる。教師は知識が不足しているために自然のなかでの実習をしたくないのかもしれない。いずれにしろ、多くの学校は都市部にあり、学習への興味をもたせられるような実習の現場が身近にないのだ。

生態学教育をめぐるもっと全般的な問題として、この科目が複雑で理解しにくい点がある。私が生涯にわたって昆虫と植物の相互作用を研究してきた末にわかったのは、私たちが理解していないことはたくさんあり、単純な実験では明確な結論に至らず、答えよりも多くの疑問がもたらされるということだ。これは研究の楽しみの一つにもなりうる一方で、必然的にこの科目を教えるうえでの壁となる。

どうすればこの状況を改善できるのか。自然界の美しさや不思議、大切さを認識し、主要な環境問題の基礎を理解するように子どもたちを育てるにはどうすればいいのか？

私の理想の世界では、自然に関する学習は学校に入学した五歳から一五歳までのすべての子どもたちが学ぶカリキュラムに必ず組み込まれている。子どもは早いうちからミミズの重要性について学び、毎年ミミズの調査で泥だらけになりながら穴を掘り、見つけたミミズの種類を見分けることに挑戦する。土壌や堆肥化、栄養循環について学び、顕微鏡でクマムシやワムシを探し、池に漬かってイモリを捕まえ、よく見るチョウや鳥の名前を学び、葉っぱの拓本をつくり、原産の樹木について学ぶ。教室にはアリの巣、虫の飼育器、食虫植物を一つか二つ置くほか、巻き貝、水生甲虫、ヤゴなど、地元の池にすむ生き物が入った水槽を置いてもいいかもしれない。どの学校も緑豊かな野外スペースを利用でき、生徒たちはそこで植物を育てることができる。野菜の栽培法を学んだり、ミツバチやチョウが花粉を運ぶ様子を観察したりしてもいいだろう。この区域の一部は自然を残すように管理すべきだ。こうしたスペースが学校の敷地にない場合は、地方自治体がそれぞれの学校からすぐに歩いていける範囲内に適切な土地を見つけ、学習用の区域として指定する。学校を新設する場合には必ず自然のためのスペースを設ける。

この私が思い描く夢の世界では、それぞれの学校が自然にやさしい農場と提携している。農業補助金のごく一部を割り当ててこの取り組みに賛同する農家を支援し、定期的に学校を訪問してもらって、スーパーマーケットで売っている食物がどこで生産されているのか、その基礎を子どもたちに教えてもらう。こうした学習を通じて、子どもたちは吸い込む酸素から食べる食物まで、あらゆるものが自然に依存していること、そして私たちが自然の一部であることを学ぶ。

中等学校には自然学習のための授業を設けるべきであり、かつて存在した博物学でのGCSE資格を取れる選択科目もつくるべきだと、私は主張したい。イギリスの緑の党で唯一の国会議員、キャロライン・ルーカスはかなり前から後者を求めている。前に少し触れたように、学校で公式に博物学を教えるうえでの最大の障壁は、教師のあいだで専門知識が不足していることかもしれない。前述のカリキュラムを実現しようとするなら、政府は小学校の教師に向けた現職者研修を支援する必要があるし、中等学校の教師に向けてはさらに専門的な現職者研修が必要になるだろう。生態学で学位を取得した卒業生がさらに一年間教育を学んで資格を取れば、中等学校の博物学教師として採用することもできる。これらすべてを実現するには予算が必要ではある。とはいえ、地球を大切にするように将来世代に働きかけられるのだとしたら、多少の予算をつぎ込む価値はあるのではないか。

政治家と子どもたちのほかに、誰を仲間に引き入れる必要があるだろうか。答えはもちろん、全員だ。造園家や、地方自治体の土地を管理する責任者は大きな力になるだろう。これについてはあとの章で説明したい。農家と食品業界についてものちほど触れる。誰もが日常生活で昆虫、さらには環境全般に直接あるいは間接的に影響する小さな決断を無数にしていて、それはよい影響も悪い影響も及ぼしうる。私たち全員が地球を救うために責任を負わなければならない。とはいえ、こんなにも多くの人々をどうやって説得して関心を高め、行動を変革できるのか？

それは非常に困難で、実現できそうにない目標のようにも思えるが、そこまで遠い目標ではないのではないかと、私はにらんでいる。ジャーナリストのマルコム・グラッドウェルはベストセラーの著書『ティッピング・ポイント』で、群衆の行動を変えられる人はわずかしかいないが、アイデアや信念、行動がある水準を超えると、その方向への転換が起き、野火のように一気に広まるティッピング・ポイント（転換点）があると主張している。マルチ商法のように、一人がほかの二人を説得し、その二人がそれぞれ別の二人を説得できれば、どんなものであっても、たちまち膨大な数の人々の考えが変わってゆく。「エクスティンクション・レベリオン」運動の出現や、ビーガン（完全菜食主義）の増加、ドイツのバイエルン州で二〇〇万人近い住民たちが寒い冬に列をなして昆虫に関する請願書に署名したという事実はすべて、人々の考え方が変わっていることを示している。気候変動はその一助となっている。イングランドのヨークシャーはここ数カ月、人々の記憶に残っている限りでは最悪の洪水に襲われ、これまで洪水が起きたことのない地域も浸水したし、オーストラリア東部は観測史上最悪の森林火災に見舞われた。こうした極端な現象の頻度と規模を目の前にして、気候変動の否定論は成り立たなくなってきた。デヴィッド・アッテンボローの最近のテレビシリーズ「ブルー・プラネットII」「OUR PLANET 私たちの地球」「セブン・ワールド」はどれも見事な映像である一方、彼のこれまでの作品よりはるかに痛烈な内容だ。アホウドリのひなが吐き出したレジ袋やゴム手袋の周りにいる姿や、低速度撮影の動画で目の当たりにしたサンゴ礁の白化現象、セイウチがいつも休んでいた海氷が解けてしまったために崖を登らざるを得なくなって途中で落ちてしまう場面を見たとき、私は涙を浮かべてしまった。これは自然ドキュメンタリー番組でこれまでよく見てきた、魅惑的で美しい手つかずの自然ではなく、人間の影響によって破壊された自然だ。かつて私たちは驚くべき動物たちの美しい映像しか求めていなかったが、プロデューサーがこうした痛ましい映像を積極的に盛り込んだことは、人間がもたらしている被害を見たいという欲求の存在に気づいたということだと、私は考えている。

ティッピング・ポイントはかなり近づいていると思う。家族の一人、親友、仕事の同僚など、とにかく誰か一人を説得してみてほしい。興味をもたせる取っかかりとしてミツバチを使うのもいいだろう。朝のコーヒーを含め、食料供給がいかにミツバチに頼っているかを説明するのだ。私たちそれぞれが一人を説得すれば、説得された一人ひとりが別の一人を説得する。そうすればすぐに、世界全体が味方になってくれる。一人でやろうとしてもできないが、みんなで力を合わせれば実現できる。最後のもうひと押しをすべき時が来た。

私の好きな虫　ジキルとハイドのバッタ

英語でlocustと呼ばれる大型のバッタは世界の温暖な地域の大部分に分布し、普通は人々にとって無害な生き物で、たいていは単独で生きている。ふだんは周りの風景に溶け込む緑や茶色で、あまり移動せずに、多様な植物の葉をおとなしく食べている。交尾相手を探しているとき以外は、同じ種の仲間と交わることなく、互いに避けているような行動さえ見られる。しかしこの状況は、豪雨が起きて植物の成長に格好の状態が訪れると一変し、バッタの個体数は増え始める。そのなかで、若い個体どうしが日常的に接触するようになると、触覚への刺激でバッタの体と行動に驚くべき変化が起きる。体が鮮やかな色（たいていは黒と黄色）を帯び、より活動的になり、群れるようになって、積極的に仲間を見つけて大群を形成するのだ。単独で生きるバッタは有毒な植物を避けるが、群れをつくるバッタは有毒な植物を積極的に見つけて食べ、その毒を体内に蓄積して、みずからの体を捕食者にとって有毒にする。成長も繁殖スピードも速くなる。群れは一気に規模を増して最大二〇〇〇億匹もの大群を形成することがあり、その個体密度は一平方キロ当たり八〇〇〇万匹にも達して、空一面を真っ暗に覆い隠す。こうした状況では、生えている植物が数分のうちに一本残らず食べ尽くされ、作物は全滅する。バッタの大群はそうやって移動していく。バッタの大量発生は先史時代から作物に壊滅的な被害を与えてきた。古代エジプト人はヒエログリフにバッタの姿を刻んだ。聖書やコーランにもバッタが登場する。二〇世紀に入ってバッタの大量発生の頻度は少なくなってきたものの、二〇二〇年にはアフリカの大部分と中東、アジアで大群が猛威を振るった。こうした大量発生を繰り返すバッタは、懸念される昆虫の大惨事を回避できる昆虫の一つかもしれない。

18章　都市に緑を

気候変動や熱帯雨林の伐採、氷の融解に伴うホッキョクグマの死といった大規模かつ世界的な環境保護の問題に直面すると、しばしば無力感を抱いてしまう。私たちそれぞれがとる行動はささいで、あまりにも分散しすぎていて、目に見える変化など起こせないように感じるかもしれない。それに、こうした出来事はたいていはるか遠くの地で起きていて、自分が直接の影響を受けるとは想像できない。さいわい、昆虫の保護は誰もが直接かかわることのできる取り組みであり、その効果をはっきりと感じることができる。ホッキョクグマとは異なり、昆虫は私たちの身の回りに存在し、庭や都市の公園、家庭菜園、墓地、道路脇の緑地帯、鉄道の切り通し、環状交差点にすんでいる。こうした場所は比較的、昆虫にやさしい場所にしやすい。イギリスでは庭だけでもおよそ五〇万ヘクタールある。これは国内の自然保護区の総面積よりも大きく、今後新たに家が建っていけば増えてくる。庭は都市の緑地とつながり、村や町、都市は道路脇の緑地帯や鉄道の切り通し、堤防によってつながっている。イギリスだけで道路脇の緑地帯は全長約四〇万キロある。都市や町、村、庭を昆虫にやさしい生息環境のネットワークにすばやく変えられるチャンスはある。*

造園家や園芸愛好家ができる取り組みとして最もわかりやすいのは、送粉者にやさしい花を植えることだ。とても簡単にできるし、そのためのアドバイスも、すべてが信頼できるとは限らないものの、たくさんある。送粉者にやさしい植物の情報は数多く公開されている。たとえばイギリスでは、王立園芸協会が公開しているアドバイスはオンラインで利用でき、情報の網羅性と信頼性では屈指のものだ。園芸店では、送粉者にやさしい植物にミツバチのロゴなどが入ったラベルが付いていることが多い。大ざっぱにいえば、北半球の温帯では、ラベンダーやローズマリー、マジョラム、コンフリー、イヌハッカ、タイム、ハーディ・ゲラニウム（テンジクアオイ属のゼラニウムではないので注意してほしい。ゼラニウムはアフリカ南部にすむ舌の長いハエによる送粉に適応していて、イギリスの昆虫には役に立たない）といった、昔ながらのコテージガーデン風の植物やハーブを庭に植えれば失敗することはまずない。余裕があったら、在来の野草もいくつか植えてみよう。西ヨーロッパではジギタリス、シベナガムラサキ、オドリコソウを選ぶのがよいが、ほかにもたくさんある。在来植物のなかには美しい花を咲かせ、チョウの幼虫が好んで食べるものもある。たとえばイギリスでは、セイヨウミヤコグサやハナタネツケバナはそれぞれイカルスヒメシジミとクモマツマキチョウの幼虫の食物となる。アフリカホウセンカ、ベゴニア、ペチュニア、パンジーといった一年生の花壇用植物は避ける。これらは色とりどりの大きな花を咲かせるように品種改良されてきたが、その過程でしばしば香りや蜜が失われたり、昆虫が入れないように花の形が変わったりしてきたため、昆虫にとってはどうしようもないことが多い。また、バラやサクラ、タチアオイ、オダマキといった花のうち、八重咲きの品種も避けよう。これらは花粉の代わりに余分な花びらをつくる変異種だからだ。

小さな庭しかない読者でもあきらめてはいけない。バルコニーや屋上テラスでもハナバチやハナアブといった送粉者の食物をつくることができる。私は繁華街のビルの一〇階でマルハナバチの姿を見かけたことがある。時計が時を刻むように規則正しく現れ、集めた食物を大都会のジャングルのどこかに隠れた巣へと持ち帰っていたのだ。マジョラムやチャイブといったハーブを少し鉢植えするだけでもハナバチはやって来るし、育てたハーブを料理に加えればおいしい食事が楽しめるというメリットもある。

自宅に芝生があるのなら、庭を昆虫の楽園にする二つ目の簡単な方法は、芝刈りの頻度を少なくすることだ。そうすることで芝刈り機の燃料とあなたの時間も節約できる。たくさんの花々が咲くことに驚くかもしれない。キンポウゲ、ヒナギク、タンポポ、クローバー、ウツボグサ、セイヨウミヤコグサはすべて芝生でよく見かける花だが、定期的に芝刈りしていると花を咲かせることはない。数週間放っておけば、すぐにつぼみが現れて花を咲かせ、たくさんの昆虫を引き寄せることだろう。

*自宅の庭の自然再生や都市部の緑化を行なう方法の詳細については、拙書『ガーデン・ジャングル』を読んでほしい。

もちろん、一部のきれい好きの園芸愛好家にとって芝生に咲くこうした花は「雑草」であり、手で引き抜いたり、除草剤で取り除いたりするものだ。芝生を美しい花が一つもない均一な緑に保とうと懸命になっている人の気持ちは、私にはよくわからない。「雑草」という概念は人の考え方でしかない。誰かにとっての雑草は、別の人にとっての美しい野草だ。ヒナギクやクローバーといった「雑草」が駆除すべき敵ではなく、芝生を彩る好ましい花と見られるように、何とか人々の態度を変えることができれば、私たちは多くの時間やお金、ストレスを節約できるだけでなく、自然の営みを手助けすることができるのだが。

これに関連して、自宅の庭を無農薬の土地にすることもできる。単純に考えて庭に農薬をまく必要はないし、子どもたちが遊ぶ場所に毒を持ち込みたい理由もよくわからない。これは私自身の経験から言っている。さいわい私には〇・八ヘクタールほどの庭があり、人工的な化学物質を使わなくても、そこでは花々が咲き乱れ、果物や野菜が実り、野生生物が適切な調和を保って生きている。アブラムシやコナジラミを何匹か見つけても、そのままにしておけばいい。これらの虫はクサカゲロウやテントウムシ、ハサミムシ、ハナアブ、アオガラの食料だ。そのうち食べられるだろうし、そうでなくても、別にたいした害は及ぼさないだろう。いつも害虫が付いている植物が庭にあるのだとしたら、その植物が好ましい環境にないというしるしだ。庭の状態にもっと合った植物を育ててみるのがいい。

庭を無農薬にしたいのなら、地元の園芸店で売っているきれいな花にも気をつけるべきだ。残念ながら、「ミツバチにやさしい」ラベルが付いたものも含め、園芸店で売っている植物の大部分には殺虫剤などの農薬が使われ、化学物質が商品にも依然として残留していることが多い。私たちは二〇一七年に研究室でそれを発見した。イギリスの園芸店に並んでいた植物を選び、農薬の検査をしてみたところ、「ミツバチにやさしい」ラベルが付いた植物の九七%から一種類以上の農薬が検出されたほか、七〇%にはネオニコチノイド系の殺虫剤が含まれていた。後者はいまではほとんどが禁止されているが、その代わりにほかの殺虫剤が使われているのではないだろうか。はるかによいのは有機の苗木畑（オンラインで見つけられる）から購入したり、種子から植物を育てたり、友人や近所の人と植物を交換したりすることだ。このようにすれば、多くの観葉植物が育てられている泥炭を使った堆肥や、栽培に使われる肥料、販売用に使われているプラスチックの植木鉢（ほとんどは使い捨て）に関連する環境負荷の発生を回避することもできる。

こうした取り組みをする一方で、地元の公園や道路脇の緑地帯、歩道に農薬を散布しないように求める文書を地方自治体に提出することもできる。あらゆる場所での農薬の使用を段階的に禁止するように働きかけてもいいだろう。三〇年前、カナダ・ケベック州のハドソンという小さな町（人口五一三五人）が世界で初めて農薬を禁止した場所となった。この禁止措置の実現に尽力したのはジューン・アーウィンという地元の医師だ。彼女の患者たちが抱えていた健康問題が、庭で大量に使用された農薬に関連していると確信していたからである。アーウィンは六年にわたってすべての町議会に出席してこの問題を提起した。この粘り強い行動はやがて報われ、町議会は町内であらゆる化学農薬を禁止する条例の導入に踏み切った。

ハドソンの決定のあと、カナダではトロントやバンクーバーといった大都市を含めて一七〇の町が農薬を禁止したほか、カナダの一〇州のうち八州で外観をよくするための農薬の使用が全面的に禁じられた。ジューン・アーウィンのおかげで、いまや三〇〇〇万人のカナダ国民が農薬を使わない地域に住んでいる。日本からベルギー、アメリカまで、世界のほかの国の町もあとに続いた。フランスは、健康問題が農薬に関連しているという考え方を真剣に受け止め、九〇〇の町が「農薬を使わない町」を宣言した。これが中央政府を動かし、二〇二〇年には国内での農業以外の農薬使用が全面的に禁止された。農薬を購入できるのは登録された農家だけだ。

イギリスはこの動きを取り入れるのがいくぶん遅かった。ブライトン、ブリストル、グラストンベリー、ルイス、そしてロンドンのハマースミス&フラム自治区など、数多くの町や都市が農薬の使用を段階的に禁止すると表明してきたが、全国的に使用を制限する動きはなさそうだ。フランス全体の都市部で農薬を使用せずにやっていけるなら、イギリスでもできるのではないか。農薬のメーカーや販売店でない限り、禁止しても不都合はほとんど、あるいはまったくないように思える。一方で、農薬を禁止すれば、都市部の生物多様性は豊かになり、子どもたちが庭や地元の公園で遊んでいるときに、発がん性が疑われる有害物質にさらされることはなくなるというメリットがある。

造園家や園芸愛好家が自分の土地にもう少し野性味を加え、生き物を豊かにできる、ちょっとした手段はたくさんある。池を使うのは格好の手段で、トンボやアメンボ、ミズスマシといった多種多様な昆虫のほか、運がよければイモリやカエルといった両生類を引き寄せる。ちっぽけな池であってもたくさんの生命であふれ、鳥が水を飲んだり水浴びしたりする場所となる。堆肥の山を築いて、有機質の廃棄物をリサイクルすれば、トビムシからクマムシ、ヤスデ、ワラジムシまで、無数の微小な生き物のすみかをつくれるだけでなく、養分たっぷりの立派な堆肥をつくることもでき、園芸店でプラスチック袋に入った堆肥を買わなくて済むようになる。余裕があれば、野草の種をまいて自分だけの草地をつくってもいいし、リンゴやサクラ、ヤナギ、ライムといった花木を植えてもいいだろう。

最後に、ある種の昆虫のすみかを自宅の庭に設けることもできる。園芸店にはあまり役に立たない「虫のホテル」がたくさん売られている。その一例が「チョウの冬眠ボックス」だが、アメリカのペンシルベニア州立大学の研究チームがそうしたボックス四〇個を二年にわたって野外に設置する実験を行なったところ、チョウは一匹もすみつかなかった（その代わり、かなりの数のクモがいた）。一方で、単独性のハナバチのすみかをつくるための「ハナバチのホテル」はかなりの成果を上げることが多い。ツツハナバチやハキリバチといったハナバチは水平の穴があれば、そこにすみつくことができる。ハナバチのホテルを自作するのは簡単で、材木のブロックに直径六〜一〇ミリの穴をいくつも開けるか、内径八ミリほどの竹か笹の束をつくって横向きにすればよいだけだ。市販のしゃれた製品のなかには窓が付いていて、ハナバチのホテルの中で起きていることが見えるデザインのものもある。ホテルの埋まり具合はあまり予想が付かず、対象とするハチの種が近くにいるかどうかに左右される。とはいえ占有率は高いこともあり、私の場合は穴が一〇〇%埋まっていることもよくある。ほかにも「ハナアブのラグーン」を設けてもいいだろう。プラスチック製の古いミルクボトルなどに水を満たし、そこに刈り取った芝生や葉っぱを入れてミニチュアの池をつくるのだ。うまくいけば、美しいハナアブが飛んできて卵を産んでくれる。

もちろん現代の世界では都市化が進み、人口密度が高くなったから、多くの人は自由に使える野外の空間をもっていない。そうだとしたら、ここまでのガーデニングに関する話題に不満を募らせている読者もいるかもしれないが、そういった人たちができることもある。スコットランドのスターリングで週末に活動している保護団体「オン・ザ・ヴァージ」がその一例だ。彼らは週末に、きれいに刈り込まれた無味乾燥な芝生を見つけると手当たりしだいに掘り返して、野草の種をまいている（もちろん所有者の許可を得たうえでだ）。そうやって彼らがつくった野草の区画はスターリングとその隣のクラックマナンシャーにある道路脇の緑地帯（ヴァージ）、環状交差点、公園、学校の敷地などに合計八二カ所あり、そのうち一つは刑務所の構内だ。私は熱心な学部生のローナ・ブラックモアにこれらの野草の区画を調べさせ、近隣にある刈り込まれた芝生の区画と比較させた。ローナが調べた結果、野草が育つ区画では刈り取られた芝生の二五倍も多くの花が咲き、五〇倍も多くのマルハナバチと、一三倍も多くのハナアブが見つかった。あらゆる都市や町が同様の取り組みを採用して、すべての都市部に野草の区画がちりばめられたとしたら、すばらしいことではないだろうか。

もっと広い目で見ると、大部分の地方自治体は野生生物にあふれた場所に変えられる土地があり余るほどあるのだが、いまのところそうなっていない。地方自治体を仲間に引き入れることができれば、可能性は一気に広がる。公園には草地にできる区域や、送粉者にやさしい花を植えられる花壇があるほか、野生生物がすむ池、花木や果樹を植えた区域、ハナバチのホテル、ハナアブのラグーンを設けることができる。どの環状交差点も野花が咲き乱れる場所にできる。墓地もていねいに管理すれば野生生物であふれる場所になる。古い墓地のなかには野花の咲くいにしえの草地に匹敵するほど多様な花が咲くところもあるほどだが、その一方で、きれいに刈りそろえられたうえ、除草剤が使われて、退屈なほど小ぎれいに管理されているところもある。* 地方自治体はすべての新しい開発地に自然を残した場所を設け、屋上緑化と植樹を促進することを規定する権限をもっているほか、野生生物が豊富に生息するようになった再開発用の更地を保護することもできる。都市部の周囲にはゴルフ場があることが多い。イギリス国内には合計でおよそ二六〇〇ヘクタールのゴルフ場がある（サリー州だけだと一四二ヘクタール）。大部分のゴルフコースはフェアウェーとグリーンがおよそ五割で、残りの五割がラフの草地と林地になっていて、後者は野生生物がすめる大きな可能性を秘めている。なかには豊かな生物多様性を支えているゴルフ場もあるのだが、多くは外来の樹木が植えられ、農薬や化学肥料が大量に使われていて、生物多様性に乏しい。地方自治体は新

*イギリスの非営利団体「ケアリング・フォー・ゴッズ・エーカー」は教会の敷地や墓地の野生生物を保護するための活動に取り組んでいる。

たなゴルフ場の建設許可を出すに当たり、農薬をまったく使わないこと、そして、ラフには野花の咲く草地と在来の樹木の雑木林、またはその場所に適したほかの在来植物の林を設け、野生生物保護の観点で管理することを必須条件として規定することができる。ひょっとしたら既存のゴルフ場で自然を緩やかに再生することもできそうだ。一六世紀にゴルフが発明されたばかりの頃のゴルフ場のようにしてもいいだろう。

都市部の緑化は昆虫や野草、そして昆虫を食べる多くの動物のためになることは明らかだが、緑化が人間にどれだけの恩恵をもたらしうるかはあまり理解されていないかもしれない。一〇〇年以上前、イギリスのナショナル・トラストを創設した一人であるオクタヴィア・ヒルは「空と、成長する生き物を見ることは全人類に共通して根本的に必要なものである」と言った。アメリカの著名な生物学者E・O・ウィルソンは一九八四年の著書『バイオフィリア』で、人類には自然と感情的なつながりをもつ生まれつきの本能があり、その本能を満たせないと健康に影響が出るおそれがあると述べている。それからまもなく、カリフォルニアの学者セオドア・ローザックが「エコサイコロジー」という心理学研究の新たな分野をつくり、人間と自然の関係が希薄になりつつある現象が人間の心の発達と健康にどのような影響を及ぼすかを研究し始めた。その主な主張は、社会が自然と切り離されると、個人の生活のさまざまな側面が悪影響を受け、ひどい場合には妄想や精神障害を起こすこともあるというものだ。その後、アメリカの著述家リチャード・ルーブが二〇〇五年の著書『あなたの子どもには自然が足りない』で、コンクリートに囲まれた都市環境で育った多くの子どもは「自然欠乏障害」を患っていると主張した。これは、屋外や自然のなかで遊ぶ機会が不足することによってもたらされる一連の行動障害を指す。これには注意欠陥障害、不安、鬱病のほか、環境やほかの生物に対する配慮の欠如といったものが含まれるという。イギリスの環境保護主義者ジョージ・モンビオットの二〇一三年の著書『野生（*Feral*）』はこうした主張に共感するもので、人間には根源的に自然を経験する必要性があるとの見解を示している。

これらはとても興味深く、自然保護に対する強力な主張となるように思えるのだが、問題はどこにその証拠があるかだ。日常的に自然に触れなければ本当に不安になったり、落ち込んだり、妄想を抱いたり、精神に異常をきたしたりするのか、それとも、持論を補強しようと熱心な環境保護主義者による希望的観測にすぎないのか？　あるいは、人間は草を一本も見なくても、鳥のさえずりをいっさい耳にしなくても、このうえなく幸福で満ち足りた人生を送ることができるのだろうか？

自然に触れることに恩恵があるとする主張すべてが精査に堪えられるわけではないが、これまでに医学研究者や心理学者、社会科学者、生態学者など、さまざまな研究者によって多くの実証的な研究が行なわれてきた。こうした研究では、確かに自然との触れ合いが私たちに広く恩恵をもたらすことが明確に実証されている。ある実験では、自然のなかを一五分歩くだけでも、都市化が著しく進んだ地区を歩いた被験者と比べて、注意力と幸福感が向上した。自然の映像を観るだけでも、本当の自然を体験したときほどではないものの、かなりの恩恵が得られた。ほかの研究では、スコットランドの都市に住む人々のストレス度は緑地の近くに住む人のほうが低いことが明らかになったし、オランダでは公園の数が多い都市部の住民のほうが不安症と鬱病が少ないことがわかった。カリフォルニアでは、財産などのほかの要因を考慮に入れると、都市部でも樹木の多い地区に住む人のほうが肥満が少なく、糖尿病やぜんそくにもなりにくい。妊婦の場合は、緑の多い地区に暮らしているほうが体重の重い子どもを産む傾向にある。入院患者は緑が見える部屋にいるほうが、れんがの壁が見える部屋に入院している患者よりも早く回復する。緑が見える家に住んでいると、子どもは認知機能が、大人は心の健康度が向上する。田園風景のなかを車で通って通勤するシミュレーションを受けた人は、バーチャルな都市の風景を車で通って通勤した人よりも、そのあと職場で受けるストレスにうまく対処できた。さまざまな研究によると、園芸や市民農園の愛好家は園芸をしない人に比べて暮らしの満足度が高く、自尊心も高いうえ、心と体の健康度も高いという。原生の自然が残る場所へ出かけたり、そこでキャンプしたりすると、精神の健康と自然との結びつきに関する複数の測定値が向上する。ほかにも同様の研究はたくさんあるが、おそらくこれだけ例を挙げれば、言いたいことをわかってもらえると思う。私たち人間は緑豊かな場所を訪れたり見たりするほうが健康になれるようだ。

　このように証拠が次々に出てきた結果、ニュージーランドとオーストラリア、そして最近ではイギリスでも、医師たちが一部の患者に対して従来の薬ではなく「緑の処方箋」を与え始めた。緑の処方箋は通常、公園や田園地帯を規則正しく歩いたり、時には植樹活動などの野外活動に参加したりするといった形の処方となる。もちろん、体を動かすこと自体が恩恵の大部分を占めるのだが、自然のなかへ出かけるという行為と組み合わせることで運動の効果が最大になり、単にジムへ行くように指示するよりも運動を続けやすくなるようだ。[*] 日本では「森林浴」（単に森林で過ごすことを指し、泳ぐ必要はない！）をするように医師に勧められることがよくあり、それによって免疫機能の向上など、健康に複数の恩恵がもたらされるようだ。

これまでの議論に不備を見つけた読者がいるかもしれない。人間の健康と緑地の利用のあいだに関係があるという証拠はあるが、その緑地の質に関する情報はあまりない。きれいに刈りそろえられた無味乾燥な芝生とレイランドヒノキの生け垣があればいいのか？　人工芝とプラスチックの花でも効果があるのか？　野生の花やチョウ、鳥が存在するほうがもっと心が落ち着き、血圧も下がるのか？　生物多様性の観点で緑地の質が人間の健康によい影響を及ぼすかどうかを検証しようとした研究は本当に少ないのだが、数少ないそうした研究か

*ヨーロッパと北アメリカの人々は過去五〇年で活動量が大幅に減少してきた。デスクワークが増え、徒歩や自転車ではなく車で通勤するようになり、階段ではなくエレベーターやエスカレーターを使うようになった結果、一日の消費エネルギーは平均で五〇〇キロカロリー減った。イギリスの政策研究所によると、一九七一年には七歳児と八歳児の八〇％が一人あるいは友人たちと歩いて通学していたが、一九九〇年までにはその割合は一〇％を下回り、ほとんど全員が両親といっしょに通学するようになったという。イギリスでは、活動量の低いライフスタイルが原因で引き起こされた健康問題や休業は、年間およそ一〇〇億ポンドの経済損失をもたらしていると推定されている。

らは概して、生物多様性がより豊かなほうが健康によいということがわかる。緑地における植物とチョウの多様性が人間の健康の測定値によい影響を及ぼすことは確認されてきたものの、生物多様性のなかでも鳥、特に鳴鳥の多様性が人間の健康に最も強く関連しているようだ。興味深いことに、イギリスで行なわれたある研究では、庭に来た鳥を見ているときにその名前を知っているほうが、得られる喜びが大きいことがわかった。これは、人は生き物の名前を知っているほうが自然を大切にし、生き物に感情移入しやすくなるとの主張を裏づけるものだ。

一つ興味深い見解がある。生物多様性が豊かな環境に身を置くと、体の表面や体内にすむ微生物の集まりであるマイクロバイオーム（微生物叢（そう））がより多様かつ健全になるという。幼い頃に有益な微生物にさらされると免疫系の発達に大きな効果があり、慢性炎症の蔓延を減らせる。都市に住む人は平均してマイクロバイオームの多様性が乏しいため、人間の健康と微生物が多様な環境への曝露には妥当な関連性がありそうだ。樹木と低木の多様性が高いと林冠がより密になり、大気汚染を除去する効果が高くなるという証拠もある。

全体として、人々が緑地を利用できるようにすることで健康に多大な恩恵があるようで、そうした恩恵は緑地の生物多様性が豊かなほど大きくなるうえ、自然に関する知識があれば恩恵はさらに大きくなる可能性がある。都市や町に自然を取り入れるのはウィン・ウィンでしかなく、自然にとっても人間にとっても恩恵がある。想像してみてほしい。すべての庭に野生の在来種の花を含めて送粉者にやさしい花が咲き、小さな草地、花を咲かせる低木、池、堆肥の山、ハナバチのホテル、ハナアブのラグーンがある。そうすれば、街中に小規模な昆虫の自然保護区がモザイクのようにできる。地方自治体の協力が得られれば、点在する庭と庭を、たくさんの花が咲く道路脇の緑地帯や環状交差点、街路に植えた花木の並木、花が咲く鉄道の土手、都市の自然保護区、学校の敷地内にある自然の区域、都市の公園でつなぐことができ、人々がひしめき合う国全体を網羅する生息環境のネットワークができる。新たな開発地はすべて最初から最大限の生物多様性を確保し、人々が緑地を利用できるように設計される。これは簡単にできることではないかと私は思う。すでに農薬を禁止したり、送粉者を助ける計画を立てたりしている地方自治体はあるし、多くの園芸愛好家がひそかに自分の庭を「ミニ自然保護区」に変えているから、一部の取り組みは始まっているとも言える。

近いうちに都市部は人間のための場所というだけでなく、人間と自然が幸せかつ健全に共存できる場所となるだろう。そうした都市では、どこを見ても緑の葉っぱと花が目に入り、子どもたちは聞き慣れたマルハナバチの羽音に囲まれ、鳥やハチの名前を覚え、チョウの翅の鮮やかな色に目を奪われながら育つことができる。

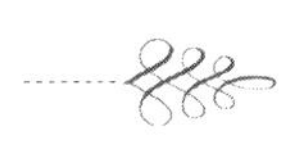

私の好きな虫

高次寄生のカリバチ

昆虫についてちょっとした知識がある読者なら、おそらく捕食寄生者について知っているだろう。ほかの昆虫の体表や体内に卵を産む各種のカリバチやハエのことで、卵からかえった幼虫は生きている宿主をむさぼり、幼虫としての成長の終わりが近づいたところで宿主を死なせる。

こうした捕食寄生者の一つにコバチがいる。あらゆる昆虫のなかで最小で、全長はたった〇・一四ミリしかない種もあり、生まれてから成長を終えるまでずっとほかの昆虫の卵の中で過ごす。こう書くと捕食寄生者はやりたい放題のようにも思えるが、その多くはほかの捕食寄生者〔高次寄生者〕に攻撃されるのだ。たとえば、私の野菜畑に植えたキャベツはモンシロチョウの幼虫によく荒らされるので、私は何時間もかけて手で幼虫を取り除いている。これらの幼虫はアオムシコマユバチという小さなカリバチに頻繁に寄生され、体内に卵を注入される。死んだ幼虫の隣にこのハチの黄色の繭が出現したのを見ると、食物が身近にあったのだと思い、私はいつも嬉しくなる。しかし、コマユバチ自体もまたサムライマメトガリヒメバチというカリバチに寄生される。このハチはモンシロチョウの幼虫の外から、その中にいるコマユバチの幼虫の体内に卵を注入するのだ。コマユバチはモンシロチョウの幼虫が食べているときに植物が放つ揮発性のにおいを利用して宿主を見つけるのだが、興味深いことに、寄生された幼虫に食べられている植物が放つにおいと、健康な幼虫に食べられている植物が放つにおいはわずかに異なり、サムライマメトガリヒメバチはその違いを嗅ぎ分けて、コマユバチが潜んでいる幼虫を見つける。

19章　農業の未来

都市を自然保護区の一大ネットワークに変える壮大な計画に浮かれすぎないようにしよう。地球規模で見れば、都市部は陸地のわずか三%を占めているにすぎない。一方で農地ははるかに広く、陸地のおよそ四〇%も占めている（残りの陸地の大部分は極地の凍結した大地）。イギリスでは国土の七〇%が農地で、その大部分は生き物がすむのに適さない場所だ。この国の野生生物はこれからも苦労し続けるだろう。私たちの大半は工業型農業が「世界の人々に食料を供給」できる唯一の方法だという考えを受け入れているように思えるし、それに伴って野生生物が減少する事態は避けられないと暗に認めているようにも見える。ある意味、それは自然と人間のどちらをとるかという選択で、もちろん私たちはこれからもずっと人間のほうを選択することだろう。だが、本当に選択肢はこれしかないのか？　食料を生産しながら、同時に自然を支えることはできないのだろうか？　私はこの二つが両立できると主張したい。英語のことわざで「ケーキは食べたらなくなる」というけれど、ケーキ（あるいはニンジンでもいいが）を食べてもなくならないようにすることができる。私はここでもう一歩踏み込んだ主張をしたい。私たちがさらに集約的な工業型農業を追い求め、収量を最大化することにこだわり続ければ、自然だけでなく、最終的には私たち自身も滅んでしまうだろう、と。私たちは健全な環境でなければ生存できないからだ。

ここで、現代の農業システムに着目し、ここまでに至る経緯を振り返るのは有益かもしれない。一〇〇年前、たいていの農家はいまよりはるかに規模が小さく、小さな畑がたくさんあった。耕地だけでなく、飼っている家畜のために放牧地や牧草地も必要だった。農家は農薬や化学肥料をまったくと言っていいほど使わず、農地の生物多様性はいまよりはるかに豊かだったが、生産できる食料ははるかに少なかった。だが一九二〇年以降、農業の姿は一変した。たとえばイギリスでは、人口が着々と増え続け、四三〇〇万人から現在の六六〇〇万人まで約五〇％も増加した一方で、農業に携わる人々は約九〇万人から二〇万人未満にまで減った。果物の栽培農家が輸入品との競争に対処できないと判断するにつれて、これまでに果樹園の八〇％が姿を消した。また、農家が統合されて畑の規模が大きくなるにつれて、土地の境界となる生け垣が推定で長さ五〇万キロ分もなくなった。いまではさまざまな合成農薬や化学肥料が、あらゆる畑に年間複数回も定期的に使われている。家畜の数は増え、豚の数は二倍に、家禽の数は四倍になった。だが、そのほとんどは屋内で飼育されているから、ふだん目にすることはあまりないだろう。

こうした変化は農家、あるいは政治家やほかの誰かのグループが話し合って決めたわけではない。世界中で、農業が市場の圧力や機械化、技術革新、刻々と変わる政府の補助金、国内外の政策や規則、化学物質の普及、莫大な購買力をもつスーパーマーケットの出現、安価な食料に対する消費者の要求の高まりに適応しながら発展してきたのだ。農家はたいてい、生き残っていくために必要だと思ったことをやってきただけだ。多くの小規模農家が立ちゆかなくなり、より大規模な近隣の農家に吸収された。農家を非難しても何の得にもならない。国内の田園地帯でこれまでに起きてきたこと、そしていまの状況を招いた責任は私たち全員にあるのだ。

もっと大きな目で見ると、現代の農業が組み込まれている食料供給システムは信じがたいほど効率が悪く、残酷で、環境を破壊するものだ。世界全体では全人口を養うために必要なカロリーのおよそ三倍ものカロリーの食料を生産しているが、その約三分の一は廃棄され、残りの三分の一は家畜の飼料となっている（家畜の大部分は屋内の窮屈かつ劣悪な環境で飼育されている）。家畜の飼料にする作物の栽培に使われている土地の面積に、放牧に使われる牧草地の面積を加えれば、世界の農地の四分の三が肉と酪農品の生産に使用されていることになる。残りの四分の一の農地で、私たちは穀物と食用油を過剰に生産している。その大部分はパスタ、ピザ、パイ、ケーキ、ビスケットなど、炭水化物と脂肪がたっぷり入った体に悪い加工食品の生産に使われている。一方で、世界中の人々が健康的な食生活を送るための野菜や果物は十分に栽培されておらず、買うお金があっても手に入れられない。その結果、世界中で肥満と糖尿病が蔓延することとなった。持続可能かつ環境にやさしい方法で健康的な食料を世界に供給するためのシステムをゼロから設計するとしたら、現在の農業システムとは似ても似つかないものになるだろう。

理想的には、私たちは現在の食料供給システムから何を得たいのだろうか。まず何より、誰もが栄養豊かな食事をとれるだけの食料を生産し、誰もが手に入れられるように流通させ、そして誰もが購入できる価格にどうにか設定する必要がある。次に、このシステムは無限に持続できなければならない。気候変動を促したり、土壌の劣化を引き起こしたり、河川を汚染したり、送粉者などの野生生物を減少させたりしてはならないのだ。前述した「共用・節約の議論」では、「共用派」は生物多様性を支えながら作物を栽培しようとするのに対し、「節約派」はなるべく多くの土地を自然のまま残せるように、一部の土地をできるだけ集約的に活用すべきだと主張している。現在の農業システムは前者よりも後者に近い。大量の農薬や肥料を投入して高収量を得ようとするシステムであり、世界全体の環境を悪化させる一方で、明らかに持続可能な方法ではない。孤立した形で「残した」土地（自然保護区）で自然を保護しようとしているが、自然は依然として急速に減る一方だ。ドイツの自然保護区で昆虫の生息数が激減した事例から、この手法には効果がないことがわかる。残した土地は周囲の環境破壊の影響を受けるからだ。グリーンランドや南極大陸といった最果ての地に残した土地でさえも、気候変動の影響を受けている。

私はまた、節約派の考え方には根本的な欠陥があると思っている。収量が二倍になる小麦の新たな品種を開発するとしよう。そうすれば、世界の小麦農家は彼らの土地の半分を自然に返すだろうか？　返すわけがない。小麦の価格は急落し、余った分をこれまでよりさらに浪費するようになり、動物の飼料やバイオ燃料の原料にする分を増やしたりするだろう。農家は採算をとるためにさらに多くの作物を育てるようになり、自然には何の恩恵ももたらさない。

一方、共用する道を探る場合、どのような効果があると考えられるのか？　現在の農業システムから、本当に持続可能で自然を支える農業システムに変えるにはどうすればいいのだろうか？　一つの方法として「総合的病害虫管理」と呼ばれる手法を取り入れるよう農家に奨励し、それを支援することがある。この手法は通常ＩＰＭという略称で呼ばれ、明確に定義された手法というよりも哲学といったほうが近い。農薬を最後の手段として扱うことでその使用量をできるだけ減らすのが目標だ。レイチェル・カーソンの『沈黙の春』への反響として登場したもので、一九七〇年代のアメリカで公有地などの供与を得て設立された数々の「ランドグラント大学」が農務省から資金を得て、さまざまな作物についてＩＰＭの手法を開発した。病害虫の生態を研究し、天敵を積極的に取り入れ、輪作と病害虫に強い作物品種を導入するなど、さまざまな手法を駆使して病害虫の数を少なく抑えるのが目的だ。これらすべての方策がうまくいかず、病害虫の数が重大な一線を越えた場合、つまり農薬散布の費用を上回る損害がもたらされる段階になった場合にのみ、農家は農薬散布に頼る。どのＩＰＭプログラムでも鍵となる要素の一つは「スカウティング（偵察）」と呼ばれる慣行で、農家は定期的に作物の畑を訪れて病害虫の数を数える。これによって「カレンダーに沿った」予防的散布を避け、必要なときにだけ農薬を散布するようにする。私が一九八〇年代に大学生だった頃、ＩＰＭは標準的な手法と考えられていた。ＥＵでは二〇一四年にＩＰＭの使用がすべての農家にとって義務となった。いささか反応が遅かったのだが、何もしないよりはましで、規則上はすべての農家がＩＰＭを使用しているはずだ。それならばなぜ、過去二五年で農薬の使用量が二倍になったのか。問題はＩＰＭの定義が明確でなく、ＥＵの規則を守らせることができない点にある。農家は規則違反の疑いをかけられても、輪作など、ＩＰＭの要素を一つか二つでも使用していれば、ＩＰＭを使っていると主張することができる。その一方で、農家は農薬メーカーとそのセールス担当者から、もっと農薬を使うように激しい売り込みを受けている。フランスで一〇〇〇軒近い農家を対象に最近行なわれた研究では、大半の農家が収量を減らすことなく農薬の使用量を大幅に削減できるほか、ほぼすべての農家が農薬の使用量を減らせば利益が上がることがわかった。私たちはみんな誇大広告の影響を受けやすいし、これまで農家はなくても済ませられる製品まで売りつけられてきたようだ。しかし、農家にとってどの製品が不要なのかを見分けるのは難しいかもしれない。ＩＰＭのあらゆる手法にとって根本的な障害となっているのは、農薬の使用量を最小限にするという目標が農薬メーカーの願望と正反対であり、そうしたメーカーは莫大な富と影響力をもっていることだ。

　農業を変えるために選択できそうなもう一つの方法は、農地の周囲に生物多様性を少しだけちりばめる方向へもっていくことだ。過去数十年にわたり、私たちはこの手法を探ってきた。ＥＵの農家は、農地の周囲に野花を植えた区画や鳥が採餌できる場所を設けたり、耕地にヒバリが営巣できる小さな土地を残したりするなど、農業環境計画の導入を支援するための補助金を利用できる（対照的にアメリカではこうした計画に対する予算はわずかしかない）。農業環境計画は作物の送粉者と病害虫の天敵の数を増やすためのものだから、この手法でＩＰＭを補完することができる。イギリスではこうした計画に毎年およそ五億ポンドが使われ、一部の地方では小規模な成功例があるものの、イギリス国内やヨーロッパ全体で見ると野生生物の減少に歯止めがかかってはおらず、どうしようもないように思える（とはいえ、こうした対策がなければ状況はもっと悪くなっていたかもしれない）。その一因は単にこうした計画の適用例がまったく足りないからかもしれないが、私はまた、作物のすぐそばに自然を残した一画を設けるという考え方に根本的な問題があるのではないかと考えている。作物には農薬が繰り返し散布され、大量の化学肥料が使われる。散布された農薬は風に乗って野草に降りかかるし、種子のコーティングに使われている農薬が土壌を汚染している。私たちは食料の生産法をもっと大きく変える必要があるのではないか。

より魅力的な選択肢があるとすれば、有機農業をもっと奨励して、農薬による環境負荷を軽減することかもしれない。有機農業がヨーロッパの農業に占める割合は比較的少なく、農地全体の七％にとどまる。割合が最も高いのはオーストリアの二三％、イギリスは最下位に近く三％しかない。有機農業のほうが従来の農業よりも土壌が健全になって多くの炭素を貯留する傾向があるうえ、植物や昆虫、哺乳類を支えるという明確な証拠があるのだから、なぜ有機農業をもっと採用しないのか。この問いに対する反論には、有機農業は収量が少ないから、世界中で有機農業が行なわれると農業に使わなければならない土地が増え、野生生物に悪い影響を与えるというものがある。この主張の前半「有機農業は収量が少ない」というのはまさにそのとおりで、世界全体で見ると、収量は従来の農業の八〜九割にとどまると推定されている。一方で、すでに指摘したように、私たちはいま必要以上の食料を生産しており、世界で生産される食料のおよそ三分の一が廃棄されている。これは驚愕すべき数字だ。食品廃棄物を大幅に減らすことができれば、世界中で農薬の使用をやめてもまだ、世界の人々全員を支える食料を十分に生産できる。

さらに、先進国の人々は健康を害するほどたくさんの量を食べている。過剰な食料消費と粗悪な食生活には、膨大な代償が隠れている。現在、イングランドに住む成人の六三%が過体重で、三七%が肥満であるのに加え、二〜一五歳の子どもの三分の一近くが肥満だ。アメリカではさらにひどく、成人の七二%が過体重で、四〇%が肥満になっている。イギリス政府の発表した数値では、肥満が糖尿病などの形で社会にもたらす全体のコストは年間二七〇億ポンドと推定され、二〇五〇年までには五〇〇億ポンドに達すると予測されている。アメリカの数値について同様に計算すると、肥満に対処するための医療費一四七〇億ドルに加え、仕事の休業や早すぎる死などがもたらすほかのコストが六六〇億ドルあると推定される。

私たちは食べすぎであるだけでなく、加工食品のとりすぎでもある。こうした食品には、世界中で過剰に生産されている安い穀物や油がたっぷり使われている。私たちの多くはまた、健康や環境を害するほど多くの肉を食べている。穀物飼料で育てられた牛の肉を食べるのは、人々に食料を供給する方法としてはとんでもなく効率が悪い。人が植物そのものを食べる場合と比べておよそ一〇倍もの土地が必要になり、約三〇倍もの温室効果ガスを排出する。牛が食べる植物性タンパク質のうち、人間が消費する動物性タンパク質になるのは三・八％しかない。私たちが食品廃棄物と過剰摂取を減らし、屋外で飼育された動物の肉を少量食べるだけの食生活に移行して、*穀物で飼育された牛肉を完全になくせば、必要な農地の面積は現在よりもはるかに小さくなるうえ、農薬を使わないようにすることで、私たちはもっと健康になれる。

この主張は私にはとても魅力的に思えるのだが、私たちはさらにもう一歩進むべきだとも考える。有機農家のなかには従来の農家と同じように、依然として単一の作物を大量に栽培しようとし、大型の農機の動力源として化石燃料に大きく依存している農家もある。大規模な単一栽培は病害虫の温床となる。有機農家であっても、大規模な小麦畑の生物多様性は高くなく、害虫や病気の発生を抑制する天敵はほとんどいない。食物を生産するもっとよい方法はあると思うし、農業は市民農園から学べることがあると私は主張したい。** 市民農園では

＊ベジタリアンやビーガンの食生活を支持する人もいるが、雑食性の食生活に少量の肉を含めるという主張も十分な説得力をもちうる。そうした食生活は健康によいし、多少の家畜を屋外で飼うことは化学肥料や農薬を少なくした持続可能な農業システムにも役立つからだ。家畜の糞は有機農業にとって重要な栄養源であり、家畜が草を食べる活動は生物多様性を豊かにする重要な管理手段となりうる。

たいてい小さな区画で多種多様な作物を育てていて、とても雑然としているように見える。食料生産のモデルとしては有望でないように思えるかもしれないが、ここでちょっと市民農園について説明させてほしい。

まず、ブリストル大学で行なわれた最近の研究で、イギリス各地から集められたデータから、都市のあらゆる生息地のなかで市民農園は昆虫の多様性が最も高いことが明らかになった。庭や墓地、市の公園、さらには市の自然保護区よりも高い。市民農園に豊かな多様性が見られるのはおそらく、多種多様な作物や花々が栽培され、休閑地や雑草だらけの区画、腐りかけの古い小屋、果樹やスグリの茂み、堆肥の山、池などがある雑然とした場所だからだろう。また、概して農薬の使用量が少ないというのもある。ハナバチが集めた蜜と花粉に含まれる農薬の研究（7章参照）にかかわったベス・ニコルズは最近、ブライトン付近の市民農園における農薬の使用状況を調査し、大部分が農薬をほとんど、あるいはまったく使っていないことを見いだした。自分や子どもたちが食べる作物を育てる場合、私たちの大半は従来の農家よりもはるかに少ない農薬しか使わない。

二つ目に、ベスが市民農園の協力を得て農園の生産性に関する情報を集めた調査を紹介したい。その結果は驚くべきものだ。多くの市民農園では一ヘクタール当たり二〇トン相当を生産し（一般的な市民農園は四〇分の一ヘクタール）、なかには一ヘクタール当たり三五トン以上を生産する農園もわずかながらあった。イギリスで主要な作物である小麦とセイヨウアブラナの収量はそれぞれ約八トンと三・五トンだから、市民農園はそれと十分に渡り合える収量をあげている（小麦とセイヨウアブラナの大部分は家畜の飼料や、肥満の一因となる極度に加工された食品の原料となる）。市民農園で栽培された作物はフードマイル（食料の輸送距離）がごくわずかだし、包装もいらないし、たいてい農薬や化学肥料を最小限しか使っていない健康的な果物や野菜であることも、心に留めておいてほしい。

三つ目に、市民農園の土壌は農業用地の土壌よりもミミズや有機炭素化合物が多く、健全な傾向にあることが、研究でわかっている。これは気候変動を緩和するためにも役立つ。

四つ目に、オランダでの研究で、市民農園の愛好家は市民農園を使わない近所の人々に比べて健康であることがわかった。とりわけ高齢者にこの傾向が見られる。その原因が新鮮な野菜や果物を食べていることにあるのか、農作業で体を動かしていることにあるのか、それとも市民農園を使うことで得られる社会的な恩恵にあるのかどうかまでは、研究ではわからなかった。屋外や緑の多い場所での活動が心と体の両面で健康によいことを示す証拠が数多くあることを考えると、この結果は意外ではない。

まとめると、市民農園はたくさんの食料を生産でき、豊かな生物多様性を支え、健全な土壌を保ち、人々を健康にできるようだ。これは「ウィン・ウィン・ウィン」とでも

＊＊市民農園（アロットメント）は小さな区画で、たいていは年間の借地料が安く、自分で広い庭をもてない人々に野菜や果物を栽培する場所を提供するためのものだ。ヨーロッパ諸国では広く普及している。北アメリカでも同様の仕組みはあり、「コミュニティガーデン」と呼ばれることが多い。

呼べそうな状況ではないか。何らかの妥協をしなくても、食料生産と自然保護が両立できるのは明らかだ。

それなのに、イギリスで推定九万人もの人が市民農園の空きを待っているという状況は残念だ。恩恵を考えれば、政府は土地をもっと開放して、待っている人に農園として貸したほうがいいのではないか。イギリスで農家に与えられている三五億ポンドの農業補助金のごく一部を使って、市民農園用の土地を購入してもいいかもしれない。また、市民農園や自宅の庭で自分の食料を育てる人を増やすために予算を使うこともできそうだ。農作業の恩恵を伝えるプログラム、研修を受ける機会や支援の提供、野菜の種子の無料配布といった取り組みが考えられる。一部の政治家は近い将来に週休三日に移行することを支持している。余暇が増えれば、野菜や果物を自分で育ててもいいと思う人が増えるかもしれない。

イギリスでは現在、年間およそ六九〇万トンの野菜と果物が消費されている。その七七％が輸入品であり、輸入額は九二億ポンドにのぼる。輸入されている作物の多くはイギリスの気候と土壌でも十分栽培できることを考えれば、この統計データには愕然とする。たとえば、リンゴ栽培にほぼ最適な土地に暮らしているのに、なぜ私たちが食べるリンゴの三分の二を輸入しているのか。*国産のポロネギが簡単に手に入る三月になぜ、一万二〇〇〇キロも離れたチリ産のポロネギが地元のスーパーマーケットで売られているのだろうか。大ざっぱにいうと、市民農園型の管理手法で、現在イギリス国民が消費しているすべての野菜と果物を、イギリス国内のわずか二〇万ヘクタールの土地で栽培できる（これは現在の庭の合計面積の四〇

%、現在の農地のたった二%でしかない)。

もちろん、アボカドやバナナなど、いまや一年中スーパーマーケットで日常的に売られている異国の作物の大部分は国内で栽培できないし、国内産の作物も入手できる季節は限られているが、現状よりも自給自足にはるかに近づけることはできる。また、私たちが地元産の新鮮な旬の野菜をもっと大切にするようになり、かつての人類のように自然のサイクルに合わせてその時々で手に入るものを食べるように年間の食生活を変えれば、さらに自給自足に近づけるだろう。一部の作物は必ず輸入する必要はあるだろうが、その大部分が陸路や海路での輸送に耐えられるぐらい日持ちする作物である限り、関連する炭素の負荷は比較的小さい。** 作物を輸入する分、イチゴやジャガイモ、サクランボ、エンドウなど国内の気候に適した作物を輸出すれば、イギリスは野菜と果物の純輸入国ではなくなる。

市民農園や庭に設けた小規模な野菜畑が、健全で生物多様性の豊かな環境を支えながらたくさんの食料を生産できるのはなぜなのか、調べてみる価値はある。その要因は数多くある。作物を小さな区画で栽培する、あるいは異なる作物を混ぜて育てると、病害虫はほかの多数

*たとえば四月にイギリス産のリンゴを手に入れることはできないと思う読者もいるだろうが、適切な品種と現代の貯蔵技術を使えば、国内産のみずみずしいリンゴを一年中手に入れることは申し分なく可能だ。

**陸路や海路での食料輸送が作物関連の炭素排出に寄与する量は比較的小さいが、空路での食料輸送（南アフリカ産のブドウなど）ははるかに環境に悪く、削減するか、なくすよう努力すべきものだ。

の植物から好物の植物を見つけるのがはるかに難しくなり、作物は被害に遭いにくくなる。市民農園では作物はそれぞれ異なる時期に収穫されるので、農場の作物が収穫されたあとのような更地になることはなく、土壌が露出したまま浸食されることもなく、有機物を時間とともに蓄積していくことができる。市民農園には堆肥の山が必ずと言っていいほどあるから、自家製の堆肥を加えていけば有機物はさらに増える。果物の低木や、ルバーブのような多年生作物、樹木の根は、土壌を一つにまとめるためにも役立っている。病害虫の天敵となるテントウムシやオサムシ、ハナアブといった昆虫の数ははるかに多いし、多種多様な植物が生えていて昆虫が隠れる場所が多いので、病害虫が作物を見つけたとしてもたいてい長くは生き残れない。そのため、農薬を使わなくてもたくさんの野菜や果物を育てやすい。生息地が多様であることからも恩恵を受けて、送粉者の数が多く、作物の収量が送粉者の不足によって頭打ちになることはない。何十種類もの作物を家の近くで育てることで、市民農園や家庭菜園の愛好家は一年間に一回だけでなく何度も収穫でき、それが年間の合計収量を増やすことにもつながる。異なる植物を隣り合わせに栽培できるため、大規模な単一栽培よりもはるかに自然の植物群集に近い方法で、土地を最大限に活用できる。

これで誰もが明日の朝に起きたら市民農園を借りたいとか、庭の半分を掘り返して野菜を栽培したいと考えるなどとは、いくら私でも夢にも思わないから、野菜や果物の商業生産はこれからも必要になるだろう。小麦やアブラナといった主要な作物と同様、イギリスで商業的に栽培されている野菜や果物の大部分は通常、大規模な単一栽培で生産されているが、必ずしもそうする必要はない。市民農園の規模を大きくしたような商業農業システムは存在し、パーマカルチャー、アグロフォレストリー（混農林業、森林農業）、バイオダイナミック農法はすべてこの様式に当たる。こうした農法はオルタナティブ、つまり主流から外れた「ヒッピー」の食料生産法と見なされることもあるのだが、基本的な考え方は生態学的に理にかなっている。これら三つはすべて、土壌の再生と有機物の蓄積、ミミズなどの土壌動物の増加に主眼を置いている。また、多年生も一年生も含めて多様な作物を栽培するため、大規模な単一栽培は行なわない。

アグロフォレストリーは単純に一年生作物の近くで多年生の樹木などを育てる農法で、数千年にわたってさまざまな形で実践されてきた。最も単純なものは、家畜の放牧や鶏の放し飼いに使っている牧草地に生産性の高い果樹を何列も植えるという手法かもしれない。植える木の種類によって異なるが、それによって得られる恩恵はいくつも考えられる。食用の果物やナッツなどが収穫できるというメリットもあるし、家畜や日陰を好む作物に日陰を提供する、薪や建築用の木材が得られる、若葉が動物の餌になる、ほかの作物の根覆いになる、水はけがよくなる、洪水を抑制する、土壌の流出を防ぐ、といった利点もある。大気中の窒素を固定して土壌を肥沃にする樹木を含めることもある。熱帯地方ではコーヒーはたいてい単一栽培され、土壌の浸食のほか、病害虫が発生しやすいために大量の農薬が使われるなどの問題が伴う。コーヒーはもともと日陰で育ちやすい低木であり、多雨林に育つ高木を利用して日陰をつくれば、いまよりはるかに栽培を持続しやすくすることができる。この農法によって、農場にすむ野生の鳥や哺乳類、昆虫の種の数が大幅に増え、病害虫が発生しにくくなり、雑草が抑制され、作物の受粉をより確実に行なうことができる。こうした「日陰栽培のコーヒー」は環境に多大な恩恵をもたらすという付加価値があり、高値で売ることもできる。

パーマカルチャーはいささか説明が難しく、私見では曖昧な印象がある。私には科学というよりも哲学に近いように思え、自然に対抗するというよりも自然と共同作業をすることに主眼が置かれている。これはもちろん私が全面的に支持する考え方だ。一九七〇年代にオーストラリアのタスマニア大学の科学者ビル・モリソンと彼の博士課程の学生デヴィッド・ホルムグレンによって考案された。モリソンはタスマニアの緑豊かな温帯雨林で有袋類を観察しているときに、この着想を得た。人間が生命システムの一部として暮らせる環境を構築するというのが、彼の考えだった。そうした生命システムは複雑な機能をもち、生物どうしが相互に関連していて、持続可能なものである。モリソンはどの地域でもまず、生物の相互作用と機能を長期にわたって入念に観察してから、「自然界に見られるパターンや関係を模倣する環境景観を意図的に設計して、地域の需要を満たす食料と繊維、エネルギーを生産」することをめざすべきだと主張していた。モリソンが考案した計画では、樹木や低木からハーブや菌類まで、複数の有益な植物をいっしょに育てるとともに、野生動物と家畜を両方導入することを勧めている。モリソンが先見性のある天才なのか、頭のいかれたヒッピーなのかを断言することはできないが、根はいい人であることは確かだ。

バイオダイナミック農法は一九二〇年代にオーストリアの社会改革者ルドルフ・シュタイナーによって構築された概念で、化学物質を使った最初期の農業への否定的な反応とみることができる。シュタイナーは作物と家畜の健康が目に見えて悪化しているのを懸念し、その原因が化学肥料の使用量の増加にあると考えた。バイオダイナミック農法は有機農業と共通点が多い。農薬の使用を禁じているほか、輪作、農地の一割を自然のまま残すこと、土地を全般的に管理すること、健康によい食料を生産することなど、数多くの思慮深い慣行を推進している。

とはいえ、バイオダイナミック農法には従来の科学の枠を超えた側面がいくつかある。この農法を実践する人々は、砕いた石英質の岩石を牛の角に詰めて地面に埋めたり、シカの膀胱にカモミールの花を詰めたりするなどして「調合剤」と呼ばれるものをつくる。これらはごくわずかな量を堆肥に加えるか、地面に散布する。一風変わった農法のように思えるかもしれないが、私は最近イギリスのウェストサセックスにあるバイオダイナミック農場「プロウ・ハッチ」を見学する機会に恵まれた。同じ考え方をもった人々のコミュニティが運営していて、その多くは農場に住んでいる。食べ物への祈りで始まった昼食の場で、私は集まったスタッフにこの農法に科学的な根拠はあるのかと思い切って尋ねてみた。怒らせてしまうのではないかと少し心配したが、一人か二人が自分たちの立場を少し弁解するような態度を見せ、調合剤には効果があると即答した。さらに興味深いのは、調合剤に効果があるかどうかはわからないが、個人的には効果があるかどうかは重要でないと答えたスタッフがほかに数人いたことだ。調合剤は年に一、二回の社交行事としてみんなでつくる。農場のスタッフがいっしょになって花を摘むことで、絆が深まり、チームの結束を強めることができる。調合剤に効果があるとの科学的な証拠はないが、調合剤に効果がないという証拠もまた、私は見つけられなかった。適切な実験をして効果を検証してみたいとも思ったが、助成金を申請してもほとんどの機関が真剣に受け止めてくれないだろうと、私は想像している。一方で、そうした調合剤に作物の成長を促す効果がないとしても、グループ内の社会的な結束を高める役割だけでもあるのであれば、それで十分すぎるぐらいだ。従来の企業はよく、チームづくりの研修に大金をはたいて従業員を派遣しているぐらいだから。

プロウ・ハッチは広さおよそ八〇ヘクタールで、鶏、羊、豚、牛を屋外で飼育しているほか、穀物、牧草、そして多種多様な野菜や果物、切り花用の花も栽培し、本来の混合農業を実践している。酪農も自分たちでこなして、さまざまなチーズやヨーグルトをつくっているし、収穫物や製品を直売する店舗も農場内に設けている。彼らが生産した食料はほぼすべて近隣の住人と農場のスタッフ自身によって消費される。一ヘクタールの菜園からは年間二〇トン余りの野菜と果物が生産される。そこでは、かなりの面積で切り花用の花が栽培されているにもかかわらずだ。

案内役のタリというスタッフといっしょに歩き回っているとき、とりわけ果樹や野菜畑で、たくさんのチョウやハナバチが飛んでいるのを見た。タリはさらに多くの昆虫をはぐくめる方法を見つけたいと熱心で、私は喜んでいくつか提案したのだが、彼らはすでに十分よくやっているように私には思えた。

こうした「オルタナティブな」農業システムのマイナス面として、たいてい従来の農業よりはるかに大きな労働力を必要とするとの見方もある。プロウ・ハッチはおよそ二五人を雇っているが、イギリス国内の平均ではこの規模の農場で雇われている人数は一・七人だ。工業型農業は機械化が非常に進んでいるため、ごく少数の人しか必要としない（これは当然ながら農村社会を消滅させている主な要因だ）。バイオダイナミック農法やパーマカルチャーの規模を大きくして食料供給の大部分を賄えるようにするには、さらに多くの人々を農場に呼び戻す必要がある。だが、それはそんなに悪いことだろうか？ 技術の進歩とともに多くの伝統的な職業が今後数年で消え、人工知能の発達で人間の労働者が余るようになると予測されている。有給の働き口を見つける方法の一つとして、小規模農業の活性化というのは考えられるのではないだろうか？

破綻した世界の食料システムを再設計しようと思ったら、すべての国の同意が必須であることは明らかだが、とりあえずそれぞれの地方で始めることはできる。都市全体や周辺に市民農園のほか、労働集約的で生産性の高い小規模な市場向け農園や、パーマカルチャーを実践する農場、バイオダイナミック農法を使う農場が散らばり、都市の住民が食べる野菜や果物、卵、鶏肉の大部分が居住地から数キロ以内の場所で生産されていると考えてみよう。イギリスでは、東部のイーストアングリア地方やイングランド中部地方など、作物に適した肥沃な土壌が分布する農村部では、穀物とセイヨウアブラナが有機農法や適切に実行されているＩＰＭ（総合的病害虫管理）を用いて栽培され、全体的に農薬の使用量が大幅に減り、休閑期（畑で作物を育てない期間）を含めた周期の長い輪作が行なわれたり、窒素を固定するクローバーを植えて土壌を健全に回復させたりするだろう。大規模な畑は在来の樹木を使った並木で区切ることによって炭素を吸収し、土壌を守る。地方の農家の産物は、増えつつある農家の直売所や野菜のボックスセットの形で販売して都市に流通させる。この架空の世界では、人々は自然とのつながりを取り戻し、体によく、高品質かつ新鮮な地元産の旬の作物を食べるという恩恵も再び得られるようになる。

だが、どのようにしたらこうした変化を起こせるのか？　ＥＵでは一九六二年に初めて導入された共通農業政策（ＣＡＰ）が長年、変化を起こすうえでの障害の一つとなってきた。この政策の目的は、食料生産量を高く保ち、当時加盟していた六カ国（フランス、西ドイツ、イタリア、ベルギー、オランダ、ルクセンブルク）でさかんになりつつあった農業を守ることだった。ＥＵは二〇一九年までに二八カ国が加盟するまでに拡大し、共通農業政策の効果によって、この五〇年のあいだにヨーロッパ全域で農業の集約化が進んだ。この政策で補助金のほとんどが最大規模の農家に流れ、小規模農家は破産に追い込まれたからだ。環境負荷にかまわず収量を最大化することに注力し、時には過剰生産で食料が大量に余ることもあった。共通農業政策はまた、発展途上国の農家にも影響を与えた。補助金がつぎ込まれたヨーロッパ産の安い農作物に対抗して、自分たちの農作物を売らなければならないからだ。

大きな混乱と論争を経て、イギリスは最近ＥＵを離脱した。この「ブレグジット」についての見解はともかく、これによってイギリスは共通農業政策から解放され、農業の姿を一新できる絶好の機会を得た。これで、野生生物と土壌の大部分が消えてしまう前に早急に必要な大変革ができる状況になった。年間三五億ポンド*の農業補助金は現在、税金を使って工業型農業システムを支えている。大量の温室効果ガスを放出し、土壌を傷め、高地で過剰に放牧し、ごく少数の人しか雇わず、肥料と農薬で川を汚染し、野生生物の減少を招き、健康に悪い食料を過剰に生産する一方で、体によい食料はあまり生産しない。私たちはこうした農業システムを補助するために、なぜ汗水垂らして稼いだお金を税金として納めるべきなのか。とはいえ、この補助金システムがあるということは、農業を異なる方向へ導くために使える仕組みがすでに備わっているということだ。この補助金を有機農業やバイオダイナミック農法を実践する農家など、小規模で本当に持続可能な農業システムに支給して、こうした小規模農家が金銭的にもっと実現しやすくなり、数が増えたとしたらどうだろうか。これを実現するには、農薬を使わない農家に奨励金を与え、小規模農家が受けられる土地一ヘクタール当たりの補助金を特別に多くする支給制度を設ければいいだけだ。支給額の上限は設ける。現在、農家一軒当たりの補助金の平均は年間約二万八〇〇〇ポンドだが、一部のより大規模な農家は年間三〇万ポンド以上を支給されている。

*イギリスの農業に対する年間約三五億ポンドの補助金は、EU離脱以前の数年は比較的変動が小さかったが、将来イギリス独自の農業政策が構築されるとおそらく変化するだろう。

もちろん、こうした変化がイギリスだけでなくヨーロッパ全域で起こるに越したことはない。イギリスがEUにとどまっていれば、変化を求めることができたかもしれないが、ほかの加盟国二七カ国の同意を得るのは、世論に大きな変化がない限り相当困難だっただろう。

補助金システムを再編するもう一つの方法、あるいは補足的な方法は、農薬税や化学肥料税を導入することで、これはあらゆる国の政府が検討すべきものだ。農薬と化学肥料は環境の汚染と破壊を引き起こすから、これらを使う農家は費用を負担すべきだという考えは理にかなっているように思える。たとえば、メタアルデヒド（ナメクジ駆除剤に含まれている化学物質）を飲料水から除去するために水道会社は年間何百万ポンドもの費用をかけている。これらは現在、住民が支払う水道代で賄われている。ノルウェーとデンマークは農薬税を導入した。この税は農家が農薬を購入するときに徴収され、これによって農薬使用量は減少した。デンマークで採用されているのは毒性と残留性が高い化学物質ほど税金が高くなるシステムで、きわめて妥当であるように思える。

農薬や化学肥料への税金を徴収できれば、それを持続可能な農業システムの研究と開発を支援するために使うことができる。集約型農業によって得られる作物の現在の収量は、新品種や栽培技術、新たな農薬の開発、それらを散布する技術の研究に何十年にもわたって膨大な資金をつぎ込んだ結果だ。対照的に、有機農業やその他のオルタナティブな農業システムの研究には最低限の投資しか行なわれてこなかった。イギリスにはかつて政府の資金提供による農業試験場がたくさんあって、最良の食料生産法を研究していたのだが、終戦直後の一九四六年、政府は農家への助言と支援を提供するために農業開発諮問局(ADAS)を設立した。その後、ほぼすべての農業試験場は売却され、ADASは縮小されていき、ついに一九九七年には民営化された。いまや農業の研究と開発の主な出資者は大手の農薬メーカーとその他の農業関連企業だ。いま農家が受けられる主な助言は、たいていが農薬メーカーで働く農学者からのものだ(なかには中立的な農学者もいるが、いずれにしろ彼らの主な情報源は農薬メーカーがつくった製品の宣伝や販促資料となる)。食料生産は私たちの生存に欠かせないものであり、食料の生産法は環境に多大な影響を与えることを考えれば、それを正しく理解するために公的な資金を投入する価値は当然ながらあるのではないか。政府が資金を出す農業試験場を復活させて、本来の持続可能な農業をできるだけ効率的に行なう方法や、従来の農法で農薬の使用を減らす方法を研究すべきだ。家庭菜園や市民農園の愛好家が研修や研究開発の支援を受けずに一ヘクタール当たり三五トンの食料を生産できるのだとしたら、科学的な手法で最善のやり方を適切に評価すればどんなことができるだろうか。研究者たちはどの組み合わせで作物を栽培すれば最善の結果が得られるのかを研究し、この農法に最適な作物品種を開発し、テントウムシやハサミムシといった益虫の数を増やす方法を検証し、土壌中の有機物を減らさずに着実に蓄積していく最善の方法を探ることができる。さらには、バイオダイナミック農法の調合剤に本当に効果があるのかどうか、バイオダイナミック農法で月の満ち欠けに従って種まきする慣行に何らかの意味があるかどうかを検証することさえできる(何事にも常に心を開いておこう!)。

より持続可能な農業システムに移行することは、環境に恩恵をもたらすだけでなく、人間の健康にも直接的に大きな恩恵をもたらす可能性を秘めている。穀物や肉、糖分、油を原料にして極度に加工された体に悪い食品を食べすぎると、健康や寿命、経済的な繁栄にどのような影響が出るかについてはすでに書いた。世界中の医療サービスは、体に悪い食生活に直接起因する慢性疾患がもたらす莫大なコストに苦しんでいる。また、私たちの食料がさまざまな農薬に絶えずさらされていることによる長期的な影響も大きな懸念材料だ。理想的には有機栽培された旬の野菜や果物をもっと食べ、肉は時折の贅沢なごちそうとして扱うなど、食生活を改善するよう人々を納得させられれば、私たちはもっと健康になれるし、経済は大幅に改善するだろう。そうなると、こうした農作物を生産する農法を求める声がさらに高まってくる。

世界中の若者たちのあいだにビーガンの高まりが見られるように、このような食生活の変化は一般の人々による草の根の運動で起きるのかもしれない。消費者の購買行動が食料システム全体の財源となっていることを考えれば、消費者はあらゆる集団のなかで最も大きな力をもっているとも言えるかもしれない。私たちが穀物で育てられた屋内飼いの牛肉や、屋内で大量に飼育された鶏肉を買うのをやめれば、そうした食品はなくなるだろう。南アフリカ産やチリ産のブドウを買わないようにすれば、スーパーマーケットはそれらを売らなくなる。人々が地元で有機栽培された旬の野菜や果物を買えば、都市の周囲で有機栽培がさかんになる。子どもたちに早くから健康になることの経済的な恩恵が大きいことを考えれば、康的な食生活の利点を教えたり（たとえば、『オックスフォード・ジュニア・ディクショナリー』の見出し語から削除されても、カリフラワーについて教えるなど）、公衆衛生キャンペーンへの予算を増やしたりするなど、政府が健康的な食生活を促進する施策にもっと力を入れる価値があるのは明らかだ。一九八〇年代にはＨＩＶとエイズの危険性を訴える政府のキャンペーンがあったが、それは体に悪い食生活が引き起こす害に比べれば比較的小さな脅威だと主張する人もいただろう。政府はまた、イギリスで清涼飲料水に現在課されている「砂糖税」のように、とりわけ体に悪い食品への税金を増やすことも検討できる。こうした税金の適用範囲を、加工度が高くて栄養価がほとんどない食品にも広げてはどうかという提案も理にかなってはいるのだが、そうすると、地元のスーパーマーケットで販売されている食品の大部分が対象になってしまいそうだ。

補助金制度や税制を変えることでより持続可能な食料生産への転換がどのように促されるか、そして農家を支援するための研究開発や中立的な助言サービスの必要性について、ここまで説明してきた。また、農家が最新の知識や研究を学ぶために研修を受けられる機会を政府が提供することも有益だろう。多くの職業では専門教育を継続的に受けることが必須になっているが、農家がそうした教育を受けられる機会はほとんどなさそうだ。私の経験では、農家の人々は誰よりもほかの農家の話に耳を傾けることが圧倒的に多いから、農家がアイデアの交換や実践中の異なる農法の見学をしに訪問できる実験農場のネットワークを構築することが非常に重要だろう。

もちろん、食料の生産方法を変えようとするときには農家の同意が必要だ。農家の賛同を得ることは明らかに重要なのだが、一筋縄ではいかないことも考えられる。農家の人々にとって農業は単なる仕事や生活様式というだけではなく、ほかの大部分の職業とは大きく異なり、彼らのアイデンティティの大部分を占めている。農業が昆虫の減少、土壌の浸食、河川の汚染の一因である可能性を指摘すれば、農家の人々はしばしば自己弁護するような反応や頑なに譲らない態度を見せることが予想される。とりわけイギリスの全国農業者組合はきっぱり否定する立場をとっているようで、農薬に関する規則や規制には激しく対抗する姿勢を見せ、農地の野生生物が急速に減少していることを示す明確な証拠に異を唱えている。食料の生産方法は私たち全員にかかわる問題なのに、環境保護主義者と農家の人々がしばしば対立する状況は残念だ。きわめて効率が悪いうえに私たちの健康や環境を破壊する世界規模の食料生産システムができてしまったのは、農家の責任ではない。責めるべきは、政府の政策や補助金、スーパーマーケット、株式市場のトレーダー、農薬業界、あるいは私たちが買い物するときの選択だろう。私たち全員が、現在の状況を招いた責任を負っている。誰もが農家や農業を必要としていて、それがなければ飢えてしまう。農家の人々が土壌を守り、炭素排出を減らし、送粉者の数を健全に保ちながら食料を十分に生産し、適正な生活水準で暮らせるようにすることは、私たち全員にかかわる問題だ。土壌が劣化してやせた畑を子どもに引き継ぎたい農家の人はいない。問題を認識し、その解決策を見つけることは私たち全員にとって重要である。

私の好きな虫

わなをつくるアリ

アマゾンの熱帯雨林の奥地にすむ小さなアリ（*Allomerus decemarticulatus*）は、獲物を捕まえる方法が一風変わっていることで知られている。このアリは樹上性で、巣を地下につくるのではなく、クリソバラヌス科の木（*Hirtella physophora*）がつくる特殊な葉の袋の中に営巣する。この木の葉の一部が丸まって空洞を形成するのだ。この木はまた、葉の根元にある小さく膨らんだ腺から甘い蜜を分泌して、アリに供給している。このアリは独特な生態をもつことで知られ、獲物の昆虫を捕まえるためにわなをつくる。植物から毛状突起を切り取り、わざと生やした菌類の糸と吐き戻した粘液を使ってその毛状突起を編み、木の幹や枝を完全に包み込むようにスポンジ状の構造をつくるのだ。その構造には無数の小さな穴が開いていて、そこに何百匹ものアリが頭だけを出して入り、鋭い顎を大きく開けて待っている。バッタやチョウといった大型の昆虫が不幸に

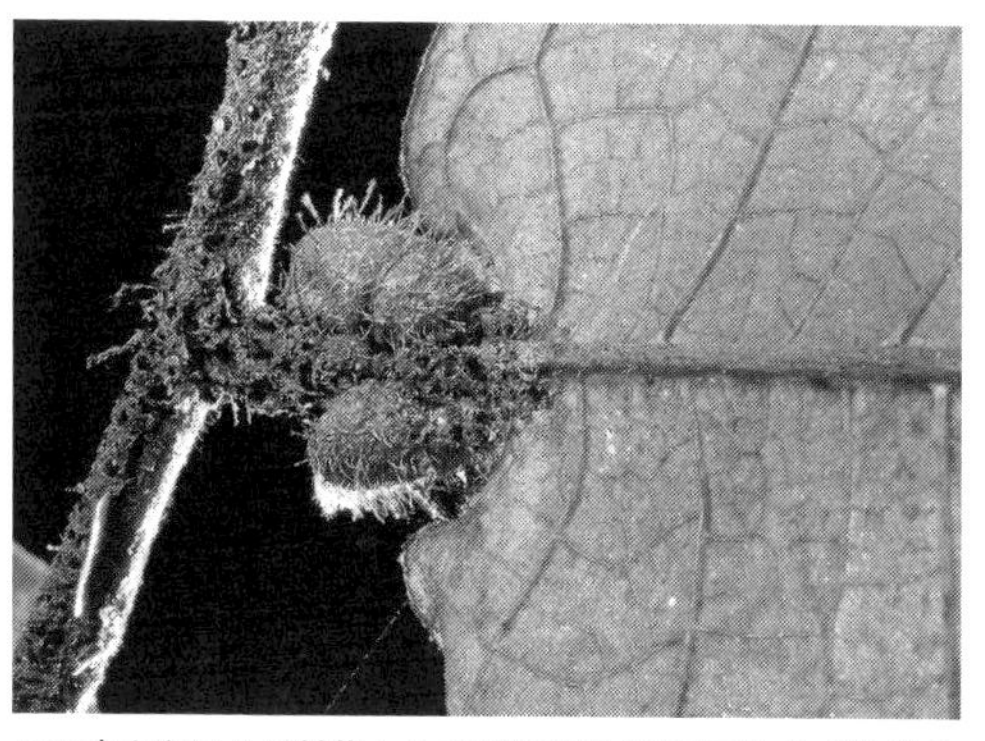

この小さなアリは植物から毛状突起を切り取り、わざと生やした菌類の糸と吐き戻した粘液で毛状突起を編み込み、木の幹や枝を包み込むようにスポンジ状の構造のわなをつくる（photo © Science Photo Library/amanaimage）

もそこに降り立つか、その上を歩くと、たちまち脚などの届きやすい部位をアリに捕まえられ、拷問台に縛りつけられたかのようにすぐに動きを封じられる。完全に動けなくしたところで、アリたちはスポンジ状の構造から一気に出てきて、獲物を入念に解体し、その断片を巣に持ち帰る。この植物は草食の昆虫を寄せつけないという恩恵を受けていると考えられる。

20章　あらゆる場所に自然を

私たちイギリス人は、自分の国には自然を愛する人々が集まっていると考えている。田園で草葺き屋根の小屋に住んでいようと、都市のマンションに暮らしていようと、「緑豊かで心地よい」土地に強い愛着をもっているのだ。ジェームズ・ハットン（地質学者）、ギルバート・ホワイト（博物学者）、ジョセフ・バンクス（博物学者）といった学者たちがいた一八世紀から、専門家もアマチュアも自然界に魅せられてきたという長い伝統がこの国にはある。現在のイギリスには世界有数のプロの生態学者がいるし、専門家顔負けの知識と情熱をもった多くのアマチュアたちがチョウやミツバチの数を数えたり、池を調べたり、鳥に足輪を付けたりするなど、さまざまな記録方法で野生生物に関するデータを集めている。ブリストルを拠点とするBBCナチュラル・ヒストリー・ユニットは、私たちを鼓舞する世界屈指の自然ドキュメンタリーのシリーズを制作してきた。自然界の苦境に光を当てるもので、デヴィッド・アッテンボローは世界的な自然保護の擁護者となった。王立鳥類保護協会（RSPB）は一〇〇万人以上の会員を抱えているし、野生生物トラストの会員数はおよそ八〇万人と引けをとらず、それより小規模ながら勢いのある非営利団体はマルハナバチからチョウまで、さらには哺乳類から植物まで、多様な野生生物に着目して活動している。

イギリス人が共通して自然への愛着をもっていることが、多種多様な保護区の設立につながった。イギリスには国立の自然保護区が二二四カ所あり、その総面積は九万四〇〇〇ヘクタールに及ぶ。ラムサール条約の登録地（政府間条約によって保護された湿地の世界的なネットワークの一部）やナチュラ２０００の登録地（ＥＵの指令で保護されている区域）など、国際法で保護されている区域もある。学術研究上重要地域（ＳＳＳＩ）、保全特別地域、そしてＲＳＰＢや、野生生物トラスト、ウッドランズ・トラストなどの非営利団体が管理する地方の自然保護区も数多くある。それでも足りないというなら、特別自然景観地域、国立公園のネットワーク、そして二五万ヘクタールもの土地を管理するナショナル・トラストもある。すべて合わせると、イギリスの陸地のおよそ三五％が何らかの保護を受けている状態だ。

こうした数値から判断すれば、イギリスの自然はしっかりと守られ、十分な対策がとられていると安易に思ってしまう。しかし、これまで見てきたように野生生物は急速に減っている。ロンドン自然史博物館のアンディ・パーヴィス教授が率いる大規模な国際共同プロジェクトによる最近の学術研究では、世界の一万八六〇〇地点で動植物三万九〇〇〇種の個体数と多様性の変化の傾向を分析し、それぞれの国について「生物多様性完全度指数」を算出した。その推定によると、イギリスは研究対象となった二一八の国と地域のなかで一八九番目であり、世界的に見ても自然の劣化度合いが最悪の部類に入る。

なぜこうなってしまったのか。問題の大部分は、前述の保護区は幻想にすぎないという点にある。イギリスの国立公園内の土地、そしてナショナル・トラストが所有する土地の大部分は集約的に管理された農場であり、それに関係する農薬が日常的に使われていて、それ以外の農村部とまったく変わらない。また、環境・食料・農村地域省（ＤＥＦＲＡ）の最近の推定によると、ＳＳＳＩのうち「良好な状態」にあるのは四三％にすぎず、その大部分が管理状況を現地でほとんどチェックされていないという。国立自然保護区のような保護区の大部分は、政府が適切と判断すれば、ロンドンとバーミンガムを結ぶ高速鉄道のＨＳ２といった新しい鉄道やバイパスの建設によって破壊される可能性がある。十分に管理されて開発から守られている自然保護区でさえも、野生生物の生存に適さない環境に囲まれて小さな島のように孤立し、気候変動や外来種、個体数の変動や減少といった問題が起きている。

同様の問題が、アメリカの六二の国立公園によって保護された二一万一〇〇〇平方キロの土地にも影響している。これらは人間の活動に影響されない手つかずの区域であるはずなのだが、大部分が油田やガス田の開発や外来種の影響を受けているうえ、かなりの区域で狩猟が許可され、すべてが気候変動の影響を受けている。たとえば、エバーグレーズ国立公園は農業用水の過剰な汲み上げや、化学肥料と農薬による汚染のほか、ビルマニシキヘビから繁茂するオーストラリア産のティーツリーまで、一三九二種もの外来種によって傷つけられている。

自然保護区を設けようとすることは、生物多様性の喪失を防ぐ手段として最適でなかったのは明らかだが、自然保護区には確かに有用性があり、もっと増やす必要はある。環境相手の最終決戦をがむしゃらに続けていく必要はないが、このプロセスを止めるには現在の手法は有効でなく、これまでのように続けていくことはできないと認識しなければならない。地球を救うにはまだ手遅れではないものの、そうするには自然とともに暮らし、自然を大切にし、小さな生き物をはじめ、あらゆる生命を人間と同等に尊重することを学ばなければならない。地球上のほかの生命を健全に生かしていこうと思ったら、都市や農地に生き物を招き入れ、自然を排除するのではなく、自然の力を借りて栄養豊かな食料を生産する方法を見つける必要がある。昆虫やその仲間たちの力を利用して、病害虫を防除し、作物を受粉させ、土壌を健全に保つのだ。私たちはより多くの土地を自然の状態で残しておけるよう、食品廃棄物を削減し、肉や加工食品の過剰消費を控えて、人類が地球に残す「フットプリント（足跡）」を減らさなければならない。野菜中心の食生活に転換し、持続可能な方法で取られた魚と牧草で育てられた家畜の肉を少量だけ食べるようにすれば、人間の食料生産に使われる土地の面積を大きく削減し、自然のために残す土地を大幅に増やすことができる。

これらすべてを実行できれば、地球上のかなりの地域で自然を再生できることは確かだ。前述のE・O・ウィルソンと共同研究者のロバート・マッカーサーは一九六七年に『島の生物地理学の理論（*The Theory of Island Biogeography*）』という共著書を刊行した。タイトルは決して魅力的とは言えないのだが、同書は小さな孤島の生息環境で生きられる種は数少ない一方で、互いにつながった大きな島々でははるかに多くの種が支えられる理由を初めて説明した。

それから約五〇年後の二〇一六年、E・O・ウィルソンはもっと読みやすい著書『ハーフアース（*Half-Earth*）』でこの議論を進め、地表の半分を自然のために残しておくべきだと提唱した。世界の人口は将来一〇〇億人を超えるだろうと予測され、すでに人間がひしめき合っているこの世界を考えれば、彼の主張は荒唐無稽に思えるかもしれない、しかし、いま世界の人々全員を養うために必要なカロリーの三倍もの食料が生産されていることを考えれば、そうとも言えないとわかる。現在農地として使われている広大な土地で生産をやめても、すべての人を養うことは十二分に可能であることは確かだ。特に、生産性の最も低い農地を廃止した場合にはそうだろう。

わかりやすい例として、ブラジルの牛の牧場を見てみよう。この国の牧場主はアマゾン川流域の森林伐採のおよそ八割を引き起こし、毎年三億四〇〇〇万トンの二酸化炭素を大気中に排出している。それに加え、家畜が排出するメタンは二酸化炭素二億五〇〇〇万トン分に相当する。乾期には森林が焼き払われて開墾され、土壌が野ざらしになるため、雨期が到来すると土壌の大半が川に押し流されるか風で吹き飛んでしまう。現在ブラジルは推定で一億九〇〇〇万頭の牛を飼育し、アメリカやヨーロッパ、そして拡大するアジアの市場をはじめ、世界中に牛肉を輸出している。世界全体で見ると、牛肉は私たちが摂取するカロリーのたった二％しか提供していないにもかかわらず、世界の農地の六割が牛肉の生産に使われている。牛の飼育のために伐採されるアマゾン川流域の土地のなかには一年か二年放牧に使われたあと大豆農家に転売されるほど肥沃なものもある。そこで栽培された大豆は主にアメリカやアジアに輸出され、牛や豚の飼料となる。一方で表土が薄くて数年後にはほとんど使い道がなくなってしまう土地もあり、そうなると牧場主はもっと森林を伐採することになる。このシステム全体が世界の食料生産にわずかな貢献しかしておらず、地球の気候と生物多様性の両方に多大な悪影響を及ぼしている。こうした焼き畑式の農業をやめさせる道を早急に見つけ、残っているアマゾンの森林すべてを適切に保護し、傷ついた土地の回復を試みなければならない。

イギリスに目を向けてみると、生産性の高い農業に向いておらず、人間よりも自然のほうが土地をうまく利用できそうな地域は数多くある。ウェストサセックスの「ネップ・プロジェクト」はその好例だ。ここはかつて、一七〇〇ヘクタールの土地に耕地と牧草地が入り交じる農地だったが、農業補助金を受けても経営は赤字だった。重い粘土質の土壌は農耕が難しく、それほど肥沃でもなかったため、作物の収量が低かったからだ。そこで所有者たちはその土地で自然を再生することに決めた。牛やポニー、シカ、豚といった草を食べる動物を放ち、自然の成り行きにまかせたのだ。それから二〇年近くがたち、ナイチンゲールやキジバト、コムラサキ属のチョウといった希少な鳥や昆虫が数を増やし始め、多種多様な糞虫がより大きな動物の出す無農薬の糞を食べる姿が見られるなど、土地は生命に満ちあふれている。イギリスの農家が補助金を受けても採算をとるのに苦労している場所はほかにもたくさんあり、そうした場所では食料の生産性も低い。環境保護主義者のジョージ・モンビオットは、イギリスの高地の大部分は現在、羊やシカによる草の食害が激しいか、アカライチョウの生育を促すために野焼きによって管理されていて、自然保護区とするほうがよいかもしれないと提唱してきた。こうした地域での過放牧で生物多様性が乏しくなり、土が踏み固められて雨水が地表を急速に流れ下るために下流で洪水が発生するほか、動物たちがメタンを放出する問題も当然ながら出てくる。

イギリス北西部の高地の一部ではかつて温帯雨林で野焼きが行なわれ、地衣類が覆う曲がりくねったオークの木々からなる環境がほぼすべて失われた。スコットランドのハイランド地方の谷間にはかつて苔むしたマツの壮麗な森があり、ヨーロッパオオライチョウやマツテン、ヤマネコが生息していたが、こうした森も大部分が伐採された。ほかの高地では、水を通さない岩盤の上に何千年もかけて肥沃な黒い泥炭の層がゆっくりと形成されてきた。こうした泥炭地の大部分は残っているものの、そのほとんどが配慮を欠いた排水計画によって傷つけられてきた。これらの生息環境はどれも豊かな生物多様性を支え、炭素を蓄え、下流の洪水を防ぐことができるうえ、観光資源にもなる。こうしたさまざまな社会的恩恵を享受するほうが、少量の肉や羊毛の生産よりも重要ではないかと思える。

残念ながら、こうした主張はこれまで強い反発を受けてきた。高地で何世代にもわたって羊を放牧してきた農家は自分たちの土地から追い出され、自分たちの生活様式が奪われるのではないかという脅威を感じている。その気持ちは理解できるのだが、何かを昔からやってきたというだけで、その存続を正当化できるわけではない。とりわけ、補助金を受けないとやっていけず、環境に害を及ぼしている場合はそうだ。一八世紀後半にはスコットランドの多くの小作人が欲深い地主によって追い出される「ハイランド放逐」という出来事があったが、それを再現しようとしている人は誰もいない。誰も人々を土地から追い出そうとしているわけではなく、妥協の余地はあるのだ。ネップ・プロジェクトのように、草を食べる家畜が自然保護区で管理の手段として少数だけ導入されることはよくあり、生物多様性に恩恵をもたらすことができる。自然再生、ネップ方式、粗放的な家畜農業の違いは曖昧だ。ネップ方式では家畜の間引きが行なわれ、肉が売られている。歴史的に見ると、イギリス南部の丘陵地帯、南フランスの石灰岩の草原、アルプス高地の牧草地などでは、比較的少数の羊や牛がほどほどに草を食べる活動が驚くほど豊かな植物相をつくる一助となってきた。鍵となるのは家畜の密度だ。草を食べる家畜を少数だけ導入したり、草をたくさん食べさせたあとに土地を休ませたりする方法が最適な場所もあるだろう。家畜がメタンを放出しても、それを打ち消すだけの恩恵が野生生物や土壌の健全性にもたらされる。

自然再生を推進する多くの人々の夢は、ネップ方式の成果を一歩進め、ビーバーのほか、オオヤマネコ、オオカミ、クマといった大型の捕食動物など、失われて久しい動物を再導入することだ。ビーバーは湿地の生息環境をつくり、下流の洪水を減らすというすばらしい仕事ができるし、捕食動物は理論上、人間が家畜を間引きして手を加える必要性をなくすことができる。イギリス人は大型の捕食動物がいない国で暮らすことに慣れてしまったため、オオカミの再導入を口にしただけで怒り出す人もいるだろうが、それほどばかげた話ではない。結局のところ、ヨーロッパ大陸ではほぼすべての国で、農家とオオカミが深刻な問題を引き起こすことなく共存してきたのだ。ヨーロッパで面積が小さい国のなかでも人口密度が高いオランダでは最近オオカミが戻ってきたし、近隣のドイツには一〇五の群れに一三〇〇頭が生息していると推定され、八三〇〇万人の人間とともに暮らしている。

スコットランドで自然再生が行なわれるとすれば、その片隅で歩き回るオオカミを見られるチャンスがあるという観光上の恩恵はおそらく、家畜への被害に関連する経済的な損失をはるかに上回るだろう。損失はいずれにしろ補償することが可能だ。

私はこんな未来を思い描く。この国の菜園が野草やミツバチ、鳥、チョウ、有機栽培の野菜に満ちあふれ、都市部では農薬がいっさい使われない。環状交差点、道路脇の緑地帯、都市の公園には野草や花木が植えられ、昆虫たちが無数に飛び交っている。都市部は人々がいち早く定住しようと選んだ土地であり、大部分が肥沃な土壌の上につくられているから、市民農園のほか、バイオダイナミック農法やパーマカルチャーといった労働力を必要とする農場が新鮮な野菜と果物を生産し、都市の市場や店舗に直販する。作物はハナバチやカリバチ、ハナアブによって受粉され、テントウムシやハサミムシ、ジョウカイボン、クサカゲロウによって病害虫から守られている。農村部へ入ると、家畜の数は少なく、現在よりも多くの木々が茂り、農薬の使用は最小限に抑えられ、収量の最大化よりも持続可能性や土壌の健全性に重きが置かれる。農家は中立的な研究や、実験農場、現職者研修、中立的なアドバイザーのネットワークから職業上の支援を受ける。多くの農場は完全に有機栽培になり、農薬は最後の手段として使われる。多くの収量を上げたことがなかったやせた土地では、ネップ方式のような自然再生プロジェクトで豊かな生物多様性を支え、都市の住民たちが原生の自然を訪れて体感できる場をつくる。そのなかに散らばった自然保護区やＳＳＳＩ（学術研究上重要地域）は、侵すことのできない最も特別な場所と見なされ、道路や工場の建設、住宅地の開発といった人間の欲求よりも自然のほうが永久に優先される。これらの区域は政府からの十分な資金で支えられ、適切に管理される。河川の自然は再生され、護岸が撤去されて、昔のように自由に蛇行できるようになり、夏の黄昏(たそがれ)時には水面の上でカゲロウの群れが揺らめく。ビーバーがダムをつくれる環境が整えられると、新たな湿地が形成され、生物多様性が豊かになり、下流で洪水が減る。より辺鄙な高地では、原生の自然を残した広大な区域が設けられ、そこでは在来種の森が再生され、オオヤマネコやオオカミ、クマが自由に歩き回ることができる。このような私の夢で重要なのは、人間のニーズのほうがほかのすべての生物よりも大事だと考えないことだ。

こうした未来はどれも現実離れしているように見えるかもしれないが、想像力を自由に働かせられないのなら夢見る意味はあるだろうか？　このなかに不可能なものは何もなく、どれも決して難しいものではない。私たちには変化が必要だ。私たちは自然を強引に支配して制御しようとするのではなく、自然と共生することを学ばなければならない。私たちは自然がなければ生存できない。それは、私たちの惑星を共有している数々のすばらしい生命にとっても同じだ。

私の好きな虫

カマキリモドキ

奇妙な見かけの生物に満ちた昆虫界でも、ひときわ異彩を放つのはカマキリモドキだ。二種類の生物が合わさったような見た目をしている。

獲物の捕食に適した強力な前脚に、大きな目をもつ三角形の頭部。体の前半分はカマキリにそっくりだ。これは科学者が言うところの「収斂(しゅうれん)進化」の好例で、関連のない二種の生物が共通の問題に対する解決策として互いに似通った特徴を進化させた結果である。カマキリモドキとカマキリの場合は、通りがかった昆虫を捕まえて押さえつけるために同じような前脚をもった。しかし、カマキリモドキの後ろ半分はまったく異なる生物のようだ。薄くて透き通った二対の翅と、ふっくらした軟らかい腹部は、昆虫に詳しい読者にはクサカゲロウやトビケラの腹部のように見えるだろう。カマキリモドキのなかでもいくつかの種は腹部が黄色と黒の縞模様をしていて、カリバチにそっくりだ。多くの昆虫と同じく、カマキリモドキのラ

カマキリモドキのいくつかの種の腹部は黄色と黒の縞模様でカリバチにそっくりだ(photo Ⓒ reiwacurry16 / PIXTA)

イフサイクルには目を見張る。幼虫はコモリグモを待ち伏せし、通り過ぎようとしているところを捕まえて、コモリグモの体表にしがみつく。あるいはよくあるのが、その肺に潜り込むことだ。幼虫は鋭い口器を使ってクモの血リンパ（血液）を吸って生き延びる。クモが卵嚢(らんのう)をつくると、幼虫はその内部に入り込み、卵嚢の中で卵の中身を一個ずつ吸い取りながら成長を終える。コモリグモは卵嚢を守るために背中に載せて運んでいるのだが、自分の子たちが徐々に吸い取られていることに気づかないようだ。

私にとって残念なことに、このカマキリモドキという奇妙は生物は、ヨーロッパ南部、熱帯地方全域、北アメリカの大部分に生息するのに、イギリスにはいない。

21章　みんなで行動する

昆虫が減少していることは間違いない。これは地球の壊れやすい「生命の網」が崩壊しつつあることを示す兆候である。健全な生態系の機能や私たち自身の食料供給において昆虫が果たしているきわめて重要な役割を考えれば、昆虫の減少は私たちすべてが深刻な懸念事項としてとらえるべき問題の一つだ。すでに絶滅したとされるセントヘレナオオハサミムシやフランクリンズ・バンブルビーにとっては手遅れではあるのだが、地球上にいまも残るほとんどの生命にとっては手遅れではない。地球の生命を救うには行動を起こさなければならない。しかも、いますぐにだ。一人か二人が手を差し伸べるだけでは成果が出ないだろう。社会のあらゆるレベルで大勢の人々の助けが必要だ。ここまで読んでくれた読者なら、一人ひとりが責任をもち、身の回りにいる小さな生き物と私たちの関係を変えるために一致団結して行動を起こすことの重要性に気づいていてくれていると思う。ここでは、私たちがとるべき多くの行動について実践的なアドバイスを紹介する。とても簡単なものもあれば、やや難しいものもあるが、どのアドバイスも十分に実行可能だ。もっと緑豊かでよりよい世界をめざす行動指針である。

ここに記載した行動はイギリス人の視点によるものではあるが、大部分はほかの地域にも当てはめられる。

環境意識を高める

自然界を大切にする社会を築く必要がある。人間に役立つ点だけでなく、自然を維持するために役立つ点も大切にしたい。取っかかりとしてまず思い浮かぶのは、子どもたちだ。

中央政府の行動

- 教師が自信をもって博物学を教えられる（自然学習を担当できる）よう、現職者研修を実施する。現在のところ、多くの教師が博物学を教えられる知識をもっていない。教師が短期集中講座を受けられる合宿センターがあれば非常に役に立つ。
- すべての学校が指定された緑地を安全に利用できるようにして、生徒が自然と触れ合える機会を与える。学校の敷地をもっと野生生物にやさしくするためのアドバイスやサポートを提供するネットワークを整備する。
- 博物学に関する教育（自然学習）を小学校のカリキュラムに組み込み、少なくとも週一回は野外授業をする。うまくやれば、これは週のうちでいちばん楽しい授業になるはずで、生徒全員が楽しみに待ちわびるようになるだろう。

- 中等学校に博物学に関する修了証明（イギリスのGCSEなど）を導入する。
- 自然にやさしい農場と学校のあいだに関係を築き、見学するための資金を提供して、生徒全員が少なくとも年に一回は農場を訪れ、食料が生産される過程や農業にかかわる課題を学べる機会を設ける。

みんなの行動

- 国会と地方議会の選挙で、最も説得力のある強力な環境政策を掲げる政党に投票する。小選挙区制を採用するイギリスでは、緑の党への投票は無駄なように思えるかもしれないが、緑の党への投票が増えていることを主流政党が認識すれば、その政策を取り入れるだろう。
- 支持する国会議員に定期的に手紙を書き、環境配慮型の構想を支援するように働きかける。多くの国会議員は環境問題に関する知識がほとんどないから、彼らの教育に乗り出す手もある！
- 自分ができる方法を使って意見を広める。ソーシャルメディアには大きな力がある。好きなサービスを使って、昆虫に関する興味深い記事や活動、キャンペーンをシェアし、自分やほかの人がやっている取り組みについて投稿する。友人や隣人に、もっと昆虫にやさしい庭をつくるように働きかけよう。あるいは、ここで紹介したほかの行動についても検討するよう呼びかけてもいい。

都市部を緑化する

利用可能なあらゆる場所に木々や菜園、池、野生の草花があり、農薬がまったく使われていない緑豊かな都市を想像してみてほしい。都市部の姿を一変させることは可能だ。まずは庭から変革をいますぐに始めてみよう。

園芸や市民農園の愛好家の行動

- 蜜と花粉がとりわけ多い花を育てて、ハナバチやチョウ、ハナアブといった送粉者を助ける。アドバイスがほしければ拙書『ガーデン・ジャングル』を読んでもいいし、オンライン(shorturl.at/coxP4など)にもすぐに手に入る情報がたくさんある。園芸店では送粉者にやさしい植物にたいていラベルが付けられているが、店で売られている植物には殺虫剤が含まれていることが多いから注意しよう。マルハナバチ保護トラストのBeeKind(ビーカインド)ツールで、自分の庭がどれだけハナバチにやさしいかを確かめてみてもいいだろう(オンラインで簡単に検索できる)。
- ハナタネツケバナ、セイヨウミヤコグサ、ツタ、イラクサなど、チョウやガが好む植物を育てる。
- 芝生(あるいはその一部)が花を咲かせるように、芝刈りの頻度を減らす。自宅の芝生にすでに育っている花の種類の多さに驚くかもしれない。

- さらに一歩進んで、野花が咲く自分だけの小さな草地をつくる。芝生の一部で草刈りは年に一回、九月だけにして、どうなるか見てみよう。丈の長い草と（通常は）いくつかの花が現れる。草地に花を咲かせる野草を植えれば、もっと立派になる。
- タンポポなどを「雑草」と呼ぶのをやめて「野生の草花」と考え、生えっぱなしにさせて、除草に使う膨大な時間を節約する。タンポポやサワギク、ホグウィード、ヒメフウロといった「雑草のような」植物は、送粉者が好む花を咲かせる。
- 木製のフェンスの板は使い始めてから数年後にはどうしても腐って、崩れてきてしまう。そうなったら、在来植物を何種類か組み合わせた生け垣をつくろう。生け垣はハリネズミなどの野生動物を通し、イモムシや送粉者に食物を提供し、成長するにつれて炭素を蓄え、つくり替える必要もない。
- ハナバチのホテルを購入するか、つくろう。子どもといっしょにつくってみると楽しめる。つくり方はオンラインでたくさん公開されている。簡単に言うと、木のブロックに穴を開けるか、竹か笹を束ねるかして直径およそ八ミリの水平方向の行き止まりの穴をたくさんつくればいいだけだ。既製品のなかには窓があるものもあり、そこから中をのぞいて、ハチが巣の中でどんな行動をしているかを見ることができる。
- 池を掘り、トンボやミズスマシ、イモリ、アメンボがどれほど早くすみつくかを観察してみよう。古いシンクなど、防水の容器を再利用したちっぽけな水たまりでも、たくさんの生命を支えることができる。生き物が出入りしやすくなるように工夫しよう。

●「ハナアブのラグーン」をつくろう。ハナアブが繁殖できる小さな水の生息環境だ。つくり方について詳しくはhttps://www.hoverflylagoons.co.uk/〔および、18章324ページ〕を参照。

●フードマイルがゼロの健康的な野菜と果物を自分で育ててみよう。一つでもレタスやニンジンを育てればお金の節約にもなるし、ほかの場所で生産され、梱包され、食卓まで輸送される環境負荷がいっさいなくなる。

●果樹を植えよう。小さな庭に適した矮性種もあり、いちばん小さい品種なら、中庭や屋上テラスで大型の鉢に植えても育てられる。果樹は送粉者には花を、人間には新鮮な果物を与えてくれる。リンゴ、セイヨウナシ、プラム、マルメロ、アンズ、クワの実、モモ、イチジクなど、おいしそうな果物の選択肢はたくさんある。

●庭では農薬を使わないようにする。実際のところ使う必要はない。害虫は放っておけば、たいていテントウムシや、ハナアブの幼虫、クサカゲロウがやって来てすぐに食べてくれる。害虫に繰り返しやられる観葉植物がある場合、おそらくその植物はその場所に合っていないのだろう。雑草は野草として受け入れてもいいし、手で抜いてもいい。あるいは、古いカーペットなど、草が貫通しないような素材で地面を覆ってもいいだろう。

●コンパニオンプランツ（共栄植物）を用いて、野菜作物の受粉を促進し、病害虫の天敵を引き寄せよう。たとえば、フレンチ・マリーゴールドを植えるとトマトにコナジラミがつきにくくなり、ルリジサを植えるとイチゴの送粉者を引き寄せる。

●何もせずに自然のままにする「ワイルドな」一画を設けよう。自分だけの小さな自然再生プロジェクトだ。

● 切った枝や木の集積所をつくろう。木をそのまま置いて腐らせれば、カビやキノコが生え、木を分解する無数の小さな生き物を支えてくれる。

● 堆肥を集める場所をつくり、食べ物の残りをリサイクルしよう。肥沃な堆肥をつくれるうえ、ミミズやワラジムシ、ヤスデのすみかにもなる。

中央政府の行動

● 都市部で農薬の使用を禁じる。フランスのほか、ベルギーのゲント、アメリカのポートランド、カナダのトロントなど多くの大都市に見習うべき先例がある。フランスでは二〇一七年に公共の緑地で農薬の使用が禁止され、二〇二〇年初めからは登録された農家以外の人々に対する農薬の販売が禁じられた。これによって家庭で農薬を使用できなくなり、園芸用品店やホームセンター、スーパーマーケットの棚には農薬が並ばなくなった。これがフランス全体でできるなら、イギリスでもできるのではないか。非営利団体の「農薬行動ネットワーク（PAN）イギリス」は地方自治体に対し、ホットフォーム（植物由来の生分解性の泡を熱したもの）を使うなど、歩道の雑草を防除する代替手段を使ううえでの詳細なアドバイスを提供してくれる。とはいえ、過度なきれい好きをやめて、歩道の割れ目に生えた雑草はそのままにするべきだと、私は言いたいのだが。

● ペットのノミ駆除やアリ駆除を目的としたネオニコチノイド系殺虫剤やフィプロニル（ど

ちらも強力な殺虫剤）の使用を禁止する。これらの化学物質はペットに対して使用されているために、河川から採取された水から頻繁に検出される。ペットについたノミはたいてい、幼虫がいるペットの寝床を定期的に洗うことで抑制できる。これがうまくいかなければ、ジメチコンと呼ばれる毒性のないシリコーンを使った薬があり、効果があることがわかっている。

● 自然豊かな開発地が標準となるような新たな法律を導入する。これは野生生物にとって目に見える大きな恩恵となり、新たな開発地はすべて自然の回復にはっきりと影響をもたらすことができるようになる。こうした開発計画では、野生生物の生息環境の提供、生息環境どうしの接続性の向上、コミュニティが利用する市民農園といった場所をはじめ、利用可能な緑地の設置を盛り込み、水管理や汚染対策、気候変動対策を効率的に行なうよう考慮すべきだ。イギリス政府はすでに二五カ年環境計画を通じて「住宅やインフラを含めた開発に環境的なネットゲイン（環境改善策が開発によるマイナスの影響を上回る）の原則を導入」するよう取り組み、国家計画政策枠組みを通じて「生物多様性について目に見えるネットゲイン」を確保することをめざすほか、最近、生物多様性でネットゲインを確保する手順について意見を求めた。こうした取り組みは施行の仕組みが整わなければ意味がない。一つの選択肢としては、新たな開発計画は必ず「ビルディング・ウィズ・ネイチャー」（www.buildingwithnature.org.uk）の検査証など、正式な認定を申請し、それを満たすように進める方法が考えられる。

- 平屋根の建物を新築するときには屋上を緑化し、送粉者にやさしい植物を植える。干ばつに強く、昆虫にやさしい植物で適したものを見つけるにはある程度の研究が必要だ。
- 新設されるすべてのゴルフ場が生物多様性を支えるために最大限の能力を発揮できるよう、法律を導入する。在来種の花木を植えたり、花々で満ちた草地をつくったりするなどの方策が考えられる。
- 健康や環境、経済上の恩恵を強調した広報キャンペーンを通じて、家庭菜園や市民農園で育てている野菜の普及を促す。さらに、初心者には無料の研修や野菜の種子を提供して支援することもできる。その予算には、現在の農業補助金のごく一部を割り当てるだけでいい。
- 光害を減らす対策をとる。大部分の都市は夜になるとクリスマスツリーのように光で彩れ、一部のオフィス街や道路はたいした目的もなく夜通し照明がついている。動きを検知して電源が入る照明器具を使えば、屋内でも屋外でも近くに誰もいないときに照明を消すことができる。街灯やスタジアムの照明は遮蔽物を使えば、必要な部分だけ照らし、それ以外の場所に光が漏れないようにすることができる。野生生物への影響が少ない光の周波数を調べる研究に資金を提供するのもよい。

地方政府の行動

- 中央政府が都市部での農薬使用を禁止していない場合（前述）、禁止する。

- 公園に草地や池、送粉者に適した植栽、ハナバチのホテルなど、野生生物がすめる場所をつくる（「園芸や市民農園の愛好家の行動」を参照）。
- 街路や公園にライムやクリ、ナナカマド、ガマズミ、サンザシといった在来種の花木を植える。
- 公園のような都市の緑地に果樹を植えて、送粉者には花を、人々には果物を提供する。
- 道路脇の緑地帯や環状交差点の草刈りの頻度を減らして野草が花を咲かせるようにし、刈り取った草は取り除く（そうしないと植物が呼吸できなくなることがある）。可能な場所では、そこに適した数種類の野草の種子をまく。道路脇の緑地帯を新設する場合には無条件で数種類の野草の種子をまく。
- 都市の周辺に市民農園向けの土地を購入するか、既存の土地を市民農園にする。適した土地が利用できるのなら都市の中に設けてもいい。最近の研究で、市民農園は都市で送粉者の多様性をはぐくむうえで最適な場所であることがわかった。それと同時に、フードマイルがゼロで、包装不要の体によい野菜と果物が得られるし、市民農園の愛好家もいっそう健康になる（いいことずくめの「ウィン・ウィン・ウィン」）。

みんなの行動

- 地方議会の議長に手紙を書こう。地域の公園や歩道での農薬使用、道路脇の緑地帯での花の管理、地域の緑地における草地の設置など、地域の事情に合った問題に的を絞る。

●前述の保護団体「オン・ザ・ヴァージ」などの地域団体に加わるか、同様の団体を設立して、道路脇の緑地帯や環状交差点といった、都市部で活用されていない土地に野草の種子をまいて、花々が咲き乱れる生息環境をつくる。

食料システムを変革する

私たち全員に食料が行き渡るように食物を栽培して輸送するというのは、最も基本的な人間の活動だ。その方法は私たちの幸福や環境に多大な影響を及ぼすから、正しく理解するために資金をつぎ込む価値は明らかにある。現在の食料システムは複数の面で問題を抱えており、早急に精査しなければならない。もっと多くの人を雇い、体によい食物を持続可能な方法で生産しながら、土壌の健全性を保ち、生物多様性を支える、活気に満ちた農業セクターを実現することは可能だ。

中央政府の行動

●農業補助金の支給先を変える。現在、補助金の大部分(イギリスでは年間およそ三〇億ポンド)が面積に応じて支給されているため、最大規模の農場が補助金の大部分を受け取っている。補助金をそのように使うのではなく、最も栄養価の高い種類の食料(野菜や果物など)の生産を支援するために使用することができる。そして本当に持続可能な農法を採用し、土地の一割以上を自然のまま残している農家にだけ支給するのだ。小規模な農家は単位面積当たりの補助金を多めに支給され、経営を持続しやすくなる。有機農家（バイオダイナミック農法とパーマカルチャーを含む）は大きな特別手当をもらえる。どの農家への支払いにも上限を設定する。

● 総合的病害虫管理（IPM）の定義を明確にし、農薬の使用を最終手段にして最小限に抑えた病害虫管理の手法であると明示する。そして、IPMを義務とする法律を導入する（EUではすでに導入されているが、強制はされていない）。

● 使用される農薬と化学肥料の重量、および一つの作物に使う回数を大きく削減するための目標を設定する。フランスでの最近の研究からは、使用される農薬の大部分は不要か、せいぜい万一の場合の保険にしかならず、農家はどの農薬が不要かを判断するために中立的な助言や支援を必要としていることが示唆される。

● イギリスでは、農薬に関する規制を少なくともEUと同じぐらい厳格に保つ。国内で規制を強化しても、農薬に関する規制が甘い国（アメリカなど）と貿易すれば、農薬の規制緩和につながるおそれがある。

● 農薬税や化学肥料税を導入する（ノルウェーとデンマークではすでに導入済み）。環境を汚染する者はその行動がもたらすコストを全額支払うべきだという考えにもとづいた措置だ。デンマークの制度では、それぞれの化学物質が環境に及ぼす害に比例して税額が高くなる。使われている農薬の大部分はほかの国でも同じだから、有用なモデルになるだろう。輪作でマメ科の牧草を使った場合に報奨金を出すことによっても、化学肥料の使用を抑えられる。

- 農薬税（前述）による歳入を利用して、農家が農薬の使用を抑えたり、自分の農場に適したＩＰＭシステムを構築したり、有機などの持続可能な農法に転換したりするのを支援するための中立的な相談サービスに出資する。
- 農薬の使用状況をすべて公開し、透明性を高くする。すでに一つのオープンアクセスのデータベースに使用状況を集約することを求められているから、すべての農家にその記録を義務づける。これによって、農薬が環境や人間の健康に及ぼす影響についての研究が促進されるだろう。
- アグロフォレストリー、パーマカルチャー、有機、バイオダイナミックといった、より持続可能な農法に関する研究開発を助成する。これらは現在のところ最低限の助成しか受けていないが、豊かな生物多様性を支えながら高い生産性を発揮する可能性を秘めている。
- 農家が職業能力を高め続けられるようにするための研修や支援のシステムをつくり、新しい技能や手法を学べる機会を提供する。これには、仲間どうしで学べる機会も含める。多くの農家はより持続可能な農法を積極的に研究しているから、知識の共有を助ける仕組みがあればその恩恵を受けるだろう。
- 二〇二五年までに少なくとも二〇％の土地で有機農業を行なうという目標を設定し（オーストリアはすでに二三％が有機）、農家が有機に移行するために十分な経済的支援を提供する。
- すべての農地を一〇ヘクタール以下にし、それより大きな農地では生け垣（在来種の樹木を何種類か交ぜる）で区切るための補助金を提供する。これによって生物多様性が豊かになるだけでなく、洪水や土壌浸食が軽減されるだろう。

- 生け垣は高さと幅を二メートル以上にし、一〇〇メートルごとに標準的な樹木（成木など）を少なくとも一本植える。
- バイオ燃料作物への支援をやめる。集約的に栽培されたバイオ燃料作物よりも持続可能なエネルギーを提供できるはるかに優れた方法があることが、科学研究からわかっている。
- 食料生産にほとんど寄与しない耕作限界地での大規模な自然再生プロジェクトを経済的に支援する。イギリスの場合、高地の大部分や、低地地方で土地がやせている地域が当てはまる。
- 空路で輸入される食料に課税する。その税収を持続可能な農業の支援に利用する。
- 広報キャンペーンに資金を提供して、地元産の旬の新鮮な農作物を食べ、肉の消費を減らせば、環境と健康に恩恵があることを広く伝える。

地方政府の行動

- 地域の食料ネットワークと農家直販のマーケットを奨励し、支援する。これによって、農家が自分の農作物を消費者に直接販売しやすくする。

● 農家の行動

問題があることを認識し、その解決に向けて政府の構想や、保護団体、消費者と積極的にかかわる。二一世紀には、農業はほかの大部分の人間の営みとともに急速に変化しなければならない。これまでどおりのやり方は続けられず、「伝統的な」農法を伝統だというだけで継続することもできない。農家は状況にすばやく適応し、有機やパーマカルチャー、アグロフォレストリーなど、新たな農法を検討し、試していく意思をもつ必要が出てくるだろう。また、最新の知識やアイデアを効果的に広められるよう、職業能力を継続的に開発する機会や仲間どうしでの情報交換に参加する心構えも必要になるだろう。補助金を受けてもほとんど利益が出ない耕作限界地では、一つの選択肢として自然再生を検討する。それによってより安定した収入が得られる可能性がある。

● みんなの行動

一回一回の買い物が何らかの結果をもたらすことを認識する。工場で飼育された動物の肉を買えば、環境に悪い慣行を支えていることになる。そうした工場では動物たちがしばしば不快な環境、場合によっては劣悪な環境で短い生涯を送る。空路で輸入された外国産の農産物を買えば、それに関連する炭素排出にお金を出していることになる。食品包装の一つひとつに、その生産と廃棄のためのエネルギーと資源が必要だ（リサイクル可能だとしても）。買い物は倫理的な地雷原とでも言うべきものになったが、心に留めておいてほしい簡単な原則がいくつかある。

- 持続可能な農法を使う地元の農家を支える。有機栽培の食材を、地元の直販マーケットで買うか、有機野菜のボックスセットを取り寄せる。こうした食材は多くの人にとって高価で手が出ないとよく言われるのだが、イギリスでは一般家庭の食費は収入の一〇・五%しかなく、一〇〇年前の約五〇%からかなり低下した。有機野菜のボックスセットの取り寄せは、スーパーマーケットまで車を運転する手間や、もっと言えば自分自身の時間にかかるコストを考えれば、意外に経済的なことがある。
- 旬の農作物を買う。
- ばら売りの野菜や果物を買う。
- 形の悪い野菜や果物を買う心構えをもつ。
- 地元産であっても、暖房を使った温室で育てられた農作物を避ける。そうした食料は海外からの空輸品より炭素排出量が多いこともあるからだ。
- 肉を食べる量を減らす。毎日食べるものというよりも、肉はごちそうだと考えよう。鶏は牛や豚、羊よりもはるかに効率的に植物タンパク質を動物タンパク質に変え、関連する温室効果ガスの排出量が小さいことを覚えておいてほしい。赤い肉を買う場合は、野外で牧草を食べて育てられたものだけを買う（たいていパッケージに書いてある）。
- 食物を無駄にしない。必要以上の量を買わないか、多すぎる場合には小分けにして食卓に出す。食べ残しはとっておいて、あとで食べる。食物が駄目になったかどうかを判断する際には、賞味期限ではなく常識を活用する。

希少な昆虫や生息環境の保護を促進する

中央政府の行動

● 昆虫保護の法令を強化する。イギリスでは、一九八一年の野生生物および田園地帯保護法で、少数のチョウやガ、昆虫の種が保護されているが、国内にすむ在来の昆虫がおよそ二万七〇〇〇種であることを考えると非常に小さな割合しか保護されていない。欧州委員会の生息地指令（EC Directive 92/43/EEC）では、イギリスの昆虫で保護されているのは一種（アリオンゴマシジミ）だけだ。ほとんどの昆虫が法令で保護されていないのが現状だ。たとえば、イギリスで最も希少な昆虫であるモンハナアブ属の一種、パイン・フーバーフライの最後の個体群は民間の林業に存続を脅かされているが、頼りになる法令はない。希少な昆虫は希少な鳥類や哺乳類と同等に扱われるべきだ。小さいからといって取るに足らない存在だと考えないでほしい。

● 野生生物の保護を担当する政府機関に適切な予算を割り当てる。そうした機関の一つであるナチュラル・イングランドは「現在と未来の世代のために自然環境を確実に保護し、高め、管理する」役割を担っている。具体的には、学術研究上重要地域（ＳＳＳＩ）の状態の監視と維持、水質汚染の緩和、土地開発許可申請に対する助言の提供、農業・環境計画の管理、（なぜか）アナグマの間引きなどだが、近年、予算が大幅に削減されてその役割を遂行できなくなった。

- 国や地方の自然保護区、SSSIなど、イギリスに指定地域として残っているすべての自然豊かな地域は侵してはならない場所と見なされるべきだ。こうした地域はほとんど残っておらず、政府がその保護方針を覆して、太古の森や低地の荒れ地でバイパス建設などの開発を許可しただけで、最終的にすべて失われてしまうだろう。開発を許すための言い訳として、ほかの地域にもっと木を植えるなどの緩和策が使われることが多いが、太古の森林のような希少な生息環境はいったん失われれば二度と取り戻せないのは明らかだ。
- どの昆虫がどこで最も脅威にさらされているかを正確に把握できるよう、観測計画を支えるために適切な資金を提供する。こうした資金の割り当て先で欠かせないのが分類学者、つまり昆虫の同定を専門とする科学者の育成支援だろう。分類学はここ数十年も衰退が続いていて、昆虫の種を同定できる専門家が圧倒的に不足しているのだ。
- 昆虫の減少の原因を調べる研究に資金を提供する。まだ理解されていないことは多い。特に、昆虫に害を及ぼすさまざまなストレス因子の複雑な相互作用についての理解が足りない。
- 気候変動と生物多様性の喪失に対処する国際的な構想で、主導的な役割を果たして、ほかの国々の模範となる最良の事例を示す。とりわけ必要なのは、熱帯地方でこれ以上の森林伐採を防ぐ世界規模の構想だ。野生生物が豊かな環境の大部分を昔から破壊してきた国に住む私たち西洋人が、貧しい国々に環境を保護するよう諭すのは偽善だとよく言われる。その主張はもっともではあるのだが、破壊の大部分は生計を立てようと懸命になっている貧しい人々ではなく、大規模な多国籍企業によって行なわれている。いずれにしろ、私たちは力を合わせて破壊を止める方法を見つける必要があるし、裕福な国々がそのコストの大半を負担する心構えをもたなければならないのも確かだろう。

みんなの行動

● 地域の野生生物トラストか、自然保護に取り組む全国規模の保護団体の一つに加わろう。そうした団体に寄付すれば、彼らの活動を支援することができる。時間があれば、団体の理念を支持したり、ボランティアのネットワークに参加したりするなど、積極的にかかわってみよう。イギリスの野生生物トラストはボランティアの広いネットワークをもっていて、彼らは自然保護区の現地での管理から、学校の生徒への自然教育、事務の手伝い、イベントの準備まで、さまざまな活動にかかわっている。

● 野生生物の記録係になり、チョウ類モニタリング計画やマルハナバチ保護トラストの「ビーウォーク」など、全国的な計画に加わろう。昆虫の個体数の変動に関する貴重なデータを収集する助けにもなるし、自然保護の手法を伝える手助けもできる。

謝辞

　これまでいっしょに研究してきた多くの博士課程の学生や博士研究員の面々に感謝したい。共同研究を通じて、昆虫の知られざる生態の驚くべき側面をわずかではあるが詳しく解明することができた。私のエージェント、パトリック・ウォルシュにも感謝を。拙書『スティング・イン・ザ・テイル』の最初の草稿に出版する価値を見いだしてくれ、やがて本書を執筆するよう説得してくれた。最後に何よりも、八歳の頃の私が毛虫やヤスデ、ハサミムシ、ワラジムシ、コオロギなど、数々の小さな生き物を入れたジャムの空き瓶を家のそこらじゅうに置くことを許し、むしろ勧めてくれた両親に、ありがとう。

グールソン博士との思い出——五箇公一

本書『サイレント・アース——昆虫たちの「沈黙の春」』の著者であるデイヴ・グールソン博士とは、マルハナバチの保全研究で長い付き合いがある。博士は昆虫学者であるが、環境保全にも深い関心と熱意をお持ちであり、生物多様性の保全を昆虫という分類群から語り、たくさんの論文を輩出しておられる。

私自身は、もともとはダニ学者であり、かつては民間企業における「農薬の研究開発」を仕事としていた。縁あって国立環境研究所に転職し、現在ではそのころと正反対ともいえる、生物多様性保全の研究を生業としている。

その国立環境研究所で最初に出会った外来生物研究の対象がセイヨウオオマルハナバチであった。このハチは原産地のヨーロッパにおいて、ハウス栽培される農作物の花粉媒介昆虫として商品化され、世界各国に大量の人工コロニーが出荷されている。

日本でも一九九二年から農水省によって本格的な導入が始まり、特にハウス栽培トマトの生産現場において大変重宝されて、生物農業資材としては類稀（たぐいまれ）なる大ヒット商品となった。

しかし、ハウスから新女王が逃亡して野生化する事例が北海道を中心に多発し、その分布が広がるにつれ、在来のマルハナバチ集団の分布が縮小していることが研究者による調査から明らかとなった。

折しもこの問題が明るみになった時期に、環境省の外来生物法が制定（二〇〇四年成立、二〇〇五年施行）され、セイヨウオオマルハナバチもこの法律の規制対象とするか否かの議論が研究者、役所、および農業現場を巻き込んで紛糾した。

そこで我々、国立環境研究所の研究チームが緊急の調査プロジェクトを立ち上げた。セイヨウオオマルハナバチによる生態影響の実態を科学的に評価するとともに、リスク管理のための手法開発、およびその効果の検証も進めた。具体的には、ハチの逃亡を防ぐためにハウスにネットを展張する方法である。その結果、最終的に本種は、生態系に深刻な被害をもたらす侵略的外来生物と認定された。しかし、農業生産に必要不可欠な種であるという判断から、法律上、「産業管理外来種」というカテゴリーに位置付けられることとなった。これは、逃亡防止環境下でのみ環境大臣の許可のもと飼養が可能な種のことである。

このプロジェクトの推進にあたって、グールソン博士にもアドバイザーになっていただいた。二〇一二年の成果報告シンポジウム開催の際には、来日講演をお願いした。博士はマルハナバチの商業化について、農業生産の効率化に力を入れるあまりに、特定の種を大量に増殖してさまざまな地域へと移送し、利用することは、地域固有のハナバチ相や植生にダメージを与えるリスクがあるという指摘をされた。その講演のなかで、マルハナバチの商業化について、日本が法的に管理に踏み切ることを高く評価してくださったことを覚えている。

本書ではハナバチ商業利用のリスク論についてこのセイヨウオオマルハナバチだけでなくセイヨウミツバチの養蜂業にまで踏み込んで記されている。ミツバチといえば、マルハナバチ同様に花粉媒介昆虫として農業生産に貢献することはもとより、蜂蜜やロイヤルゼリーなど食品生産の面からも人間社会に大いに役立っている愛すべき昆虫の代表である。しかし、一方で、生態学的に見れば、在来の訪花性昆虫類の餌となる蜜や花粉を、放し飼いの「家畜」であるセイヨウミツバチが略奪しているという、外来種としての側面も併せ持つことを本書は突きつけている（10章参照）。

さらに、現在ではネオニコチノイド農薬という新型の合成殺虫剤による環境汚染によって、移入されたそのセイヨウミツバチの持続性も危ぶまれるという負のパラドクスが生じている（7章参照）。

本書の中で、各国政府が実施している「農薬によるハチの毒性評価にかかる国際的な標準試験法」では、真に野外のハチ集団に起こっている生態影響を正しく評価することはできないことも指摘されている（7章参照）が、この点については、農薬登録の世界的システムについて説明しておいた方が、一般の読者にとって理解の一助になるかもしれない。

現在、ＯＥＣＤ（経済開発協力機構）に加盟している国々では、農薬登録の許認可にあたっては、ＯＥＣＤが定める標準試験法（テスト・ガイドライン）に基づき、野生動植物に対する毒性試験を行い、環境安全性を確認することになっている。例えば水生生物に対する毒性試験の場合は、原則として藻類（植物プランクトン）、甲殻類等（ミジンコ類）、および魚類の三種類の試験生物に対するビーカーレベルの急性毒性試験（試験開始から四八〜七二時間という短期の影響を観察する試験）によって評価する。これら試験生物の半数致死濃度（LC五〇）もしくは半数影響濃度（EC五〇）によって毒性の高低が評価される。ここで、「半数致死濃度」とは、試験個体の半数が死亡する濃度で、「半数影響濃度」とは試験個体の半数の遊泳や繁殖などが阻害される濃度を表す。日本の農薬取締法もこのシステムに準じて農薬の生態リスク評価を行なっている。

このOECDが定める標準試験法（テスト・ガイドライン）の目的は、もともと農薬を含む化学物質の流通に関して国際レベルの統一基準をつくり、非関税障壁を解消することであり、生物多様性の保全という大義からはほど遠い。

どういうことかというと、国ごとに農薬の毒性試験の方法や試験生物種が異なっていたら、農薬の輸出の際に、いちいち相手国の基準に合わせて毒性試験を追加しなくてはならなくなる。この手間とコストが非関税障壁となる。そこで、OECDでは、統一された毒性試験法および統一された試験生物種で農薬の毒性評価を実施することを加盟国に推奨している。ちなみに試験生物については、藻類はムレミカヅキモ、甲殻類等（ミジンコ類）は米国原産オオミジンコ、そして魚類はメダカが推奨種として指定されている。統一された試験生物種を使って、統一された方法で毒性試験を行えば、農薬の毒性データを加盟国間で共有できるため、農薬の輸出入がスムーズに行えるようになるというわけである。

しかし、この世界統一基準によるリスク評価では、多様な種における感受性変異がほぼ無視されてしまうことになる。加えて、ビーカー内で単一種の毒性を調べるだけなので生態系という複雑なシステムでの影響も評価しきれない。

種による感受性変異の問題については、一応、試験で得られた毒性値に一〇分の一という申し訳程度の不確実係数をかけて基準値とすること、とされている。しかし、実際に、ネオニコチノイド農薬を対象に、甲殻類等に分類される日本産の動物プランクトン類やトンボ類の幼虫（ヤゴ）を用いて毒性試験を行えば、ＯＥＣＤの標準試験法に基づくオオミジンコのＥＣ五〇値より一桁から二桁も低い値が示される。

つまり、ある殺虫剤の環境基準値がＯＥＣＤのオオミジンコ毒性試験に基づいて〇・一ｐｐｍに設定されたとすると、環境中の濃度が〇・一ｐｐｍまでは問題なし、という法的なお墨付きを受けることとなる。ところが日本産甲殻類のＥＣ五〇値が〇・〇一ｐｐｍとか〇・〇〇一ｐｐｍといった遥かに低い濃度だったとしたら、〇・一ｐｐｍという環境中濃度は、日本産甲殻類にとって深刻なダメージを与えることとなる。農薬リスク評価のグローバル化というＯＥＣＤの目的が、いかに生物多様性の保全という概念からかけ離れたものであるかお分かり頂けると思う。

また、我々がメソコズム（中規模の空間。生態系の実験においては、自然に近い環境を人工的に作り出した場のこと）と言われる小規模な実験水田でネオニコチノイド系殺虫剤を使用して、水田内の生物群集の動態を観察すると、複雑な生態系ネットワークを通じて種の構成が大きく変化するドミノ倒し効果（例えば、急性影響が出ないほどの低濃度で汚染されたミジンコをヤゴが食べ続けることで毒性影響が出るなど）が生じることも示されている。実際の野外環境における農薬の影響をビーカー内の毒性試験だけで測ることがいかに難しいかがわかる。

近年では、水生生物だけでなく、陸域の生態系保全も勘案してハナバチ類に対するリスク評価の必要性がOECDで議論され、毒性試験法の開発と普及が進められている。しかし、試験法のベースは、基本的に水生生物に対するものと変わらない。成虫もしくは幼虫の個体レベルでの急性毒性試験にとどまり、特に社会性の高いハチ類に対する農薬影響のエンドポイントであるべきコロニー・レベルの持続性の評価には遠く及ばないものとなっている。

その試験法についてかなりざっくりと説明するならば、試験生物種とされるセイヨウミツバチの成虫もしくは幼虫に農薬入りの花粉もしくは花蜜を食べさせて、四八時間という短時間での生死のみを観察して、一〇％以上死ななければOKという評価法になっているということである。これでは低濃度のネオニコチノイド農薬による行動異常（方向音痴となって帰巣できなくなる、異常に活動が活発となって正常に採餌できないなど……）や感染症に対する免疫低下などコロニーの存続に関わる真のリスク実態をとても反映できるものではない。グールソン博士は、そのことを本書の中で強調しているのである。

国立環境研究所で、農薬による生物多様性影響を研究調査するチームを率いている身として、自分も本書の内容にはただただ、頷くしかない。博士は、ハナバチの危機的状況を打開するための策として、まずは彼らの餌資源としての自然の草花が豊富に生育する環境を復元して、自然のハナバチ集団を利用する持続的な農業生産システムを構築することを提案している。

こうした人と自然の持続的な関わり方を復元することはハナバチのみならず、様々な昆虫種集団の再生にも繋がり、究極的には生物多様性の保全という大きな目標達成へと結びつくことを、本書は示唆してくれている。私自身も現在、環境省の「生物多様性国家戦略」や農水省の「みどりの食料システム戦略」という国の方針づくりに関わっているが、どちらの「戦略」においても「減農薬・省農薬」が目標として掲げられている。その目標設定自体は間違ってはいないが、少ない農薬でも持続的生産が確保できる農業システムとは何か、経済システムとは何か、消費者の意識や行動はどう変容させられるか、という議論を同時に進めていく必要があるだろう。

昆虫愛に満ちた著者による昆虫の危機的状況に関する解説がメインの本書ではあるが、みんな虫好きになれ、というような学者のエゴを押し付ける態度ではなく、冒頭に「多くの人は本来虫好きではないであろう」という真理をあえて記して、そんなみんなにとって疎ましい存在であるかもしれない昆虫たちも、いなくなれば世の中大変なことになるから、もっと昆虫のことを理解してほしい、というグールソン博士のメッセージには、真の昆虫愛が感じられ、同じく昆虫を相手に環境科学を研究するものとしてとても好感が持てる。

まずは、現実に迫っている危機について本書を通して多くの人が気づき、問題意識を共有してくれることを願っている。

（ごか・こういち、国立環境研究所　生物多様性領域　生態リスク評価・対策研究室長）

訳者あとがき

近年、ヨーロッパを中心に昆虫が減少しているとの研究報告が相次いでいる。本書はそうした研究を軸に、昆虫の重要性、昆虫が減少している原因、そして、減少を食い止めるための方策や提言をまとめたものだ。

著者のデイヴ・グールソン氏はイギリスのサセックス大学の生物学教授で、昆虫の生態や保護に関する論文を多数発表しているほか、ハナバチ（ミツバチやマルハナバチなど、花の蜜や花粉を集めるハチの総称）に関する一般読者向けの著書も何冊か刊行している。新聞やラジオの取材を受けたり、講演をしたりすることも多いからか、説明がわかりやすい。具体例や体験談を随所に盛り込み、独特のユーモアを交えながら解説してくれる。

そんな著者の筆力が十二分に発揮されているのが、第4部だ。文明が崩壊したあとの暗黒の未来を描いたストーリーは、SFの短編小説のようでもある。時間のない読者はまず、第4部を読むのも一案だ。これを読めば、昆虫の置かれた現状を知りたくなり、すぐにほかの章も読みたくなるだろう。

本書は昆虫が減少している現実を伝えるものではあるが、決して不安をあおるような内容ではない。グールソン氏は科学者らしく冷静に議論を進め、昆虫を守るための方策や食料システムの変革案を堂々と提言する。私たちにはできることがたくさんあるのだと、希望を感じさせてもくれる。

ちなみに本書では日本の研究が二つ紹介されているので、ここで補足しておきたい。

一つは、島根県の宍道湖でウナギとワカサギの漁獲量が激減した原因を探った研究（7章参照）。この研究を主導したのは、東京大学の山室真澄教授だ。三〇年にわたって宍道湖の研究を続けてきた山室氏は、湖の魚が食べる昆虫や甲殻類の数が一九九三年以降に急減したというデータを示し、急減の原因が水田から流れ込んだネオニコチノイド系農薬であることを突き止めた。その成果は二〇一九年に「サイエンス」誌で発表されたほか、著書『魚はなぜ減った？　見えない真犯人を追う』（つり人社）に詳しく書かれている。

もう一つは、7章の「私の好きな虫」で取り上げられたハサミムシのペニスに関する研究。これは慶應義塾大学の上村佳孝准教授の成果だ。上村氏は昆虫の交尾器と繁殖の進化を研究している。上村氏を含む研究グループは、ブラジルの洞窟にすむトリカヘチャタテという昆虫の雌（つまり卵をつくる個体）に「ペニス」があることを発見し、二〇一七年にイグノーベル賞を受賞した。「ペニスは雄の象徴」という常識を覆す発見だ。上村氏は著書『昆虫の交尾は、味わい深い…。』（岩波書店）にこう書いている。「交尾器の研究は、すべての名もなき昆虫たちにも熟考の価値があることを教えてくれる」

日本人は「セミの声に夏の静けさを感じたり、スズムシを飼って鳴き声を楽しむという、昆虫に対して繊細な感覚を有する」と、山室氏は前述の著書に書いている。そして、そんな日本人が「ネオニコチノイドを使い続けていいものだろうか」と訴える。「今こそ日本人特有の繊細なセンスをいかして、個々の害虫に特化した防除技術を創出するときだと思う」

本書に解説文を寄せてくれた国立環境研究所の五箇公一氏は、著書『クワガタムシが語る生物多様性』（集英社）で、日本におけるセイヨウオオマルハナバチ導入の問題点を指摘し、「自国の農業を守るためには、自国の生態系や生物多様性を活用するという視点が、今の私たちには求められている気がします」と述べている。そして、「生物多様性のベースは地域固有性であり、「まずは自分の身の回りの生き物のことを知ることが大切」だと強調する。これは、日常目にする生き物の名前を知ることが大事だというグールソン氏の主張にも通じるものだ。地域固有の生き物を知ることによって、地域の自然を大切にする心が生まれる。自然保護というと堅苦しく考えてしまうが、もっと肩の力を抜いてもいいのかもしれない。最後に五箇氏の著書の一節を引用して締めくくりたい。「皆さんも、是非、身近な生き物の世界を楽しむところから始めてみて下さい」

五箇氏には、本書の訳稿に対して数々の貴重なご指摘もいただきました。この場を借りて御礼申し上げます。

本書には昆虫の写真も多数盛り込まれています。これは原書にはない、日本語版だけの特典です。著者の了承を得て、編集を担当したＮＨＫ出版の猪狩暢子氏、本多俊介氏の尽力で実現しました。本書には、原書にはない昆虫のイラストも随所にあしらわれています。これらは、本書の装幀をした「山内浩史デザイン室」の山内氏が長年にわたって蒐集した古書コレクションのなかから選りすぐったものだということです。どこにどんな昆虫が登場するかを探しながらページをめくるのも楽しいですよ。すてきな本に仕上げてくださった両氏をはじめ、関係者の皆さまにも感謝いたします。

二〇二二年七月　藤原多伽夫

索引

〈略 語〉

〈事 項〉

【カ行】

【サ行】

【タ行】

【ハ行】

【マ行】

【ヤ行】

【ラ行】

【ワ行】

〈人名とその著作〉

参考文献

各章で取り上げた話題についてもっと深く知りたくなった読者のために、参考文献を紹介する。昆虫の減少および考えられる解決策について現在わかっていることの土台となる証拠を提示している主な科学文献を、できる限り盛り込んだ。残念ながら、文献の多くは門外漢に向けて書かれておらず、なかにはよくわからない専門用語も出てくるだろう。とはいえ、たいてい専門知識がなくても文献の要点をつかむのはそれほど難しくない。文献によっては有料のものもあるが、その気があれば、文献の大部分は「リサーチゲート」というウェブサイトを通じてアクセスできる。著者に直接連絡して、論文の提供を依頼することも可能だ。

1章　昆虫についての短い歴史

Gould, S. J., *Wonderful Life: Burgess Shale and the Nature of History* (Vintage, London, 2000)（スティーヴン・ジェイ・グールド『ワンダフル・ライフ　バージェス頁岩と生物進化の物語』渡辺政隆訳、ハヤカワ文庫NF、2000）

Grimaldi, D. and Engel, M. S., *Evolution of the Insects* (Cambridge University Press, Cambridge, 2005)

Wilson, E. O., *The Diversity of Life* (Penguin Press, London, 2001)（エドワード・O・ウィルソン『生命の多様性　上・下』大貫昌子・牧野俊一訳、岩波現代文庫、2004）

2章　昆虫の重要性

Ehrlich, P. R. and Ehrlich, A., *Extinction: The Causes and Consequences of the Disappearance of Species* (Random House, New York, 1981)（ポール・エーリック、アン・エーリック『絶滅のゆくえ　生物の多様性と人類の危機』戸田清ほか訳、新曜社、1992）

Garratt, M. P. D. et al., 'Avoiding a bad apple: insect pollination enhances fruit quality and economic value', *Agriculture, Ecosystems and Environment* 184 (2014), pp. 34-40

Garibaldi, L. A. et al., 'Wild pollinators enhance fruit set of crops regardless of honey bee abundance', *Science* 339 (2013), pp. 1608-11

Kyrou, K. et al., 'A CRISPR-Cas9 gene drive targeting *doublesex* causes complete population suppression in caged *Anopheles gambiae* mosquitoes', *Nature Biotechnology* 36 (2018), pp. 1062-6

Lautenbach, S. et al., 'Spatial and temporal trends of global pollination benefit,' *PLoS ONE* (2012), 7:e35954

Losey, J. E. and Vaughan, M., 'The economic value of ecological services provided by insects', *Bioscience* 56 (2006), pp. 3113-23

Noriega, J. A. et al., 'Research trends in ecosystem services provided by insects', *Basic and Applied Ecology* 26 (2018), pp. 8-23

Ollerton, J., Winfree, R. and Tarrant, S., 'How many flowering plants are pollinated by animals?' *Oikos* 120 (2011), pp. 321-6

3章　昆虫の不思議

Engel, M. S., *Innumerable Insects: The Story of the Most Diverse and Myriad Animals on Earth* (Sterling, New York, 2018)

Fowler, W. W., *Biologia Centrali-Americana*; or, Contributions to the knowledge of the fauna and flora of Mexico and Central America, *Porter*, Vol. 2 (1894), pp 25-56

Hölldobler, B. and Wilson, E. O., *Journey to the Ants* (Harvard University Press, Harvard, 1994)（バート・ヘルドブラー、エドワード・O・ウィルソン『蟻の自然誌』辻和希・松本忠夫訳、朝日新聞社、1997）

Strawbridge, B., *Dancing with Bees: A Journey Back to Nature* (John Walters, London, 2019)

Sverdrup-Thygeson, A., *Extraordinary Insects: Weird. Wonderful. Indispensable. The Ones Who Run Our World* (HarperCollins, London, 2019)

McAlister, E., *The Secret Life of Flies* (Natural History Museum, London, 2018)（エリカ・マカリスター『蠅たちの隠された生活』枡永一宏監修、鴨志田恵訳、エクスナレッジ、2018）

4章　データで見る昆虫減少

Bar-On, Y. M., Phillips, R. and Milo, R., 'The biomass distribution on Earth', *Proceedings of the National Academy of Sciences* 115 (2018), pp. 6506-11

Butchart, S. H. M., Stattersfield, A. J. and Brooks, T. M., 'Going or gone: defining "Possibly Extinct" species to give a truer picture of recent extinctions', *Bulletin of the British Ornithological Club* 126A (2006), pp. 7-24

Cameron, S. A. et al., 'Patterns of widespread decline in North American bumble bees', *Proceedings of the National Academy of Sciences* 108 (2011), pp. 662-7

Casey, L. M. et al., 'Evidence for habitat and climatic specialisations driving the long-term distribution trends of UK and Irish bumblebees', *Diversity and Distributions* 21 (2015), pp. 864-74

Forister, M. L., 'The race is not to the swift: Long-term data reveal pervasive declines in California's low-elevation fauna', *Ecology* 92 (2011), pp. 2222-35

Fox, R., 'The decline of moths in Great Britain: a review of possible causes', *Insect Conservation and Diversity* 6 (2012), pp. 5-19

Fox, R. et al., *The State of Britain's Larger Moths 2013* (Butterfly Conservation & Rothamsted Research, Wareham, Dorset, 2013)

Fox, R. et al., 'Long-term changes to the frequency of occurrence of British moths are consistent with opposing and synergistic effects of climate and land-use changes', *Journal of Applied Ecology* 51 (2014), pp. 949-57

Goulson, D., 'The insect apocalypse, and why it matters', *Current Biology* 29 (2019), R967-71

Goulson, D. et al., 'Combined stress from parasites, pesticides and lack of flowers drives bee declines', *Science* 347 (2015), p. 1435

Grooten, M. and Almond, R. E. A. (eds), *Living Planet Report - 2018: Aiming Higher* (WWF, Gland, Switzerland, 2018)（『生きている地球 レポート2018』https://www.wwf.or.jp/activities/data/201810l

pr2018_jpn_sum.pdf)
Hallmann, C. A. et al., 'More than 75 per cent decline over 27 years in total flying insect biomass in protected areas', *PLoS ONE* 12 (2017), e0185809
Hallmann, C. A. et al., 'Declining abundance of beetles, moths and caddisflies in the Netherlands', *Insect Conservation and Diversity* (2019), doi: 10.1111/icad.12377
Janzen D. and Hallwachs, W., 'Perspective: Where might be many tropical insects?' *Biological Conservation* 233 (2019), pp. 102-8
Joint Nature Conservation Committee (2018), https://www.naturebob.com/sites/default/files/Janzen_Hallwachs%202019_BC_insect%20declines.pdf
Kolbert, E., *The Sixth Extinction: An Unnatural History* (Bloomsbury, London, 2015)（エリザベス・コルバート『6度目の大絶滅』鍛原多惠子訳、NHK出版、2015）
Lister, B. C. and Garcia, A., 'Climate-driven declines in arthropod abundance restructure a rainforest food web', *Proceedings of the National Academy of Sciences* 115 (2018), E10397-E10406
Michel, N. L. et al., 'Differences in spatial synchrony and interspecific concordance inform guild-level population trends for aerial insectivorous birds', *Ecography* 39 (2015), pp. 774-86
Nnoli, H. et al., 'Change in aquatic insect abundance: Evidence of climate and land-use change within the Pawmpawm River in Southern Ghana', *Cogent Environmental Science* (2019), doi: 10.1080/23311843.2019.1594511
Ollerton, J. et al., 'Extinctions of aculeate pollinators in Britain and the role of large-scale agricultural change', *Science* 346 (2014), pp. 1360-2
Powney, G. D. et al., 'Widespread losses of pollinating insects in Britain, *Nature Communications* 10 (2019), p. 1018
Sanchez-Bayo, F. and Wyckhuys, K. A. G., 'Worldwide decline of the entomofauna: A review of its drivers', *Biological Conservation* 232 (2019), pp. 8-27
Seibold, S. et al., 'Arthropod decline in grasslands and forests is associated with landscape-level drivers', *Nature* 574 (2019), pp. 671-4
Semmens, B. X. et al., 'Quasi-extinction risk and population targets for the Eastern, migratory population of monarch butterflies (*Danaus plexippus*)', *Scientific Reports* 6 (2016), p. 23265
Shortall, C. R. et al., 'Long-term changes in the abundance of flying insects', *Insect Conservation and Diversity* 2 (2009), pp. 251-60
Stanton, R. L., Morrissey, C. A. and Clark, R.G., 'Analysis of trends and agricultural drivers of farmland bird declines in North America: a review', *Agriculture, Ecosystems and Environment* 254 (2018), pp. 244-54
Stork, N. E. et al., 'New approaches narrow global species estimates for beetles, insects, and terrestrial arthropods,' *Proceedings of the National Academy of Sciences* 112 (2015), pp. 7519-23
Van Klink, R., Bowler, D. E., Gongalsky, K. B., Swengel, A. B., Gentile, A. and Chase, J. M., 'Meta-analysis reveals declines in terrestrial but increases in freshwater insect abundances', *Science* 368 (2020), pp. 417-20
Van Strien, A. J. et al., 'Over a century of data reveal more than 80 per cent decline in butterflies in the Netherlands', *Biological Conservation* 234 (2019), pp. 116-22

Van Swaay, C. A. M. et al., *The European Butterfly Indicator for Grassland Species 1990-2013*, Report VS2015.009 (De Vlinderstichting, Wageningen, 2015)
Wepprich, T. et al., 'Butterfly abundance declines over 20 years of systematic monitoring in Ohio, USA', *PLoS ONE* 14 (2019), e0216270
Woodward, I. D. et al., *BirdTrends 2018: Trends in Numbers, Breeding Success and Survival for UK Breeding Birds*, Research Report 708 (BTO, Thetford, 2018)
Xie, Z., Williams, P. H. and Tang, Y., 'The effect of grazing on bumblebees in the high rangelands of the eastern Tibetan Plateau of Sichuan', *Journal of Insect Conservation* 12 (2008), pp. 695-703

5章　移り変わる基準

McCarthy, M., *The Moth Snowstorm: Nature and Joy* (John Murray, London, 2015)
McClenachan, L., 'Documenting loss of large trophy fish from the Florida Keys with historical photographs', *Conservation Biology* 23 (2009), pp. 636-43
Papworth, S. K. et al., 'Evidence for shifting baseline syndrome in conservation', *Conservation Letters* 2 (2009), pp. 93-100
Pauly, D., 'Anecdotes and the shifting baseline syndrome of fisheries', *Trends in Ecology and Evolution* 10 (1995), p. 430

6章　すみかの喪失

Barr, C. J., Gillespie, M. K. and Howard, D. C., *Hedgerow Survey 1993: Stock and Change Estimates of Hedgerow Lengths in England and Wales, 1990-1993* (Department of the Environment, 1994)
Ceballos, G. et al., 'Accelerating modern human-induced species losses: entering the sixth mass extinction', *Science Advances* 1 (2015), e1400253
Fuller, R. M., 'The changing extent and conservation interest of lowland grasslands in England and Wales: a review of grassland surveys 1930-84', *Biological Conservation* 40 (1987), pp. 281-300
Giam, X., 'Global biodiversity loss from tropical deforestation', *Proceedings of the National Academy of Sciences* 114 (2017), pp. 5775-7
Quammen, D., *The Song of the Dodo* (Scribner, New York, 1997)（デイヴィッド・クォメン『ドードーの歌　美しい世界の島々からの警鐘 上・下』鈴木主税訳、河出書房新社、1997）
Ridding, L. E., Redhead, J. W. and Pywell, R. F., 'The fate of seminatural grassland in England between 1960 and 2013: A test of national conservation policy', *Global Ecology and Conservation* 4 (2015), pp. 516-25
Rosa, I. M. D. et al., 'The environmental legacy of modern tropical deforestation', *Current Biology* 26 (2016), pp. 2161-6
Vijay, V. et al., 'The impacts of palm oil on recent deforestation and biodiversity loss', *PLoS ONE* 11 (2016), e0159668

7章　汚染された土地

Bernauer, O. M., Gaines-Day, H. R. and Steffan, S. A., 'Colonies of bumble bees (*Bombus impatiens*) produce fewer workers, less bee biomass, and have smaller mother queens following fungicide exposure', *Insects* 6 (2015), pp. 478–88

Dudley, N. et al., 'How should conservationists respond to pesticides as a driver of biodiversity loss in agroecosystems?' *Biological Conservation* 209 (2017), pp. 449–53

Goulson, D., 'An overview of the environmental risks posed by neonicotinoid insecticides', *Journal of Applied Ecology* 50 (2013), pp. 977–87

Goulson, D., Croombs, A. and Thompson, J., 'Rapid rise in toxic load for bees revealed by analysis of pesticide use in Great Britain', *PEERJ* 6 (2018), e5255

Hladik, M., Main, A. and Goulson, D., 'Environmental risks and challenges associated with neonicotinoid insecticides', *Environmental Science and Technology* 52 (2018), pp. 3329–35

McArt, S. H. et al., 'Landscape predictors of pathogen prevalence and range contractions in US bumblebees', *Proceedings of the Royal Society B* 284 (2017), 20172181

Millner, A. M. and Boyd, I. L., 'Towards pesticidovigilance', *Science* 357 (2017), pp. 1232–4

Mitchell, E. A. D. et al., 'A worldwide survey of neonicotinoids in honey', *Science* 358 (2017), pp. 109–11

Morrissey, C. et al., 'Neonicotinoid contamination of global surface waters and associated risk to aquatic invertebrates: A review', *Environment International* 74 (2015), pp. 291–303

Nicholls, E. et al., 'Monitoring neonicotinoid exposure for bees in rural and peri-urban areas of the UK during the transition from pre- to post-moratorium, *Environmental Science and Technology* 52 (2018), pp. 9391–402

Perkins, R. et al., 'Potential role of veterinary flea products in widespread pesticide contamination of English rivers', *Science of the Total Environment* 755 (2021), p. 143560

Pezzoli, G. and Cereda, E., 'Exposure to pesticides or solvents and risks of Parkinson's disease', *Neurology* 80 (2013), p. 22

Pisa, L. et al., 'An update of the Worldwide Integrated Assessment (WIA) on systemic insecticides: Part 2: Impacts on organisms and ecosystems', *Environmental Science and Pollution Research* (2017), doi.org/10.1007/s11356-017-0341-3

Sutton, G., Bennett, J. and Bateman, M., 'Effects of ivermectin residues on dung invertebrate communities in a UK farmland habitat', *Insect Conservation and Diversity* 7 (2013), pp. 64–72

UNEP (United Nations Environment Programme), *Global Chemicals Outlook: Towards Sound Management of Chemicals* (UNEP, Geneva, 2013)

Wood, T. and Goulson, D., 'The Environmental risks of neonicotinoid pesticides: a review of the evidence post-2013', *Environmental Science and Pollution Research* 24 (2017), pp. 17285–325

Yamamuro, M. et al., 'Neonicotinoids disrupt aquatic food webs and decrease fishery yields', *Science* 366 (2019), pp. 620–3

8章　除草

Albrecht, H., 'Changes in arable weed flora of Germany during the last five decades', 9th EWRS Symposium, 'Challenges for Weed Science in a Changing Europe', 1995, pp. 41-48

Balbuena, M. S. et al., 'Effects of sublethal doses of glyphosate on honeybee navigation', *Journal of Experimental Biology* 218 (2015), pp. 2799-805

Benbrook, C. M., 'Trends in glyphosate herbicide use in the United States and globally', *Environmental Sciences Europe* 28 (2016), p. 3

Benbrook, C. M., 'How did the US EPA and IARC reach diametrically opposed conclusions on the genotoxicity of glyphosate-based herbicides?' *Environmental Sciences Europe* 31 (2019), p. 2

Boyle, J. H., Dalgleish, H. J. and Puzey, J. R., 'Monarch butterfly and milkweed declines substantially predate the use of genetically modified crops', *Proceedings of the National Academy of Sciences* 116 (2019), pp. 3006-11

Gillam, C.,https://usrtk.org/monsanto-roundup-trial-tacker/monsanto-executive-reveals-17-million-for-anti-iarc-pro-glyphosate-efforts/ (2019)

Humphreys, A. M. et al., 'Global dataset shows geography and life form predict modern plant extinction and rediscovery', *Nature Ecology and Evolution* 3 (2019), pp. 1043-7

Motta, E. V. S., Raymann, K. and Moran, N. A., 'Glyphosate perturbs the gut microbiota of honeybees', *Proceedings of the National Academy of Sciences* 115 (2018), pp. 10305-10

Portier, C. J. et al., 'Differences in the carcinogenic evaluation of glyphosate between the International Agency for Research on Cancer (IARC) and the European Food Safety Authority (EFSA)', *Journal of Epidemiology and Community Health* 70 (2015), pp. 741-5

Schinasi, L. and Leon, M. E., 'Non-Hodgkin lymphoma and occupational exposure to agricultural pesticide chemical groups and active ingredients: A systemic review and meta-analysis', *International Journal of Environmental Research and Public Health* 11 (2014), pp. 4449-527

Zhang, L. et al., 'Exposure to glyphosate-based herbicides and risk for non-Hodgkin lymphoma: a meta-analysis and supporting evidence', *Mutation Research* 781 (2019), pp. 186-206

9章　緑の砂漠

Carvalheiro, L. G. et al., 'Soil eutrophication shaped the composition of pollinator assemblages during the past century', *Ecography* (2019), doi.org/10.1111/ecog.04656

Campbell, S. A. and Vallano, D. M., 'Plant defences mediate interactions between herbivory and the direct foliar uptake of atmospheric reactive nitrogen', *Nature Communications* 9 (2018), p. 4743

Hanley, M. E. and Wilkins, J. P., 'On the verge? Preferential use of road-facing hedgerow margins by bumblebees in agro-ecosystems', *Journal of Insect Conservation* 19 (2015), pp. 67-74

Kleijn, D. and Snoeijing, G. I. J., 'Field boundary vegetation and the effects of agrochemical drift: botanical change caused by low levels of herbicide and fertiliser', *Journal of Applied Biology* 34 (1997), pp. 1413-25

Kurze, S., Heinken, T. and Fartmann, T., 'Nitrogen enrichment in host plants increases the mortality

of common Lepidoptera species', *Oecologia* 188 (2018), pp. 1227-37
Zhou, X. et al., 'Estimation of methane emissions from the US ammonia fertiliser industry using a mobile sensing approach', *Elementa, Science of the Anthropocene* 7 (2019), p. 19

10章　パンドラの箱

Alger, S. A. et al., 'RNA virus spillover from managed honeybees (*Apis mellifera*) to wild bumblebees (*Bombus* spp.)', *PLoS ONE* 14 (2019), e0217822
Darwin, C., *On the Origin of Species* (John Murray, London, 1859)（チャールズ・ダーウィン『種の起源　上・下』渡辺政隆訳、光文社古典新訳文庫、2009など）
Fürst, M. A. et al., 'Disease associations between honeybees and bumblebees as a threat to wild pollinators', *Nature* 506 (2014), pp. 364-6
Goulson, D., 'Effects of introduced bees on native ecosystems', *Annual Review of Ecology and Systematics* 34 (2003), pp. 1-26
Goulson, D. and Sparrow, K. R., 'Evidence for competition between honeybees and bumblebees: effects on bumblebee worker size', *Journal of Insect Conservation* 13 (2009), pp. 177-81
Graystock, P., Goulson, D. and Hughes, W. O. H., 'Parasites in bloom: flowers aid dispersal and transmission of pollinator parasites within and between bee species', *Proceedings of the Royal Society B* 282 (2015), 20151371
Manley, R., Boots, M. and Wilfert, L., 'Emerging viral disease risks to pollinating insects: ecological, evolutionary and anthropogenic factors', *Journal of Applied Ecology* 52 (2015), pp. 331-40
Martin, S. J. et al., 'Global honeybee viral landscape altered by a parasitic mite', *Science* 336 (2012), pp. 1304-6

11章　迫りくる嵐

Caminade, C. et al., 'Suitability of European climate for the Asian tiger mosquito *Aedes albopictus*: recent trends and future scenarios', *Journal of the Royal Society Interface* 9 (2012), pp. 2708-17
Kerr, J. T. et al., 'Climate change impacts on bumblebees converge across continents', *Science* 349 (2015), pp. 177-80
Lawrence, D. and Vandecar, K., 'Effects of tropical deforestation on climate and agriculture', *Nature Climate Change* 5 (2015), pp. 27-36
Loboda, S. et al., 'Declining diversity and abundance of High Arctic fly assemblages over two decades of rapid climate warming', *Ecography* 41 (2017), pp. 265-77
Pyke, G. H. et al., 'Effects of climate change on phenologies and distributions of bumblebees and the plants they visit', *Ecosphere* 7 (2016), e01267
Rochlin, I. et al., 'Climate change and range expansion of the Asian tiger mosquito (*Aedes albopictus*) in Northeastern USA: Implications for public health practitioners', *PLoS ONE* 8 (2013), e60874
Wallace-Wells, D., *The Uninhabitable Earth* (Penguin, London, 2019)（デイビッド・ウォレス・ウェルズ『地球に住めなくなる日　「気候崩壊」の避けられない真実』藤井留美訳、NHK出版、2020）

Warren, M. S. et al., 'Rapid responses of British butterflies to opposing forces of climate and habitat change', *Nature* 414 (2001), pp. 65-9

Wilson, R. J. et al., 'An elevational shift in butterfly species richness and composition accompanying recent climate change', *Global Change Biology* 13 (2007), pp. 1873-87

12章　光り輝く地球

Bennie, T. W. et al., 'Artificial light at night causes top-down and bottom-up trophic effects on invertebrate populations', *Journal of Applied Ecology* 55 (2018), pp. 2698-706

Dacke, M. et al., 'Dung beetles use the Milky Way for orientation', *Current Biology* 23 (2013), pp. 298-300

Desouhant, E. et al., 'Mechanistic, ecological, and evolutionary consequences of artificial light at night for insects: review and prospective', *Entomologia Experimentalis et Applicata* 167 (2019), pp. 37-58

Fox, R., 'The decline of moths in Great Britain: a review of possible causes', *Insect Conservation and Diversity* 6 (2012), pp. 5-19

Gaston, K. J. et al., 'Impacts of artificial light at night on biological timings', *Annual Review of Ecology, Evolution and Systematics* 48 (2017), pp. 49-68

Grubisic, M. et al., 'Insect declines and agroecosystems: does light pollution matter?' *Annals of Applied Biology* 173 (2018), pp. 180-9

Owens, A. C. S. et al., 'Light pollution is a driver of insect declines', *Biological Conservation* 241 (2019), p. 108259

van Langevelde, F. et al., 'Declines in moth populations stress the need for conserving dark nights', *Global Change Biology* 24 (2018), pp. 925-32

13章　外来種

Farnsworth, D. et al., 'Economic analysis of revenue losses and control costs associated with the spotted wing drosophila, *Drosophila suzukii* (Matsumura), in the California raspberry industry', *Pest Management Science* 73 (2016), pp. 1083-90

Goulson, D. and Rotheray, E. L., 'Population dynamics of the invasive weed *Lupinus arboreus* in Tasmania, and interactions with two non-native pollinators', *Weed Research* 52 (2012), pp. 535-42

Herms, D. A. and McCullough, D. G., 'Emerald ash borer invasion in North America: history, biology, ecology, impacts, and management', *Annual Review of Entomology* 59 (2014), pp. 13-30

Kenis, M., Nacambo, S. and Leuthardt, F. L. G., 'The box tree moth, *Cydalima perspectalis*, in Europe: horticultural pest or environmental disaster?' *Aliens: The Invasive Species Bulletin* 33 (2013), pp. 38-41

Litt, A. R. et al., 'Effects of invasive plants on arthropods', *Conservation Biology* 28 (2014), pp. 1532-49

Lowe, S. et al., *100 of the World's Worst Invasive Alien Species. A Selection from the Global Invasive Species*

Database (IUCN Invasive Species Specialist Group, 2004)
Martin, S. J., *The Asian Hornet (Vespa velutina) - Threats, Biology and Expansion* (International Bee Research Association and Northern Bee Books, 2018)
Mitchell, R. J. et al., *The Potential Ecological Impacts of Ash Dieback in the UK* (JNCC Report 483, 2014)
Roy, H. E. et al., 'The harlequin ladybird, *Harmonia axyridis*: global perspectives on invasion history and ecology', *Biological Invasions* 18 (2016), pp. 997-1044
Suarez, A. V. and Case, T. J., 'Bottom-up effects on persistence of a specialist predator: ant invasions and horned lizards', *Ecological Applications* 12 (2002), pp. 291-8

14章 「既知の未知」と「未知の未知」

Balmori, A. and Hallberg, Ö., 'The urban decline of the house sparrow (*Passer domesticus*): a possible link with electromagnetic radiation', *Electromagnetic Biology and Medicine* 26 (2007), pp. 141-51
Exley, C., Rotheray, E. and Goulson D., 'Bumblebee pupae contain high levels of aluminium', *PLoS ONE* 10 (2015), e0127665
Jamieson, A. J. et al., 'Bioaccumulation of persistent organic pollutants in the deepest ocean fauna', *Nature Ecology & Evolution* 1 (2017), p. 0051
Leonard, R. J. et al. 'Petrol exhaust pollution impairs honeybee learning and memory', *Oikos* 128 (2019), pp. 264-73
Lusebrink, I. et al., 'The effects of diesel exhaust pollution on floral volatiles and the consequences for honeybee olfaction', *Journal of Chemical Ecology* 41 (2015), pp. 904-12
Malkemper, E. P. et al., 'The impacts of artificial Electromagnetic Radiation on wildlife (flora and fauna). Current knowledge overview: a background document to the web conference', A report of the EKLIPSE project (2018)
Shepherd, S. et al., 'Extremely low-frequency electromagnetic fields impair the cognitive and motor abilities of honeybees', *Scientific Reports* 8 (2018), p. 7932
Sutherland, W. J. et al., 'A 2018 horizon scan of emerging issues for global conservation and biological diversity', *Trends in Ecology and Evolution* 33 (2017), pp. 47-58
Whiteside, M. and Herndon, J. M., 'Previously unacknowledged potential factors in catastrophic bee and insect die-off arising from coal fly ash geoengineering', *Asian Journal of Biology* 6 (2018), pp. 1-13

15章 いくつもの原因

Decker, L. E., de Roode, J. C. and Hunter, M. D., 'Elevated atmospheric concentrations of carbon dioxide reduce monarch tolerance and increase parasite virulence by altering the medicinal properties of milkweeds', *Ecology Letters* 21 (2018), pp. 1353-63
Di Prisco, G. et al., 'Neonicotinoid clothianidin adversely affects insect immunity and promotes replication of a viral pathogen in honeybees', *Proceedings of the National Academy of Sciences* 110

(2013), pp. 18466-71

Goulson, D. et al., 'Combined stress from parasites, pesticides and lack of flowers drives bee declines', *Science* 347 (2015), p. 1435

Potts, R. et al., 'The effect of dietary neonicotinoid pesticides on non-flight thermogenesis in worker bumblebees (*Bombus terrestris*)', *Journal of Insect Physiology* 104 (2018), pp. 33-9

Scheffer, M. et al., 'Quantifying resilience of humans and other animals', *Proceedings of the National Academy of Sciences* 47 (2018), pp. 11883-90

Tosi, S. et al., 'Effects of a neonicotinoid pesticide on thermoregulation of African honeybees (*Apis mellifera scutellata*)', *Journal of Insect Physiology* 93-94 (2016), pp. 56-63

16章　ある未来の光景

Ghosh, A., *The Great Derangement: Climate Change and the Unthinkable* (University of Chicago Press, Chicago, 2017)

Lewis, S. and Maslin, M. A., *The Human Planet: How We Created the Anthropocene* (Pelican, London, 2018)

Ripple, W. J. et al., 'World scientists' warning to humanity: A second notice', *Bioscience* 67 (2017), pp. 1026-8

Wallace-Wells, D., *The Uninhabitable Earth, op. cit.*

17章　関心を高める

Booth, P. R. and Sinker, C. A., 'The teaching of ecology in schools', *Journal of Biological Education* 13 (1979), pp. 261-6

Gladwell, M., *The Tipping Point: How little things can make a big difference* (Back Bay Books, New York, 2002)

Morris, J. and Macfarlane, R., *The Lost Words* (Penguin, London, 2017)

Ripple, W. J. et al., 'World scientists' warning to humanity: A second notice', *Bioscience* 67 (2017), pp. 1026-8

Tilling, S., 'Ecological science fieldwork and secondary school biology in England: does a more secure future lie in Geography?' *The Curriculum Journal* 29 (2018), pp. 538-56

18章　都市に緑を

Aerts, R., Honnay, O. and Van Nieuwenhuyse, A., 'Biodiversity and human health: mechanisms and evidence of the positive health effects of diversity in nature and green spaces', *British Medical Bulletin* 127 (2018), pp. 5-22

van den Berg, A. E. et al., 'Allotment gardening and health: a comparative survey among allotment gardeners and their neighbours without an allotment', *Environmental Health* 9 (2010), p. 74

Blackmore, L. M. and Goulson, D., 'Evaluating the effectiveness of wildflower seed mixes for boost-

ing floral diversity and bumblebee and hoverfly abundance in urban areas', *Insect Conservation and Diversity* 7 (2014), pp. 480–4

Cox, D. T. C. and Gaston, K. J., 'Likeability of garden birds: importance of species knowledge and richness in connecting people to nature', *PLoS ONE* 10 (2015), e0141505

D'Abundo, M. L. and Carden, A. M., '"Growing Wellness": The possibility of promoting collective wellness through community garden education programs', *Community Development* 39 (2008), pp. 83–95

Goulson, D., *The Garden Jungle, or Gardening to Save the Planet* (Vintage, London, 2019)

Hillman, M., Adams, J. and Whitelegg, J., *One False Move: A Study of Children's Independent Mobility* (Policy Studies Institute, London, 1990)

Lentola, A. et al., 'Ornamental plants on sale to the public are a significant source of pesticide residues with implications for the health of pollinating insects', *Environmental Pollution* 228 (2017), pp. 297–304

Louv, R., *Last Child in the Woods; Saving Our Children from Nature Deficit Disorder* (Algonquin, Chapel Hill, NC, 2005)（リチャード・ループ『あなたの子どもには自然が足りない』春日井晶子訳、早川書房、2006）

Maas, J. et al., 'Morbidity is related to a green living environment', *Journal of Epidemiology and Community Health* 63 (2009), pp. 967–73

Monbiot, G., *Feral: Rewilding the Land, Sea and Human Life* (Penguin, London, 2014)

Moss, S., *Natural Childhood: A Report by the National Trust on Nature Deficit Disorder* (2012). オンラインで閲覧可：https://nt.global.ssl.fastly.net/documents/read-our-natural-childhood-report.pdf

Mayer, F. S. et al., 'Why is nature beneficial?: The role of connectedness to nature', *Environment and Behavior* 41 (2009), pp. 607–43

Pretty, J., Hine, R. and Peacock, J., 'Green exercise: The benefits of activities in green places', *Biologist* 53 (2006), pp. 143–8

Rollings, R. and Goulson, D., 'Quantifying the attractiveness of garden flowers for pollinators', *Journal of Insect Conservation* 23: 803–17

Waliczek, T. M. et al. (2005), 'The influence of gardening activities on consumer perceptions of life satisfaction', *HortScience* 40 (2019), 1360–5

Warber, S. L. et al., 'Addressing "Nature-Deficit Disorder": A Mixed Methods Pilot Study of Young Adults Attending a Wilderness Camp', *Evidence-Based Complementary and Alternative Medicine* (2015), Article ID 651827

Wilson, E. O., *Biophilia* (Harvard University Press, Cambridge, MA, 1984)（エドワード・O・ウィルソン『バイオフィリア　人間と生物の絆』狩野秀之訳、ちくま学芸文庫、2008）

19章　農業の未来

Badgley, C. E. et al., 'Organic agriculture and the global food supply', *Renewable Agriculture and Food Systems* 22 (2007), pp. 86–108

Baldock, K. C. R. et al., 'A systems approach reveals urban pollinator hotspots and conservation

opportunities', *Nature Ecology & Evolution* 3 (2019), pp. 363–73

van den Berg, A. E. et al., 'Allotment gardening and health: a comparative survey among allotment gardeners and their neighbours without an allotment', *Environmental Health* 9 (2010), p. 74

Edmondson, J. L. et al., 'Urban cultivation in allotments maintains soil qualities adversely affected by conventional agriculture', *Journal of Applied Ecology* 51 (2014), pp. 880–9

Gerber, P. J. et al., *Tackling Climate Change Through Livestock – A Global Assessment of Emissions and Mitigation Opportunities* (Food and Agriculture Organisation of the United Nations, Rome, 2013)

Goulson, D., *Brexit and Grow It Yourself (GIY): A Golden Opportunity for Sustainable Farming* (Food Research Collaboration Food Brexit Briefing (2019)), https://foodresearch.org.uk/publications/grow-it-yourself-sustainable-farming/

Hole, D. G. et al., 'Does organic farming benefit biodiversity?' *Biological Conservation* 122 (2005), pp. 113–30

Lechenet, M. et al., 'Reducing pesticide use while preserving crop productivity and profitability on arable farms', *Nature Plants* 3 (2017), p. 17008

Nichols, R. N., Goulson, D. and Holland, J. M., 'The best wildflowers for wild bees', *Journal of Insect Conservation* 23 (2019), pp. 819–30

Public Health England, 'Health matters: obesity and the food environment' (2017), https://www.gov.uk/government/publications/health-matters-obesity-and-the-food-environment/health-matters-obesity-and-the-food-environment--2

Seufert, V., Ramankutty, N. and Foley, J. A., 'Comparing the yields of organic and conventional agriculture', *Nature* 485 (2012), pp. 229–32

Willett, W. et al., 'Food in the Anthropocene: the EAT-*Lancet* Commission on healthy diets from sustainable food systems', *The Lancet* 393 (2019), pp. 447–92

20章　あらゆる場所に自然を

Herrero, M. et al., 'Biomass use, production, feed efficiencies, and greenhouse gas emissions from global livestock systems', *Proceedings of the National Academy of Sciences* 24 (2013), pp. 20888–93

Monbiot, G., *Feral, op. cit.*

Newbold, T. et al., 'Has land use pushed terrestrial biodiversity beyond the planetary boundary? A global assessment', *Science* 353 (2016), 288–91

Purvis, A. et al., 'Modelling and projecting the response of local terrestrial biodiversity worldwide to land use and related pressures: the PREDICTS project', *Advances in Ecological Research* 58 (2018), pp. 201–41

Tree, I., *Wilding: The Return of Nature to a British Farm* (Picador, London, 2019)

Wilson, E. O., *Half-Earth: Our Planet's Fight for Life* (Norton, New York, 2016)

著者　デイヴ・グールソン　Dave Goulson
生物学者。1965年生まれ。英サセックス大学生物学教授。王立昆虫学会フェロー。とくにマルハナバチをはじめとする昆虫の生態研究と保護を専門とし、論文を300本以上発表している。激減するマルハナバチを保護するための基金を設立。一般向けの著書を複数出版している。

訳者　藤原多伽夫　ふじわら・たかお
翻訳家。1971年生まれ。静岡大学理学部卒業。おもな訳書にブライアン・ヘア，ヴァネッサ・ウッズ『ヒトは〈家畜化〉して進化した』、パトリック・E・マクガヴァン『酒の起源』（ともに白揚社）、スコット・リチャード・ショー『昆虫は最強の生物である』、チャールズ・コケル『生命進化の物理法則』（ともに河出書房新社）、ジェイムズ・D・スタイン『探偵フレディの数学事件ファイル』（化学同人）ほか。

校正　酒井清一

本文組版　佐藤裕久

サイレント・アース
昆虫たちの「沈黙の春」

2022年8月30日　第1刷発行
2023年1月30日　第4刷発行

著者　デイヴ・グールソン
訳者　藤原多伽夫
発行者　土井 成紀
発行所　NHK 出版
〒150-0042 東京都渋谷区宇田川町10-3
電話　0570-009-321(問い合わせ)
0570-000-321 (注文)
ホームページ　https://www.nhk-book.co.jp
印刷　亨有堂印刷所／大熊整美堂
製本　ブックアート

乱丁・落丁本はお取り替えいたします。
定価はカバーに表示してあります。

Printed in Japan
ISBN978-4-14-081910-4 C0040